# Tório

## Energia abundante e acessível

**Robert Hargraves**

*Tradução e
Adaptação de
Sergius Tunes*

# *Aclamação dos Críticos*

"... uma explicação lúcida sobre o funcionamento dos reatores de tório. É leitura obrigatória para qualquer pessoa interessada em nosso futuro energético. "

Leon Cooper, físico da Universidade de Brown e ganhador do Prêmio Nobel 1972, envolvendo supercondutividade.

"... uma riqueza de informações que eu jamais observei em qualquer outra publicação. Muito informativo e esclarecedor. "

Steve Kirsch, San Jose-empresário e filantropo.

"O livro descreve a esperança da humanidade em um futuro sustentável e próspero: reatores de alta temperatura com base em tório. A escrita é clara e factual e o livro é leitura importante para qualquer interessado em várias opções de energia. "

Meredith Angwin, diretor de educação do Instituto de Energia Ethan Allen.

"Robert Hargraves está correto: para que a energia nuclear substitua rapidamente os combustíveis fósseis, ela deve tornar-se mais segura, mais limpa e mais barata — e a próxima geração de tecnologias de tório é a principal candidata para essa missão. Em seu novo e excelente livro, Tório: energia mais barata do que carvão, Hargraves apresenta um argumento convincente de que o tório possui grande potencial para a sustentação energética de um mundo em que a população cresce de sete para dez bilhões de pessoas, todos com um anseio de viver uma vida moderna e farta em energia. Mas, o livro vai além apenas da advocacia e oferece uma descrição pormenorizada dos difíceis desafios técnicos que a tecnologia de tório apresenta, e descreve as políticas de inovação necessárias para acelerar esta tecnologia de energia e mudar potencialmente o mundo. Ao oferecer uma visão de sustentabilidade ambiental, alcançada através da redução do custo de energia, o livro de Hargraves faz um serviço público precioso. "

Ted Nordhaus e Michael Shellenberger, cofundadores da Breakthrough Institute, e coautores do Break Through: From the Death of Environmentalism to the Politics of Possibility

# Aclamação dos Críticos

"Como o nosso futuro energético é essencial, eu recomendo fortemente o livro para todos os interessados neste assunto de grande importância. "

George Olah, laureado com o prêmio Nobel de 1994 em Química.

"Uma descrição extraordinária e extensiva da necessidade de encontrar uma solução para o problema energético deste século, incentivando o leitor a considerar as vantagens da fissão do tório em um fluído de sal derretido. O livro explica as bases técnicas de como funciona tal tipo de usina e porque ela pode vir a ser mais barata do que uma usina de carvão – o combustível dominante para usinas, na atualidade. O livro constituirá um auxílio valioso para as pessoas avaliarem o renascimento desta tecnologia, já demonstrada no laboratório nacional de Oak Ridge, Tennessee, na década de 1960, e a implantação, neste século, e que, possivelmente, virá a dominar a produção de energia na segunda parte do século 21. "

Ralph Moir, físico, aposentado, do Laboratório de Lawrence, Livermore, especialista em fusão e reatores de sal fundido.

"Qualquer coisa provinda de Robert Hargraves é leitura obrigatória... Este então é fundamental, pois rechaça as críticas dos oponentes da energia nuclear. Leia este livro e entenda como sofremos a lavagem cerebral feita pela indústria fóssil. Não há nenhum substituto real para a energia nuclear e Hargraves mostra o quão acessível ela pode ser."

Reese Palley, Autor do THE ANSWER: Why Only Inherently Safe Mini Nuclear Power Plants Can Save The World.

# Sobre o Autor

Robert Hargraves tem escrito artigos e feito apresentações sobre o reator de flúor-tório líquido e energia mais barata do que o carvão – a forma mais realista de dissuadir as nações de queimar o combustível fóssil. A sua apresentação "Aim High" sobre a tecnologia e os benefícios sociais do reator de flúor-tório líquido tem sido feita para as audiências na Dartmouth ILEAD, Escola de Engenharia Thayer, na Universidade de Brown, Instituto da Terra da Columbia, Williams College, Royal Institution, Thorium Energy Alliance, International Thorium Energy Association, Google, Sociedade Nuclear Americana (ANS) e Presidents Blue Ribbon Commission of America's Nuclear Future.

Ele escreveu, com Ralph Moir, vários artigos para o Fórum da Sociedade Americana de Física (APS) sobre Física e Sociedade: Reatores Nucleares de combustível líquido (janeiro de 2011) e American Scientists: Reatores de Flúor-Tório líquido (julho de 2010).

Robert Hargraves lidera  os estudos da política sobre energia na Dartmouth ILEAD. Ele ocupou o cargo de diretor de Informática na Boston Scientific e, anteriormente, foi um consultor sênior junto com Arthur D. Little. Ele também fundou uma firma de software, DTSS Incorporated enquanto estava no Dartmouth College, onde ele era professor assistente de matemática e diretor associado do centro de computação.

## Sobre o Autor

Robert Hargraves obteve seu doutorado pela Brown University (PhD em Física, 1967) e graduou-se pela Dartmouth College (AB em Matemática e Física, 1961)

Copyright 2012, 2015 de Robert Hargraves, Hanover NH 03755 robert.hargraves@gmail.com

Website: http://www.thoriumenergycheaperthancoal.com

Desenho da capa para a edição em português por Sergius Tunes

# *Capítulos*

**Introdução:** uma introdução à crise energética mundial e do meio ambiente e o potencial para soluções satisfatórias.

**Energia e Civilização:** a relação entre energia, vida e civilização humana, a dependência da vida sobre o fluxo de energia, o progresso da civilização com a tecnologia energética provinda da Revolução Industrial, e a crise de consumo e do meio ambiente no século 21.

**Um Mundo Insustentável:** o aquecimento global e as consequências maléficas para a água, comida e civilização; esgotamento das reservas econômicas de petróleo, poluição nociva do ar pela queima de carvão, aumento da competição pelas reservas naturais devido ao crescimento populacional, e a solução pelo uso de nova tecnologia, mais barata do que a do carvão.

**Fontes de Energia:** o caráter e o custo das atuais e principais fontes de energia: carvão, óleo, gás natural, hidroelétricas, solar, eólica, biomassa e nuclear.

**Reator de flúor-tório líquido (LFTR, sigla em inglês):** história e a tecnologia dos reatores de combustível líquido, a demonstração feita pela Oak Ridge, tório, RTFL, o reator de sal desnaturado fundido (DMSR, na sigla em inglês), construtores, e os possíveis candidatos para se ter energia mais barata do que o carvão.

**Segurança:** a segurança dos reatores de sal fundido, comparação com as fontes alternativas de energia, riscos de radiação, lixo atômico, armas nucleares e o medo.

**Um mundo sustentável:** os benefícios ambientais da energia de tório: redução da emissão de $CO_2$, redução do consumo de petróleo, combustível sintético para veículos, energia do hidrogênio, conservação da água e dessalinização.

**Política energética:** políticas atuais confusas, fracasso na redução da emissão de $CO_2$, subsídios, recomendações e liderança.

Capítulos

# Sumário

Capítulos

# *Prefácio à edição brasileira*

O Brasil é um país rico em tório, mas muitas pessoas nunca ouviram falar desse metal.

Tório é um elemento levemente radioativo encontrado, praticamente, em todo o mundo e em grandes quantidades. A maior fonte desse metal é obtida como resultante da exploração de terras raras e considerado uma sucata, mas isso vem mudando gradativamente graças às atividades de várias organizações, como a T.E.A., a IThEO, e outras, que advogam a conscientização dos governos e investidores no uso dessa fonte preciosa de energia.

O desenvolvimento de uma tecnologia para o uso do tório em um reator foi iniciado nos anos sessenta por Weinberg, de tal modo que um reator experimental de tório já foi construído e essa tecnologia confirmada ser assaz promissora. Contudo, motivos políticos resultaram no encerramento dessas pesquisas.

No Brasil, alguns grupos se dedicaram, e ainda se dedicam, ao estudo desse combustível nuclear. Eu tive a oportunidade de conhecer o antigo instituto de pesquisas radioativas, antigo IPR, atualmente CDTN/CNEN, localizado no campus da UFMG, Belo Horizonte. Tive a oportunidade de visitar o instituto, nos anos sessenta, com o meu pai, onde fui introduzido ao tório graças à gentileza de alguns pesquisadores que lá trabalhavam e que mostraram interesse em explicar o que faziam.

A minha decisão de traduzir este livro para o Português foi em consequência da minha eterna esperança no Brasil. A esperança de que o Brasil venha a construir o seu próprio reator, com a sua própria pesquisa, como fazem atualmente a China, a Índia, o Canadá, a Noruega e vários outros países. Existem alguns livros sobre o reator de sal fundido envolvendo o tório e este livro de Robert Hargraves é considerado o melhor, disponível para o leitor leigo.

O Brasil, assim como todo o mundo, precisa gerar energia elétrica mais barata, abundante, limpa e segura, um objetivo extremamente importante na atualidade. Energia abundante pode ajudar a colocar um fim na pobreza, mudar a cultura dos países pobres, gerando emprego, negócios e prosperidade. Outro motivo importante é o meio ambiente e o aquecimento global. Tório fornece esta fonte de energia acessível, abundante, amiga do meio ambiente e segura.

O Brasil precisa investir muito mais em pesquisa e desenvolvimento, em geral, para alcançar prosperidade e isso inclui desenvolver tecnologia própria na área nuclear. Eu considero fundamental, para o futuro da nação, o investimento em P&D de tecnologias própria, tanto na área nuclear como em todas as áreas de tecnologia e ciência.

Agradeço a minha esposa, ao autor deste livro, Robert Hargraves, ao doutor Leonam De Santos Guimarães e muitos outros amigos e colegas de trabalho que me deram incentivo para traduzir esta obra para a língua portuguesa. A tradução exigiu muitas horas e muitos meses de dedicação. Eu tenho certeza de que os leitores encontrarão muitos pontos interessantes e reveladores neste livro de Robert Hargraves. O tradutor também agradece ao ilustre escritor, Roque Aloisio Weschenfelder, pelo excelente trabalho de revisão de texto e sugestões editoriais, o que me permitiu corrigir vários erros.

stunesoregon@gmail.com

Beaverton, Oregon EUA

# *Apresentação do Livro*

Por Leonam Guimarães dos Santos

A avaliação da magnitude das reservas energéticas renováveis e não renováveis nacionais trazem grande otimismo face aos desafios do crescimento econômico e do desenvolvimento social sustentável do Brasil. Com o devido aporte de planejamento, tecnologia e adequada gestão, nosso País pode ser autossuficiente em energia, no mínimo, por mais de meio século, o que se constitui em grande fator de alavancagem e diferencial competitivo no concerto das nações.

Uma política energética inteligente terá de conciliar múltiplos interesses – políticos, econômicos, sociais, ambientais – e dificilmente se pode basear em ideias simplistas como as daqueles que pregam uma solução única e supostamente "milagrosa" para o problema, seja biomassa, eólica, hídrica, nuclear, solar, gás natural ou qualquer outra que entre "na moda".

O problema é demasiado complexo para que qualquer uma das potenciais soluções possa ser colocada como "bala de prata". Essa é a maior dificuldade no debate sobre a energia – o da simplificação extrema das decisões e a noção perversa de que existe uma resposta simples e imediata para o problema. Só quando percebermos coletivamente que não existe uma "solução milagrosa" e que os problemas da segurança energética, dos custos e das emissões de gases de efeito estufa não são compatíveis com esse tratamento simplista, é que será realmente possível avançar no debate.

A complementaridade entre energéticos é a única estratégia de que dispomos para a otimização do conjugado modicidade tarifária/confiabilidade, já que o gerenciamento da expansão do sistema elétrico nacional é similar ao gerenciamento de uma carteira de investimentos: os princípios da gestão de riscos (confiabilidade) indicam uma estratégia de diversificação no sentido de garantir a rentabilidade (modicidade tarifária).

Os indicadores brasileiros de consumo e capacidade instalada de geração elétrica per capita são ainda medíocres, inferiores à média mundial e correspondente à metade dos de Portugal – este é o fato crucial a ser considerado. Isto obriga ao País aproveitar ao máximo e o mais rápido possível todos os recursos disponíveis para aumentar a capacidade geração de eletricidade, permitindo que sejam alcançados níveis de consumo compatíveis com as necessidades da vida moderna.

É nesse amplo contexto que o livro "Tório: energia abundante e acessível" se insere. A energia do tório pode ajudar a reduzir a geração de gases de efeito estufa, em especial o $CO_2$, e o aquecimento global, reduzir a poluição do ar por partículas geradas pela queima de combustíveis fósseis, fornecendo energia praticamente inesgotável e, portanto, aumentando a prosperidade humana.

Nosso mundo é assolado pelas mudanças climáticas, poluição, conflitos por recursos e pobreza energética. Milhões morrem de emissões de usinas a carvão. O petróleo do Oriente Médio motiva conflitos infindáveis. O suprimento de alimentos vindos do mar e da terra está ameaçado. O crescimento econômico das nações em desenvolvimento acelerado agrava as crises. Poucas nações adotarão os impostos de carbono ou políticas energéticas contra seus próprios interesses econômicos para reduzir as emissões globais de $CO_2$.

Somente a disponibilidade de energia mais barata poderá dissuadir as nações da queima de combustíveis fósseis. A energia inovadora do tório pode utilizar essa persuasão econômica para acabar com a poluição e fornecer energia e prosperidade para as nações em desenvolvimento, propiciando segurança energética para todos os povos em todos os tempos.

O livro apresenta uma lúcida explicação do funcionamento de reatores baseados em tório. É leitura obrigatória para qualquer pessoa interessada em nosso futuro energético. Como o nosso futuro energético é essencial, sua tradução para o português é alvissareira para todos os interessados neste importantíssimo assunto.

# Capitulo 1 - Introdução

## A história do fogo

Imagine-se sendo um homem das cavernas. Você retorna para a caverna com um pedaço de madeira e começa uma fogueira.

Um dos companheiros de caverna pergunta: o que é isto?

Eu chamo isto de fogo, responde você.

O outro insiste: "o que isto faz"?

Bom, isto pode fazer muitas coisas; manter-nos aquecidos, cozinhar a nossa comida e manter os animais perigosos distantes.

Certo, mas o que fazer com a fumaça?

Bem, se mantivermos a caverna bem ventilada e assim por diante, tudo irá bem; não colocando o dedo no fogo, mantendo uma distância segura, o fogo nos será de grande utilidade.

O outro, no entanto, diz: Ah, eu não gosto desta coisa chamada fogo. Eu vou dormir na savana esta noite. Eu não vou ficar aqui nesta caverna com este fogo assustador.

Naquela noite, o tigre de sabre devora o outro sujeito na savana. Assim, os homens do fogo procriam e suas progênies usam o fogo e assim por diante. Não durou muito para que a raça humana toda domasse o fogo, pois todos os que foram contra o fogo tinham perecido. Portanto, as sociedades que usam a energia efetivamente se sobrevêm e as outras esvanecem. Em qual sociedade você gostaria de pertencer?

Kirk Sorensen, no trailer do filme: O Bom Reator.

# Tório: energia abundante e acessível

## Extraordinários Benefícios da Energia nuclear

"... nunca nos esqueçamos dos benefícios extraordinários que a tecnologia nuclear nos tem fornecido em nossas vidas. A tecnologia nuclear ajuda a tornar nossa comida mais segura para o consumo. Ela nos auxilia a evitar doenças nos países desenvolvidos. Portanto, é a medicina nuclear, de alta tecnologia, que ajuda no tratamento de cânceres e a encontrar novas terapias. Claramente, é a fonte de energia limpa que nos ajuda a abrandar a poluição de carbono que tanto contribui para as mudanças climáticas."

Presidente Barack Obama, EUA, 26 de março de 2012.

## *Energia e Meio Ambiente*

**Energia e meio ambiente são assuntos controversos, mas, mesmo assim, existem soluções viáveis.**

**O aquecimento global está afetando a todos.**

A presença de $CO_2$ na atmosfera da Terra está aumentando com a queima de combustíveis fósseis. O consenso dos cientistas é que isto causa um aumento na temperatura média da Terra, muda o clima, aumenta os níveis dos mares, acidifica os oceanos, sufoca o nascimento das algas na cadeia alimentar dos oceanos e derrete rapidamente as geleiras que abastecem a água para a agricultura no ciclo normal.

No entanto, a tecnologia nuclear avançada pode fornecer energia abundante, sem emissões de $CO_2$, reduzindo o aquecimento global.

**População em crescimento esgota os recursos naturais.**

A população mundial atingirá o número estimado de 9 bilhões de pessoas em breve e todos competirão por recursos naturais cada vez mais escassos – água doce, óleo, terras de plantio e comida. O crescimento populacional maior é localizado nos países mais pobres onde muitos morrem por inanição, doenças e guerra e, mesmo assim, geram mais filhos.

A produção de eletricidade, acessível e garantida, é a chave para a prosperidade econômica nas nações em desenvolvimento, as quais sofrem de pobreza energética. A energia elétrica básica permite um progresso modesto, criando oportunidades para as mulheres se educarem, tornando-as independentes e capazes de fazer escolhas certas no planejamento familiar, resultando em uma população sustentável.

## O fim do petróleo barato

As economias mundiais dependem do petróleo para o transporte. Como os recursos naturais estão diminuindo, as empresas de petróleo estão cada vez mais perfurando profundamente em ambientes hostis, refinando óleo pesado e grosso, minerando areia betuminosa e, como resultado, os custos estão se incrementando, com consequências no aumento de $CO_2$.

No entanto, pequenos veículos, movimentados por eletricidade gerada em reatores nucleares, podem reduzir a dependência do petróleo, e as altas temperaturas geradas pelos reatores nucleares podem ser utilizadas para sintetizar combustíveis líquidos.

## A poluição do ar mata milhões de pessoas.

A fuligem, liberada pela queima do carvão, causa doenças respiratórias e, anualmente, mata dezenas de milhares de pessoas nos EUA, centenas de milhares de pessoas na China e milhões no mundo inteiro.

No entanto, as usinas nucleares não produzem fuligem.

## Insegurança energética gera conflitos.

As nações carecem de segurança energética para manter a estabilidade e a paz. O Japão depende da importação do gás natural liquefeito para energia; os EUA dependem do petróleo importado; a França, do urânio importando-o. Uma interrupção no fornecimento pode gerar uma catástrofe econômica, mas a reserva doméstica de tório é suficiente para cada nação obter a segurança energética necessária.

## Taxa de carbono aumenta a contenda entre ricos e pobres.

Milhares de pessoas participaram das conferências das Nações Unidas sobre as mudanças climáticas realizadas em Quioto, Copenhague, Tianjin, Cancun, Bangcoc, Bonn, Panamá, Durban e Rio, sem chegarem a um acordo satisfatório sobre o imposto de carbono para reduzir a emissão de $CO_2$.

Todavia, reatores nucleares avançados podem fornecer energia ao mundo sem precisar da controvertida taxa de carbono ou mesmo requerer que os ricos paguem taxa de transferência aos pobres pelo uso do carbono, causando, assim, um impacto no crescimento econômico geral.

**Alimentos mais caros não alimentarão mais os pobres.**

A desnutrição é a maior causa de morte na população mundial que cresce incessantemente. Os preços dos alimentos também aumentam constantemente, principalmente com o uso crescente das terras aráveis para a produção de biocombustíveis, tal como o etanol que é extraído da cana-de-açúcar ou do milho.

Todavia, usinas nucleares de alta temperatura podem melhorar enormemente a produtividade, na relação entre o uso da área da terra e a produção de biocombustível, ao extrair o carbono de qualquer tipo de biomassa para a sintetização do combustível de hidrocarbono similar à gasolina.

**Uma solução ambiental baseada no mercado**

Podemos resolver o nosso problema global de energia e meio ambiente de uma forma direta – através da inovação tecnológica e do mercado livre. Precisamos de uma tecnologia disruptiva – energia ainda mais barata do que queimar biocombustíveis. Se pudermos oferecer ao mundo uma tecnologia capaz de produzir energia barata, então, todas as nações irão parar de queimar carvão.

É uma solução simples Depende do interesse econômico de bilhões de pessoas em 250 nações nas suas escolhas da mais barata e não poluente fonte de energia.

Energia representa 70% da economia. Os EUA, e especialmente as nações em desenvolvimento, não podem arcar com um aumento maior do custo energético. Muitos dos ambientalistas defendem substituir o combustível fóssil pela energia eólica e solar, sem saber que, na realidade, estas opções custam 3a 4 vezes mais! Para haver prosperidade da economia mundial, as nações requerem uma fonte de energia de baixo custo, e não mais custos, devidos ao aumento de impostos ou à forçosa utilização de fontes de energia eólica e solar.

O livro, "Reatores de Tório", defende a implementação de fonte mais limpa e de baixo custo de energia, uma solução baseada no mercado de consumo.

# Capítulo 2 - Energia e Civilização

Neste capítulo discutiremos a relação entre a energia, a vida e a civilização humana. Primeiramente, abordaremos um pouco sobre a ciência da energia para podermos entender melhor o seu papel integral. Então, aprenderemos a respeito de como a vida depende do fluxo de energia, assim como os humanos aprenderam a usar as ferramentas, como o progresso da civilização foi acelerado pela Revolução Industrial, e como chegamos, no século 21, a enfrentar uma crise de aquecimento global e de consumo de energia.

## Energia

Energia e massa são as substâncias do universo – o sol, a terra, os animais, as células, as moléculas e os átomos. Energia pode ter várias formas tal como calor, luz, energia cinética e energia potencial.

### Energia cinética é massa em movimento.

Um carro em movimento tem energia proporcional à sua massa, incrementado com o quadrado da velocidade. O sopro que apaga o fogo da vela, no dia do aniversário, possui energia cinética.

Os volantes de inércia são massas em movimento rotacional, armazenando energia cinética. O volante inercial em um motor à gasolina armazena energia entre os movimentos do pistão. As fabricantes de carro, Jaguar e Volvo, desenvolveram novos carros híbridos que usam os volantes de inércia para armazenar energia de forma mais econômica do que pelo uso de baterias de íon-lítio.

As ondas do mar, que se quebram e se dissipam na praia, possuem energia cinética. A energia eólica, a energia cinética das massas de ar em movimento, pode mover barcos veleiros e turbinas eólicas. Um enorme furacão carrega energia cinética na sua coluna rotativa, em sua extensão de centenas de quilômetros de comprimento. A energia de um furacão desse tamanho é dissipada de uma maneira mais rápida do que toda a energia produzida pela humanidade em um dado momento.

Um vagão em uma montanha-russa, descendo o trilho, ganha a sua velocidade máxima no ponto X. A sua energia cinética adquirida permite que o vagão atinja o ponto Y, desacelerando na proporção que a energia cinética diminui.

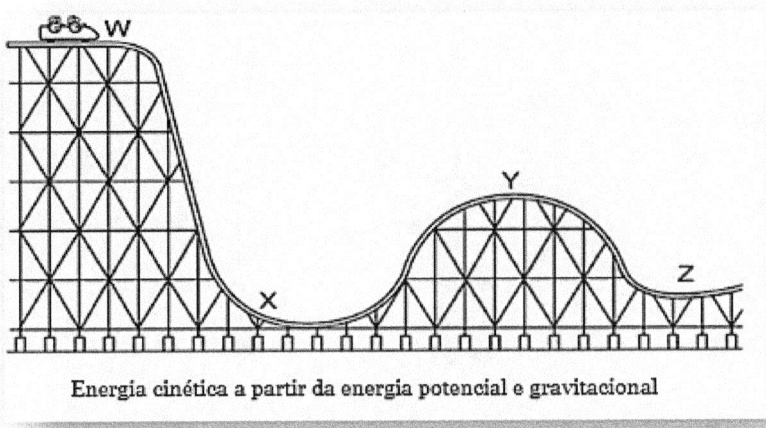

Energia cinética a partir da energia potencial e gravitacional

## Energia potencial pode ser armazenada pela força da gravidade.

No exemplo acima da montanha russa, o vagão tem uma energia potencial gravitacional, no ponto W, a qual é continuamente convertida em energia cinética, pela gravidade, até atingir o ponto X. Mas, então, o vagão começa a adquirir novamente energia potencial até atingir o ponto Y. O fato de o vagão não poder retornar ao nível X é devido à perda de energia por fricção. O percurso dos trilhos está constantemente convertendo energia cinética em potencial e, reciprocamente, energia potencial em cinética. Com a exceção da energia dissipada em forma de atrito, a soma total de energia cinética e potencial é constante. O atrito converte parte da energia cinética em calor.

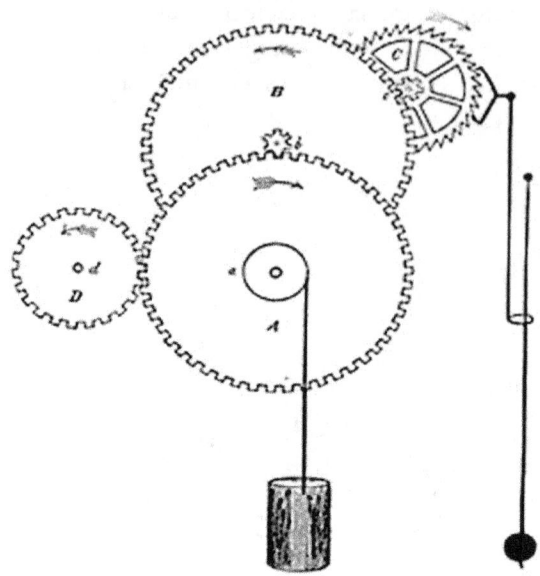

## Potencial gravitacional da energia do peso

O peso, em um relógio dos tempos dos nossos avós, movia-se
lentamente para baixo pela ação da gravidade, gerando pequenas
quantidades de energia cinética, que, então, movimentavam os
ponteiros do relógio. A energia lentamente se perdia com o atrito e
gerava calor.

O pêndulo do relógio oscilando, para frente e para trás, armazena
alguma energia potencial gravitacional quando ele atinge o topo do
seu balanço. Então, a energia passa a se converter em energia
cinética quando o pêndulo oscila na direção da posição mínima ou
baixa. As energias cinética e potencial oscilam junto com o pêndulo.

**A energia potencial gravitacional move o moinho de água.**

A água alçada, em uma represa, fornece a energia potencial gravitacional que se converte em energia cinética quando flui em um moinho de água ou uma turbina. Perto de minha casa, onde eu moro, a usina hidro Moore, tem uma queda-d'água de 48 metros. A gravidade pode ser usada para armazenar energia; em Northfield, Massachusetts, a água é bombeada para um reservatório que fica localizado a 244 metros acima do nível do rio, e, quando necessário, essa água reservada é utilizada para a geração de energia.

**As ligações químicas entre os átomos armazenam energia.**

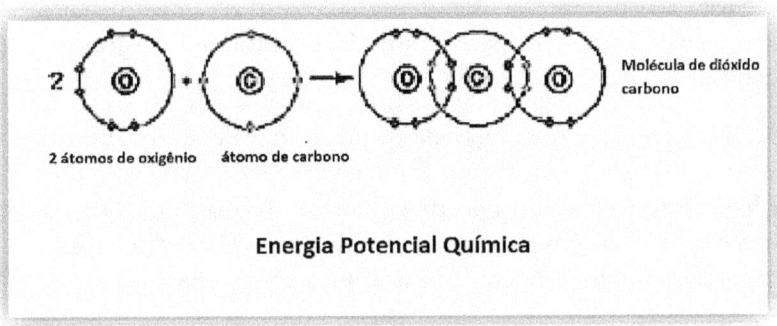

2 átomos de oxigênio    átomo de carbono    Molécula de dióxido carbono

**Energia Potencial Química**

A energia potencial química é armazenada pelas interações entre elétrons nas ligações químicas entre átomos e moléculas.

# Tório: energia abundante e acessível

As ligações químicas do gás $CO_2$ são formadas quando o átomo de C e O são suficientemente próximos para que os elétrons entre eles sejam compartilhados, e isso acontece quando se queima o carvão que contém carbono. Nessa reação química, a energia é liberada em forma de energia calórica e radiação eletromagnética. Os átomos tornam-se quimicamente conectados e não podem ser separados exceto pela restauração da energia de ligação liberada em forma de calor e radiação. Reflita:

Energia {átomos} = energia {molécula} + energia de ligação

A energia química potencial (energia de ligação) pode ser liberada em forma de calor e radiação quando a reação química conecta os átomos para formar moléculas.

A energia química potencial pode ser criada e armazenada. Por exemplo, o carvão vegetal (na maior parte carbono) pode ser gerado pela queima da madeira, um carboidrato feito principalmente de carbono e hidrogênio. A ligação química entre o carbono e o hidrogênio é quebrada pela energia térmica adicionada, o hidrogênio combina com o oxigênio no ar para formar vapor de água. No final, o carvão vegetal contém mais energia potencial que a madeira original. Isso pode, então, ser transportado e queimado mais tarde e com mais calor para liberar a energia química reservada.

Um motor de combustão interna converte parte da energia química potencial, ao queimar a gasolina, em calor e energia cinética, que movimenta o carro e libera calor através do radiador e dos canos de descargas.

A energia química potencial pode ser armazenada para ser liberada de várias maneiras. As baterias de um computador, feitas de hidreto de lítio, convertem a energia, armazenada em forma de energia química potencial, em eletricidade e podem converter eletricidade em energia química potencial, recarregando assim a bateria.

### A energia potencial elástica pode ser armazenada em uma mola.

A energia elástica é relacionada com a energia química; a força elástica surge a partir da ligação química dos elétrons nas moléculas quando os átomos são removidos dos seus estados relaxados.

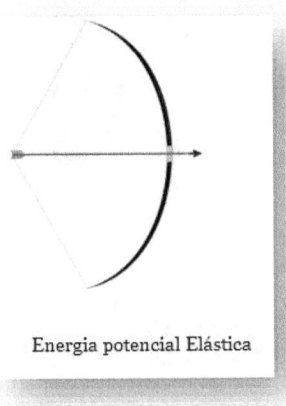

Energia potencial Elástica

Em um conjunto de arco e flecha, a energia elástica potencial de um arco tensionado se transforma em energia cinética da flecha em movimento.

### A energia pode mudar o estado líquido, sólido e gasoso da matéria.

O gelo absorve calor quando se derrete, passando do estado sólido para o estado líquido, processo endotérmico. No entanto, a água cede energia quando se congela, processo exotérmico. As tempestades de neve asseguram que a temperatura não caia porque a água congelada cede energia térmica ao ambiente. A taxa de arrefecimento de um aparelho de ar condicionado de uma tonelada é equivalente ao calor absorvido pela fusão de uma tonelada de gelo por dia.

Similarmente, a energia é armazenada e o calor é absorvido quando um líquido evapora, liberando energia quando se condensa. Em Alhambra, Espanha, arquitetos mouros do século 14 desenharam um sistema de fontes de água, ao lado de passarelas, e calhas para evaporar a água e refrescar o califa.

Alhambra, refrigerado pela mudança de líquido para gás

**Campos eletrostáticos podem armazenar energia.**

Duas placas de metal separadas por um material isolante criam um capacitor que armazena energia no campo elétrico entre elas. Quando os elétrons se movem de uma placa para outra, criando cargas opostas e reversas, Q, um campo elétrico se forma entre as placas.

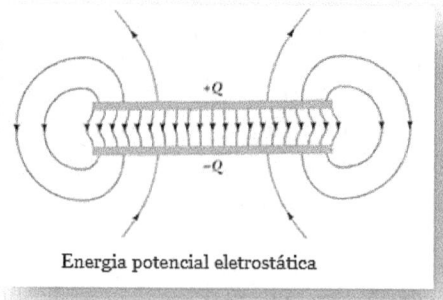

Energia potencial eletrostática

O campo eletrostático é considerado estático porque os elétrons não podem se conduzir através do material isolante. Esse campo elétrico estático pode ser rapidamente descarregado. Capacitores podem suplementar as baterias para aumentar a aceleração de um carro elétrico, por exemplo.

**A Energia magnética também armazena energia.**

Correntes elétricas em uma bobina criam um campo magnético que também armazena energia. Essa energia pode se transferir para outra bobina próxima, ou uma vela de ignição, ou um motor elétrico; energia cinética. Campos magnéticos são armazenados e a energia é transferida 120 vezes por segundo em um par de bobinas de um transformador de força típico.

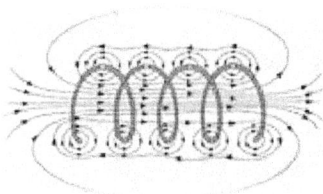

**A radiação eletromagnética é energia viajando na velocidade da luz.**

Fótons são acoplados, campos magnéticos e elétricos perpendiculares que oscilam na medida em que os fótons viajam pelo espaço com a velocidade da luz.

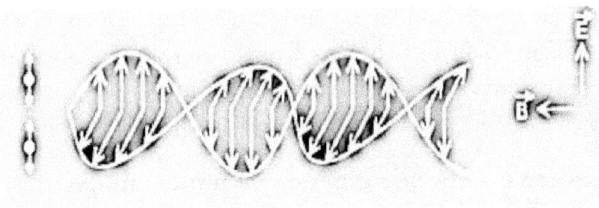

A luz visível é composta de muitos fótons que oscilam os campos elétricos e magnéticos a cada meio mícron de espaço que navegam (um mícron representa um milionésimo de um metro). A frequência é cerca de 600 trilhões de oscilações por segundo. Cada fóton é uma pequena e discreta quantidade de energia, proporcional à sua frequência. A luz ultravioleta, os raios X e o raio gama são fótons transportando alta energia, mais do que a luz visível, infravermelha e as ondas de rádio.

Fótons são pequenos pacotes de energia. Uma simples lâmpada de árvore de natal emite cerca de milhões de bilhões de fótons por segundo. Fótons de luz visível causam reações químicas na retina, e assim podemos ver. O olho humano, quando acomodado a um quarto escuro, é capaz de discernir um simples fóton.

As folhas das árvores usam a energia do fóton para processar as reações químicas usando o CO2 do ar e o hidrogênio da água para manufaturar os hidrocarbonetos utilizados nas células que participam no crescimento da planta. Armazenar tanta energia como forma de radiação é difícil porque ela se move muito depressa. Os raios laser refletem a luz várias vezes internamente e, então, liberam a energia em um pulso.

**Massa é uma forma densa de energia.**

Albert Einstein mostrou a equivalência da massa e da energia em sua famosa equação: $E = mc^2$. Assim como os átomos são acoplados para formar moléculas, nêutron e prótons são partículas acopladas para formar os núcleos dos átomos. As energias de ligação das partículas nucleares são milhões de vezes mais fortes do que a energia de ligação química dos átomos em uma formação molecular.

A energia, assim armazenada, no núcleo de metais pesados, que compõem o planeta Terra, foi criada durante uma explosão de uma supernova cinco ou mais bilhões de anos atrás. Hoje, uma usina nuclear altera a ligação entre nêutrons e prótons, transmutando os elementos pesados em outros elementos, liberando, dessa forma, a energia armazenada.

**A energia térmica é a energia cinética de muitas moléculas.**

A energia térmica surge a partir do movimento randômico de átomos e moléculas nos sólidos, líquidos ou gases. Cada molécula possui velocidade e energia cinética correspondente, que aumenta com a temperatura. É mais fácil lidar com a energia cinética coletiva de trilhões de trilhões de moléculas do que com a energia individual das moléculas. O diagrama, a seguir, representa uma visão de muitas moléculas saltando em uma caixa fechada. Quanto maior o movimento cinético das partículas, maior é a energia térmica ou maior é a temperatura. Quanto maiores as colisões das moléculas com as paredes da caixa, maior a pressão.

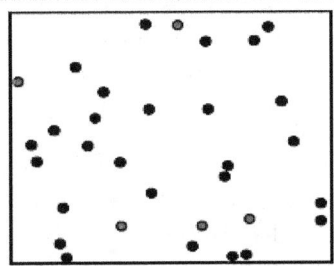

**Energia térmica é soma da energia cinética das moléculas**

A energia flui na forma de calor de uma região de alta temperatura para uma região de temperatura mais baixa. O fluxo de calor do quente para o frio pode ser parcialmente aproveitado para a produção de trabalho ou energia elétrica.

## A energia térmica radiante

Um objeto quente irradia energia eletromagnética em forma de luz visível, infravermelha ou fótons de micro-ondas, dependendo da temperatura do objeto. Objetos mais quentes emitem fótons mais energéticos e maior quantidade.

A atmosfera do sol possui uma temperatura por volta de 5000 °C e emite um largo espectro de radiação eletromagnética, com o comprimento de onda centralizada por volta do espectro de luz que vemos - 0,4 mícron $< \lambda <$ 0,7 mícron. A visão se desenvolveu para usar essa forma mais comum de radiação solar – a luz branca.

A vela acessa com temperatura aproximada de 1650 °C, emite uma luz amarela. O ferreiro trabalha com o ferro em brasa a uma temperatura de 700 °C.

Objetos quentes emitem mais radiação do que um objeto frio pois a energia emitida é proporcional à temperatura do objeto.

Mesmo objetos mais frios emitem suficientes quantidades de energia detectável. A pele humana, na temperatura normal de 37 °C, emite aproximadamente 1000 watts de luz infravermelha, mas absorve 900 watts das paredes e teto à temperatura de 23 °C. Dentro de casa, você absorve radiação infravermelha, provinda das paredes, mas não muito do exterior frio durante o inverno, portanto você sente mais frio em um quarto com muitas janelas mesmo que o ar dentro esteja a uma temperatura normal.

Visto do espaço, a Terra emite radiação como se ela estivesse a uma temperatura de -19 °C. O resfriamento é compensado pelo calor provindo do sol, das marés gravitacionais, e pelo decaimento do tório, urânio e potássio no núcleo da Terra.

## Eletricidade

**Potência é medida em watts, energia em watt-hora.**

Potência é o fluxo de energia - energia cedida por uma fonte a cada unidade de tempo. Potência pode ser descrita como uma taxa de consumo ou de geração de energia. Estamos todos familiarizados com uma unidade de medida da potência: o watt, ou W. Uma lâmpada elétrica de 100 watts consume energia elétrica a uma taxa de 100 watts-hora. uma torradeira pode consumir energia a uma taxa de 1000 Wh. Um quilowatt é definido como 1 KW.

**Medidor de Energia**

Compramos energia elétrica de uma empresa fornecedora de energia ou companhia de luz. A conta de luz abrange três custos distintos: a geração de energia, o transporte de energia e as taxas. Os consumidores compram energia elétrica e não potência elétrica. A potência representa a taxa de energia que pode ser fornecida. Uma família brasileira consome em média 146 kWh por mês ou 1760 kWh por ano.

Resumindo, potência é medida em watts. Energia é medida em watt-hora e não watts. Muitos jornalistas confundem as duas medidas e conceitos, portanto leia atenciosamente os artigos e opine de acordo.

**A eletricidade como o fluxo de elétrons.**

A corrente elétrica é o fluxo de elétrons livres, tipicamente, em um fio de metal. A corrente elétrica é medida em Ampere (I). Num sistema elétrico, a potência (P, em watts) é igual ao potencial voltaico (V, em volts) multiplicado pela corrente (I, em ampère). Usando a analogia com o fluxo da água através do moinho de água, potência é equivalente ao fluxo da água (corrente) multiplicada pela altura do reservatório de água (voltagem).

Para a eletricidade:

Potência, $W = I \times V$ (corrente x voltagem) Energia, $E = W \times t$ (potência x tempo)

Para a eletricidade, costumeiramente usamos o quilowatt-hora, mas em casos de pequenas quantidades, usamos o watt-segundo, pois, dessa forma, é mais conveniente.

E (quilowatt-hora) = W (em quilowatts) x t (horas) E (watt-segundo) = W (watts) x t (segundos)

Um quilowatt-hora = 1000 x 60 x 60 watt-segundo.

**A energia elétrica é transitória.**

A energia elétrica é a potência elétrica multiplicada por tempo. A energia elétrica transporta energia de uma forma para outra.

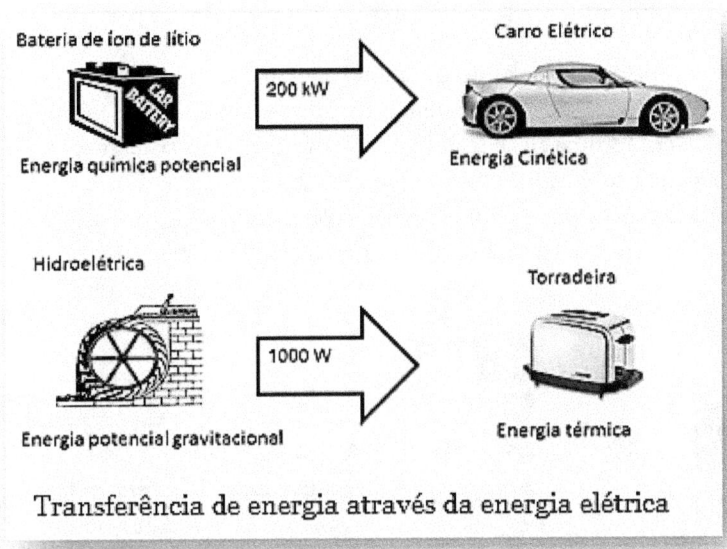

**Transferência de energia através da energia elétrica**

Nos exemplos acima, a energia química potencial de uma bateria gera energia elétrica que, em seguida, se torna energia cinética em um carro elétrico. O potencial gravitacional de um moinho de água de um reservatório elevado gera energia elétrica através de geradores elétricos que, em seguida, pode se tornar energia térmica em uma torradeira ou forno.

Pequenas quantidades de energia podem ser armazenadas como energia eletrostática de um campo elétrico ou como energia eletromagnética de um campo magnético. Na prática, a energia elétrica é raramente armazenada por longos períodos de tempo exceto se for convertida em outra forma de energia.

## *Trabalho e Calor*

**Trabalho é força aplicada sobre a distância.**

Por exemplo, para levantar um peso de 550 libras a um pé de altura exige-se 550 pé-libras de trabalho.

O ritmo normal de trabalho para um cavalo puxar água de uma mina foi determinado como sendo de 550 pé-libras por segundo - definida como uma potência. James Watt utilizou essa definição para calcular os royalties para o seu motor a vapor que havia substituído os cavalos. Um cavalo-de-força é equivalente a 746 watts. O motor elétrico de 2 kW em meu pequeno barco é

equivalente a um motor de gasolina de 2,7 cv de potência, aproximadamente.

Trabalho gera energia cinética. A energia resultante da energia cinética é também energia, tal como a energia potencial gravitacional quando o cavalo puxa a água das minas, ou como a energia térmica produzida pela fricção quando o cavalo puxa um trenó.

Um ciclista, em boa forma física, consegue produzir ¼ hp. Se os seres humanos fossem pagos pela energia que produzem fisicamente, convertida em eletricidade, receberiam 2,5 centavos por hora (dólar).

**A energia flui do Big Bang para a Morte Térmica.**

A energia e a massa do universo foram criadas durante o Big Bang há mais de 10 bilhões de anos atrás. O Universo, constituído de massa e energia, se expande, esfria, mistura e, ocasionalmente, os elementos se agrupam para formar estrelas e planetas. As estrelas, assim como o nosso Sol, queimam hidrogênio e dissipam energia através do espaço, emitindo fótons. Os fótons emitidos pelo Sol, por exemplo, são absolvidos pelo planeta Terra. Este efeito no planeta é responsável pelo tempo climático, misturando, aquecendo e esfriando a atmosfera, os oceanos e a terra. A energia absorvida é irradiada para o espaço, em todas as direções, exceto a de infravermelho, a luz invisível. À parte do decaimento radioativo e das marés gravitacionais, a energia solar que atinge a Terra é balanceada pela energia irradiada de volta para o espaço, caso contrário, a temperatura da Terra aumentaria.

Em cada etapa de fluxo de energia, um tipo de destruição ocorre. A energia total é sempre conservada, no entanto, parte dela é perdida irremediavelmente, de acordo com a segunda lei da termodinâmica. A cada ciclo de energia, parte dela é desperdiçada ou perdida como forma utilizável. Como o universo prossegue se expandindo e se esfriando, a sua energia se torna cada vez menos utilizável aproximando-se do que é conhecido como a Morte Térmica —o lado temporal oposto do Big Bang.

**É fácil gerar energia térmica.**

As formas mais úteis de energia, eventualmente, se tornam em energia térmica - calor transferido a um sistema. A energia cinética é desperdiçada pela fricção em forma de calor; esfregar as mãos juntas, por exemplo. A corrente elétrica, fluindo em um fio, gera calor devido à resistência inerente do material. A energia potencial (gravitacional, química ou elástica) pode permanecer estática e não ser usada até o momento do decaimento do sistema estrutural que retém a energia.

Destino da energia térmica

Um carro sendo brecado, aquece os freios. A energia cinética do carro é convertida em energia térmica no sistema de freio e pneus. A energia é sempre conservada; um processo 100% eficiente.

Um aquecedor elétrico, similarmente, converte toda a energia
elétrica consumida em calor. Uma lâmpada converte toda energia
elétrica em calor, pelo aquecimento do seu filamento e luz. Esta é
absorvida pelas paredes da casa, exceto a luz que escapa pelas
janelas e viaja passando por Plutão. Aqui, também a conversão é
100% eficiente.

Um americano, leal aos britânicos, Conde Rumford, descobriu a
equivalência do calor e da energia térmica enquanto brocava os
canhões de guerra, oferecendo uma experimental evidência que
resultou no princípio da conservação de energia. Ele também
inventou o coador de café e a roupa térmica de baixo.

### É mais difícil usar a energia térmica.

A seta do tempo indica somente uma direção. O processo que
converte energia cinética em energia térmica não é 100% reversível.
As leis da física não nos permitem converter toda a energia térmica
em energia cinética. Contudo, podemos converter alguma energia
térmica entre objetos com temperaturas diferentes.

Calor é energia térmica. Calor transfere do mais quente para o mais
frio; o movimento molecular térmico é normalmente dissipado para
um sistema maior, mais frio. Se fizermos nada, este fluxo de calor é
desperdiçado. Alternativamente, podemos inserir uma máquina
térmica neste fluxo e extrair algum calor, mas nem todo, e produzir
trabalho mecânico (W).

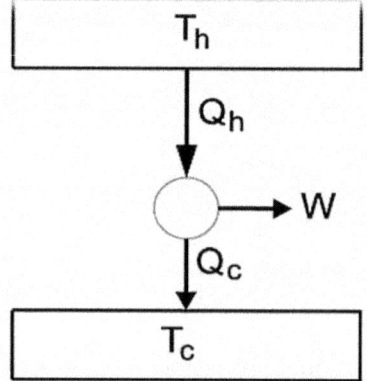

Fonte de calor, máquina térmica,
dissipador de calor (fonte: Wikipédia)

Usamos a letra W para simbolizar o conceito de trabalho mecânico. $T_H$ representa a temperatura de uma fonte de energia térmica, quente, $Q_H$ representa a quantidade de calor fluindo para a máquina térmica, W representa o trabalho mecânico útil extraído pela máquina térmica, e $Q_C$ representa a quantidade de calor que a máquina não foi capaz de utilizar, fluindo para o dissipador de calor a uma temperatura $T_C$, porém menor do que $T_H$.

Em um motor de automóvel, $Q_H$ representa o calor gerado pela queima de gasolina, W representa o trabalho gerado pelos cilindros do motor, e $Q_C$ representa o calor perdido para a atmosfera através do cano de descarga. Outros exemplos de máquinas térmicas são as máquinas de Watts do século 18 e as turbinas de motor a jato. Todos convertem calor em trabalho mecânico ou energia cinética.

**O coeficiente de conversão da energia térmica em energia cinética é sempre <1.**

A quantidade de energia que entra em um sistema é sempre igual à quantidade de energia que sai, portanto $Q_H = Q_C + W$. Pelo teorema de Carnot, não importa o mecanismo inventado, a física determina o coeficiente de conversão da energia térmica para a energia cinética como sendo menor do que 1.

$$\text{Eficiência} = W/Q_H = (T_H - T_C)/T_H < 1$$

As temperaturas (T) estão em graus Kelvin, K°, relativas ao zero absoluto, -273 °C. Quanto maior for a diferença entre a fonte de calor e o dissipador de calor, melhor será a eficiência. Aumentar a temperatura da fonte de calor é um meio de aumentar a eficiência. Os engenheiros aumentaram a eficiência das novas usinas de carvão, de 32% para 44%, queimando carvão pulverizado à temperatura, $T_H$, de 1300 °C. Diminuindo a temperatura do dissipador também se aumenta a eficiência; resfriando as usinas de força com a água de um rio ou oceano, ao invés do ar que, geralmente, diminui $T_C$, consequentemente, aumentando a eficiência.

A invenção de Rudolph Diesel, em 1896, de um motor de combustão de alta compressão e a alta temperatura interna tinha uma eficiência máxima teórica, na conversão cinética/energia térmica, de 75%, comparado com outro motor competitivo de vapor com eficiência de apenas 10%. Essa invenção o tornou milionário.

Na prática a eficiência típica de um motor diesel é de 40-50%, queimando o combustível à temperatura mais alta do que o motor à gasolina com uma eficiência de apenas 25-30%.

Os motores a vapor, do século 18, tinham uma eficiência próxima de 1%; as turbinas de vapor, hoje, aquecidas com carvão pulverizado, podem atingir eficiência acima de 40. Grandes motores de navios, operados com o óleo diesel, podem atingir eficiência acima de 50%.

**A energia elétrica é mais valiosa do que a energia térmica.**

Uma usina elétrica usa uma máquina térmica para converter calor em energia cinética através de um eixo rotativo e, com isso, movimenta um gerador elétrico. Tal tipo de gerador pode atingir uma conversão elétrico/cinética com eficiência de 90%, portanto podemos ignorar as perdas nas etapas de conversão térmica para cinética e para elétrica.

Devido ao fato de que as usinas de força lidam com ambas as forças, térmica e elétrica, uma notação especial pode nos ajudar a evitar confusão. Um GW de potência pode ser representado como 1 GW (e). 1 GW de energia térmica pode ser representado como 1 GW(t). Nos EUA, as usinas típicas, de conversão de energia térmica em energia elétrica, apresentam uma eficiência de 33%. Uma usina, como esta, requereria 2 GW(t) de potência térmica para gerar 1 GW(e) de potência elétrica.

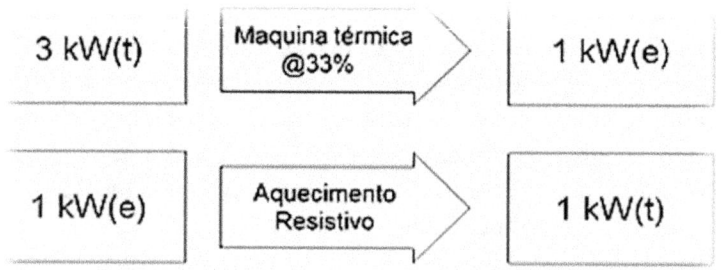

Conversão assimétrica de energia

Podemos usar os mesmos sufixos para a conversão de energia. Um típico fogão de chapa de 2600 W, usado durante uma hora, consome 2,6 KW (e) de eletricidade, a qual é convertida em 2,6 kWh(t) de energia térmica. Se a eletricidade custa, em dólar, $0,15 por kWh (e) o custo seria de 39 centavos.

Podemos obter o mesmo calor de uma chapa de gás natural. O consumo de 2,6 kWh(t) de gás natural custa, nos EUA, 12 centavos – cerca de um terço do custo elétrico de 39 centavos de dólar. Qual é a razão dessa diferença? Uma usina com 33% de eficiência necessita 2,6 kWh(e)/0,33 = 7,8 kWh(t) de gás natural para gerar os mesmos 2,6 kWh(e) de eletricidade. Tal quantidade de gás custa cerca de 3 x 12 centavos de dólar = 36 centavos, quase os 39 centavos acima mencionados. Cozinhando, secando roupa, e aquecendo uma casa com eletricidade é cerca de três vezes mais caro do que utilizando gás, nos EUA.

**Bombas de calor são máquinas térmicas trabalhando no sentido inverso.**

As bombas de calor são semelhantes às máquinas térmicas, exceto que a direção do fluxo de energia está invertida. A energia cinética torna-se trabalho (W), utilizado para bombear calor QC de uma fonte fria para um dissipador de calor na temperatura $T_H$. Este é o sentido inverso do fluxo natural do calor, do quente para o frio, e que emprega a energia cinética W para processar o fluxo do frio para o quente. A energia que entra no sistema é igual à energia que deixa o sistema, $Q_C + W = Q_H$.

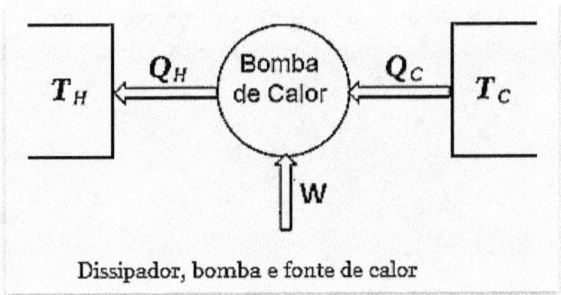

Dissipador, bomba e fonte de calor

Um aparelho de ar condicionado remove calor de uma sala quente e o transfere para o ambiente exterior ainda mais quente. O aparelho de ar condicionado é julgado pela quantidade de calor que ele renove com relação à quantidade de energia elétrica que consome.

Seu coeficiente de desempenho (na sigla em inglês, COP) é a relação $Q_C/W$. Um aparelho comum de janela tem um COP de 3; a energia térmica extraída é três vezes a energia elétrica usada.

Ligando uma lâmpada de 100 W(e) em um ambiente condicionado gera aproximadamente 100 W(t) a mais de calor a ser removido, requerendo uma quantidade adicional de 33 W(e) para alimentar o aparelho de ar condicionado. Cada pessoa em uma sala gera aproximadamente 100 W(t).

Uma bomba de calor de fonte de ar, assim como o condicionador de ar, trabalha no sentido inverso, extraindo o calor de um exterior mais frio (arrefecendo mais ainda) para o interior da casa. Seu coeficiente de desempenho, COP, é QH / W, ou seja, a taxa de transferência de calor dividida pela potência elétrica usada. Por exemplo, 9 kW(t)/3 kW(e) = 3 para uma bomba de calor de fonte de ar comum.

As bombas de calor geotérmicas usam clorofluorcarbono líquido,bombeado por meios de tubos no subsolo como fonte de calor. Um COP de 3 é comum para ambas as fontes geotérmicas e aerotérmicas. Tais bombas de calor podem fornecer 9 kW(t) de calor utilizando apenas 3 kW(e) de eletricidade – três vezes mais que um aquecedor elétrico. Contudo, gerando 3 kW(e) de eletricidade com uma eficiência de 33% requer 9 kW(t) de calor para começar. O proprietário da casa poderia queimar carvão, óleo, ou gás para alimentar a bomba de calor. Portanto, não existe redução na emissão de $CO_2$ a menos que a fonte de energia elétrica seja livre de emissão de $CO_2$, tal como uma usina nuclear, uma hidroelétrica, turbinas eólicas ou fazendas solares.

## Vida

**A energia é a chave para a vida.**

À medida que a energia do universo flui e se dispersa, a vida temporariamente utiliza esse fluxo de energia para o seu crescimento, reprodução e locomoção.

A vida na Terra teria surgido há cerca de quatro bilhões de anos atrás, com a energia conectando os elementos essenciais – hidrogênio, oxigênio, carbono, sulfura e fósforo – criando os aminoácidos, depois as proteínas e, eventualmente, os procariontes (bactérias). Três bilhões de anos atrás, aproximadamente, novos organismos surgiram, as cianobactérias. Estas usam a energia da luz para capturar o $CO_2$ para usar o carbono na construção das estruturas de hidrocarbonetos, e liberam o oxigênio na atmosfera.

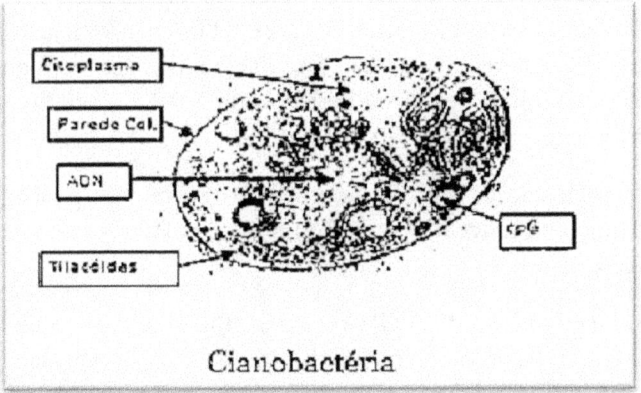

Cianobactéria

Mesmo hoje, cerca de 20% do oxigênio existente na atmosfera provém dessas antigas células aquáticas. Dentro das cianobactérias encontram-se os tilacoides que realizam a fotossíntese. As plantas incorporam similares tilacoides dentro de suas estruturas para obter energia da luz solar.

Durante a evolução, que levou ao surgimento das células dos animais modernos, variações dessas cianobactérias evoluíram simbioticamente para se tornarem em mitocôndrias, geradores de energia dentro das células eucarióticas. O açúcar dos alimentos passa para o citoplasma.

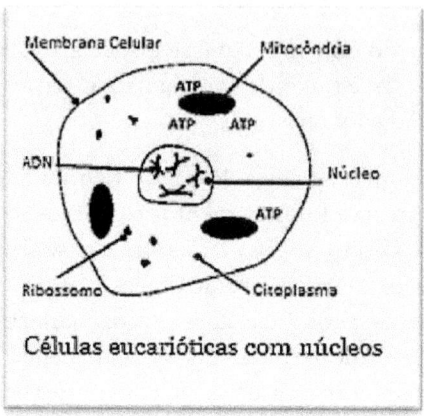

**Células eucarióticas com núcleos**

A mitocôndria usa os íons de oxigênio para quebrar os laços químicos existentes no alimento para, assim, liberar energia para manufaturar as moléculas do ATP. Este ATP (adenosina trifosfato) é a moeda de energia dentro da célula. Três moléculas de fosfato são ejetadas ou para dentro da molécula de ADP ou para liberar ou armazenar energia.

O ATP energizado é transportado para prover energia para as outras funções intracelulares, tal como as que causam as contrações musculares.

Por analogia, o fluxo do ATP pode ser comparado com o fluxo da eletricidade, passando de um gerador (mitocôndria), que é gerada por combustíveis (glicose), e conduzida através das membranas para o citoplasma da célula e, então, através das membranas mitocondriais.

**O peixe grande engole o peixinho.**

Os animais comem e digerem plantas para obter energia. Alguns animais comem outros para obter energia.

O sistema digestivo obtém energia dos tecidos dos animais e plantas que eles ingerem. O carboidrato do alimento ingerido é dissociado em múltiplas etapas para formar o açúcar que carrega a energia potencial química que é distribuída às células. Os fluidos, circulando pelo corpo, transportam a glicose através das membranas celulares. Cada célula distribui o ATP através do citoplasma para a energia intracelular.

## A Presença Humana

**O uso da energia do fogo mudou a evolução humana.**

Os humanos são compostos de centenas de trilhões de células colaborando para constituir um único ser. Os humanos comem plantas e animais para obter energia. Outra forma de energia é o calor solar, reduzindo assim a necessidade de mais energia provinda dos alimentos; os répteis usam isso extensivamente, mas para nós, os humanos, o grande avanço veio do domínio da tecnologia do fogo. O fogo provê uma forma alternativa para metabolizar os alimentos.

A exploração do fogo, que, provavelmente, começou há 1,8 milhões de anos, fez uma diferença na vida dos nossos antepassados. Cozinhando os alimentos, isso os ajudou a poupar tempo e energia. Os primatas passam a metade do dia mastigando os seus alimentos crus.

Ao mudar para o alimento cozido, mais macio, mais energético, o Homo Erectus foi, então, capaz de dedicar mais tempo para tarefas mais produtivas, como inventar ferramentas, plantação e atividades sociais; como ficou comprovado pelos vestígios fósseis do cérebro alargado como víscera, da mandíbula e dos dentes reduzidos. A redução da necessidade metabólica de energia cinética propiciou a evolução de um cérebro mais largo, o qual consome um quarto da energia do corpo.

**Humanos e animais consomem energia para trabalhar.**

O corpo humano é uma fonte de trabalho – energia dirigida para realizar uma tarefa. Em média, um humano consome 100 watts de energia química (através dos alimentos). Os trabalhadores de minas subterrâneas gastam energia a um nível de 300 W com picos de 600 W. A mão de obra braçal continuou sendo predominante na agricultura, nos EUA, até os meados de 1918, quando, então, a empresa Quaker Oats fez uma campanha publicitária de seus alimentos de alta caloria, necessária para o trabalhador, de 1800 calorias por libra (2,1 kWh por libra).

O gado e os cavalos podem suplementar o trabalho humano. O gado, alimentando-se na pradaria, pode fornecer 300 a 400 W de potência. Os cavalos mais fortes, alimentados com alto conteúdo de proteína, podem gerar de 500 a 1500 W, cada um, por um longo período de tempo. Um cavalo de força é definido, hoje em dia, como sendo equivalente a 745,6 watts. Um cavalo bem alimentado consome grãos suficientes para alimentar seis pessoas, mas, por outro lado, fornece dez vezes mais energia. Entre 1910 a 1920, um quinto das terras agrícolas nos EUA era destinado à alimentação dos cavalos.

## Civilização

**Com a invenção do fogo criou-se a necessidade do combustível.**

Na civilização pré-industrial, os ramos, as cascas de árvores, e raízes mortas eram coletados para alimentar o fogo. Com a invenção dos grandes machados e serras, grandes troncos e ramos de árvores começaram a ser cortados e ressecados para combustível. Como as cidades, localizadas em climas temperados, cresceram, a demanda por energia para cozinhar, aquecer e para a indústria atingiu o nível de 20-30 $W/m^2$, o que requeria uma área florestal 100 vezes mais larga do que a área da cidade. Isso equivalia, aproximadamente, a 1-2 toneladas de madeira por pessoa ao ano.

A fundição do ferro exige altas temperaturas e, naquela época, usava-se a queima do carvão para tal. O carvão era criado usando o fogo gerado pela madeira para aquecer pilhas de outras madeiras cobertas com relvado ou argila para manter o oxigênio fora do processo. Esse método, chamado de pirólise, quebrava os hidrocarbonetos e retirava a água e outros voláteis do carvão em produção, deixando-o quase carbono puro, favorável, então, para produzir o calor de alta temperatura. Centenas de milhares de pessoas foram empregadas na fabricação de carvão, na época. Como a demanda de madeira para produzir carvão aumentou, a Europa, e a Inglaterra em particular, consumiram a maioria de suas florestas, causando uma crise de energia no século 17 na Inglaterra. Quando a madeira escasseou, o carvão mineral tornou-se a fonte de energia. Realmente, uma das primeiras aplicações da máquina a vapor foi bombear água das minas subterrâneas. A história está sendo repetida, e a madeira do eucalipto é usada para formar o carvão vegetal, utilizada na produção do aço verde no Brasil.

Com as florestas devastadas, o esterco do gado foi utilizado e até mesmo o é hoje em dia. Em alguns países, tal como a Índia, o esterco é colhido, ressecado e queimado nas áreas rurais ou vendido nas cidades por $0.14/kg ou, equivalentemente, $0.03/kWh (valores em dólar).

**A energia da agricultura superou a da caça e da coleta.**

A agricultura foi inventada aproximadamente 10.000 anos atrás quando a caça e a coleta ficaram difíceis, possivelmente, por causa do fim da idade do gelo, quando um clima mais seco foi criado. As condições climáticas favoreceram as plantas que possuem um ciclo anual. Esse tipo de árvore armazena energia nas sementes. As densidades de energia nas sementes as tornam um alimento mais favorável, mesmo considerando que as cascas reduzem a capacidade humana de digeri-las. Por conseguinte, outra grande invenção surgiu: o processo de moer as sementes para formar farinha, a qual é usada na produção de pão. A moagem, a fermentação e o cozer tornaram mais fáceis a digestão dos alimentos derivados das sementes assim como o transporte e o armazenamento, provendo energia para as pessoas viverem em vilarejos e cidades.

A agricultura permitiu a acumulação de alimentos, gerando riquezas. O aumento das riquezas exigiu mais mão-de-obra humana nas plantações e o trabalho dos escravos tornou-se uma fonte de energia para as nações ricas, sendo um exemplo o império romano. Quando a cristandade se espalhou e os escravos foram sendo liberados, essa fonte de poder começou a diminuir e, com isso, a glória de Roma.

# Tório: energia abundante e acessível

**A força da água fornecia energia para moer os grãos.**

A moagem dos grãos requeria energia humana e tempo. Uma nova invenção que aliviou foi o uso da força da água para mover os moinhos.

As primeiras mós (pedras pesadas e redondas usadas em moinhos) eram revolvidas horizontalmente, por volta de um eixo vertical que também era conectada a uma roda horizontal e então eficientemente movida pela força da água.

As perdas por atrito eram minimizadas porque não usavam engrenagens (veja a figura). O fazendeiro, no alto do moinho, alimentava com grãos o moedor através de um funil. A mó, no alto, revolvia para moer as sementes e formar a farinha.

As rodas de água verticais mais familiares ao mundo de hoje, entraram em uso após a invenção de engrenagens mais eficientes. No primeiro século, os romanos construíram aquedutos para suprir água potável a Arles, França, e para também suprir 16 rodas verticais que produziam 4,6 toneladas de farinha por dia, suficiente para alimentar 6.000 pessoas.

A exploração da força da água foi o ponto acionador no povoamento da Nova Inglaterra, onde eu vivo. Os colonos percorreram os rios acima e exploraram as correntes dos rios nos moinhos de água para moer os grãos, e, nas serrarias, a madeira provinha das árvores que rapidamente foram exploradas gerando áreas de plantio e agricultura.

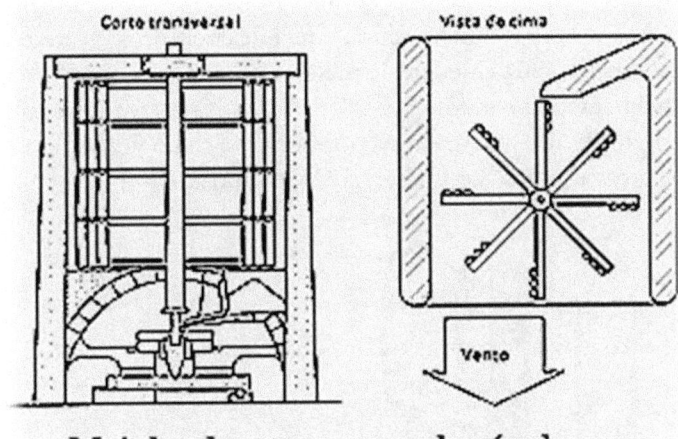

Moinho de vento persa do século 10

**A energia cinética dos ventos écapturada pelos moinhos.**

Os primeiros moinhos de vento foram planejados para girar em torno de um eixo vertical. O desenho de um moinho de vento acima foi criado no século X na Pérsia e foram usados para moer grãos e bombear água. Os moinhos mais conhecidos, com as hélices girando em um plano vertical, com um eixo horizontal voltado para a direção do vento, foram desenvolvidos após o uso da tecnologia de engrenagens de baixa fricção e, portanto, permitindo a transferência da energia cinética mais eficientemente.

**A energia do carvão gerou a Revolução Industrial.**

Até o final dos anos de 1700, a economia dependia do trabalho braçal humano e dos animais de tração. A revolução industrial, que começou na Inglaterra, no final do século XIX, foi iniciada com o uso da energia gerada por máquinas de vapor à base do carvão, com o uso da força hidráulica e com a expansão do comércio através das ferrovias, estradas e canais. As inovações fizeram uso de mais energia em uma forma mais produtiva. Como as técnicas de fabricação de têxteis foram sendo melhoradas e patenteadas, mais fábricas automatizadas de algodão surgiram impulsionadas pelos cavalos de força, então, pela força da água e, depois pelas máquinas a vapor.

As máquinas a vapor estimularam a revolução industrial, gerando energia cinética a partir da energia química dos fosseis. As grandes máquinas a vapor Newcomen tinham uma eficiência de conversão de energia, térmica para cinética, de menos de um por cento (<1%), mas o carvão era bem barato e 3,7 kW de força era gerada. Por volta de 1800, perto de 500 máquinas avapor de Watt, cinco vezes mais eficientes, geravam cada um quase 7,5 kW de força.

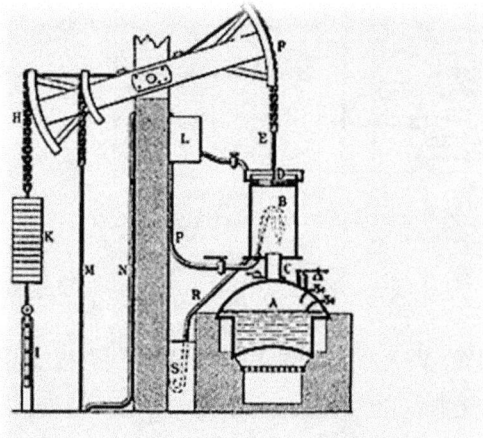

A máquina de vapor de Newcomen em 1712

A mineração extensiva de carvão só foi possível graças às máquinas a vapor que bombeavam as águas das minas e içavam o carvão à superfície. As máquinas a vapor tornaram possível a construção de fábricas onde moinhos de água não eram disponíveis. Elas também eram usadas para bombear água para as comportas dos canais a fim de facilitar o transporte, estimulando o crescimento do comércio. O carvão das minas supria as máquinas e gerava calor para derreter o ferro. Ferro e aço, mais fortes do que cobre ou bronze, tornaram possível a construção de melhores máquinas. Os tornos e outras ferramentas foram manufaturados. A energia química do carvão sólido era transferida para um gás quando o sólido era aquecido e pulverizado com vapor. A iluminação pública, utilizando o gás, foi introduzida em Londres por volta de 1820 e se espalhou para as fábricas e negócios, permitindo o funcionamento noturno.

O calor gerado pelo carvão ajudava o avanço da indústria química, propiciando a produção de ácido sulfúrico e carbonato de sódio, usados nos vidros, têxteis, sabões, e papéis industriais. O calcário e a argila, sintetizados a uma temperatura elevada de 1600 °C, criaram o cimento Portland para construção.

Fábricas de papéis, usando energia gerada pela revolução industrial, forneciam uma ampla quantidade de papel barato para publicação de livros, ajudando a espalhar o conhecimento. Canais, estradas e ferrovias foram construídos e usados para o comércio, incluindo o carvão.

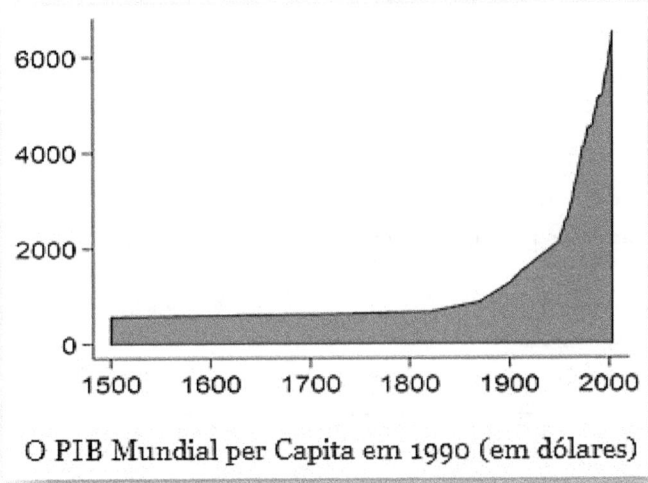

O PIB Mundial per Capita em 1990 (em dólares)

**A energia e a revolução industrial transformaram o mundo.**

A revolução industrial se espalhou da Grã-Bretanha para a Europa ocidental, América do Norte, Japão e o mundo. Em dois séculos, a média mundial de renda per capita aumentou mais de dez vezes. Desde 1820, a população do mundo aumentou cinco vezes e a renda per capita oito vezes. O tempo de vida mais do que dobrou. O seguinte gráfico do PIB per capita vem das estimativas de Angus Maddison, com a maior taxa de crescimento principiando durante a revolução industrial e com o uso da energia de carvão.

# Tório: energia abundante e acessível

Metade de todo o histórico de consumo mundial de energia ocorreu nas últimas duas décadas. Hoje, o consumo mundial de energia atinge a taxa média de 16000 GW, ou 2000 W per capita, em comparação com uma taxa de sustento inicial de cerca de 200 W per capita. Os EUA utilizam 3000 GW de potência média, ou cerca de 10000 W por pessoa.

| Taxa de produção individual de energia: | Watts |
|---|---|
| Homem moderno | 100 |
| Homem de subsistência primitiva | 200 |
| Trabalho braçal duro | 300 |
| Búfalo d'agua | 350 |
| Cavalo | 750 |
| Taxa média de uso de energia pelos humanos: | Watts |
| Cidadão do mundo | 2.500 |
| Cidadão americano | 10.000 |

## Países em desenvolvimento consumirão mais energia.

A tabela acima mostra como a revolução industrial grandemente acresceu o consumo de energia. Ela também ilustra como a demanda por energia fora dos EUA pode quadruplicar.

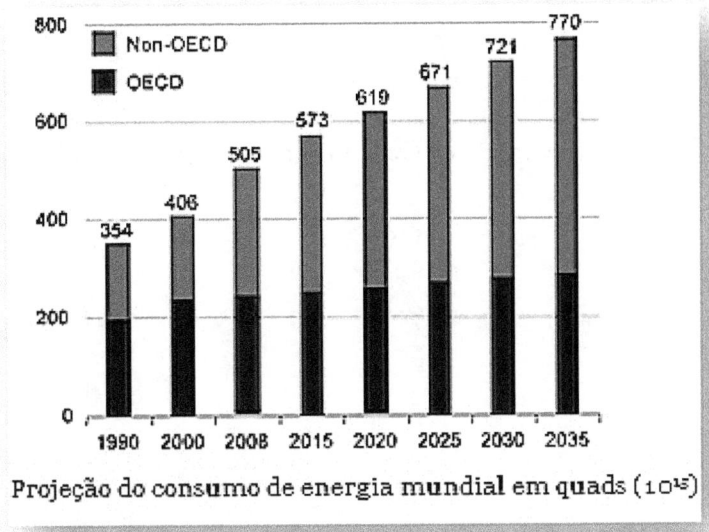

Projeção do consumo de energia mundial em quads ($10^{15}$)

A agência americana de informação sobre energia (EIA, na sigla em inglês) projeta um aumento no consumo de energia para os países em desenvolvimento, particularmente para os países fora da OECD. As 34 nações membros da Organização para Cooperação Econômica e Desenvolvimento são líderes mundiais das economias democráticas. A projeção para 2035 é de 770 quatrilhões o que representa uma taxa média de 25000 GW ou cerca de 3000 W por habitante para uma população de 8,3 bilhões de pessoas na Terra.

**O uso da energia fóssil aumentou o CO2 na atmosfera.**

Em 1769, James Watt patenteou a sua máquina eficiente de vapor movida a carvão, o que impulsionou a revolução industrial e que mudou o mundo.

A queima do carvão emite CO2 para o ar. O aumento do CO2 na atmosfera retém a radiação infravermelha resultando no efeito estufa e, consequentemente, aumenta a temperatura média da Terra. Em 2012, a concentração de CO2 no ar atingiu o valor de 400 ppm.

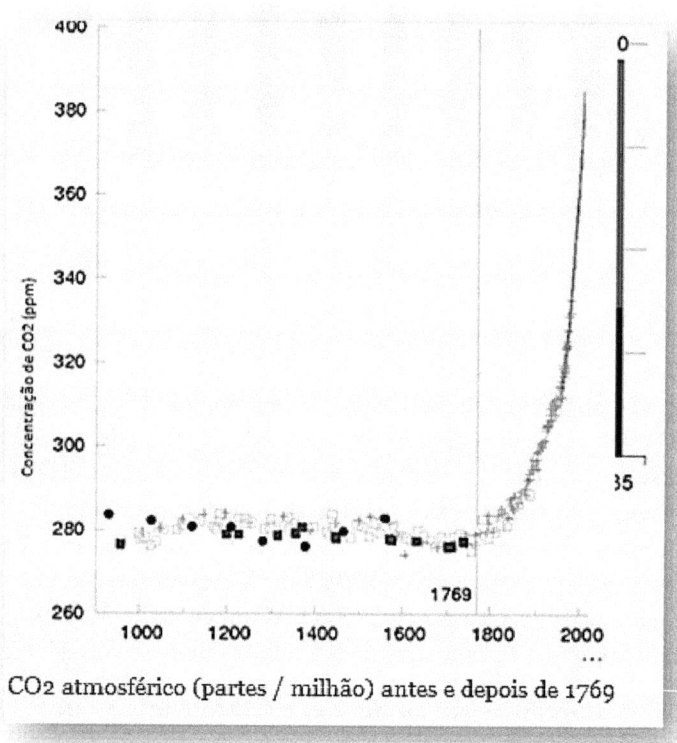

CO2 atmosférico (partes / milhão) antes e depois de 1769

**A emissão de $CO_2$ persistirá acima de 30 G toneladas por ano.**

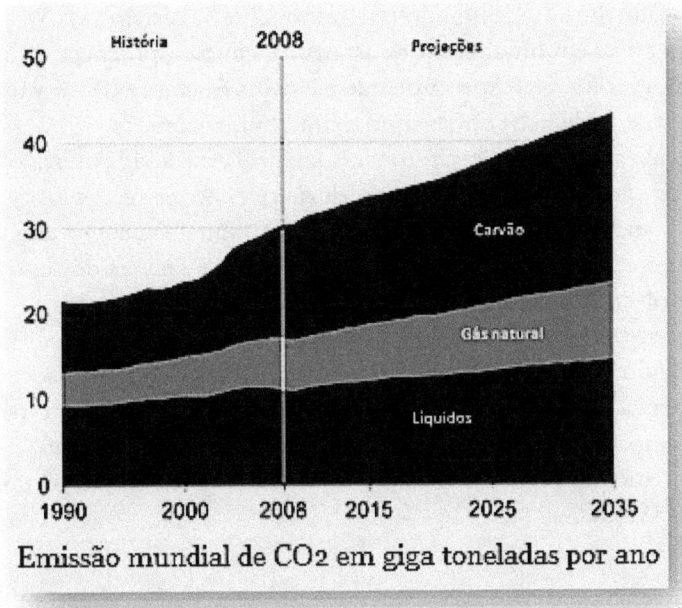

Emissão mundial de CO2 em giga toneladas por ano

A agência americana de informação sobre energia (EIA) prevê que a taxa de emissão de CO2 continuará aumentando no mundo inteiro. A EIA é uma organização profissional independente que faz estimativas baseadas em dados coletados e compilados e também baseados nas leis e regulamentos atuais. A menos que algumas mudanças técnicas dramáticas ocorram, a emissão do CO2 continuará a aumentar e acumular a uma taxa crescente na atmosfera, adicionando mais de 30 gigas toneladas (Gt) de CO2 a cada ano. A massa total da atmosfera é de 5000000 (milhões) de Gt, portanto anualmente fontes de CO2 contribuem aproximadamente com 0,6 ppm (parte por milhão) para a concentração corrente de 400 ppm.

## Sumário: Energia e Civilização

Energia é a substância do Universo, criada no Big Bang, continuamente se expandindo e termicamente se resfriando. A energia existe em múltiplas formas: massa, cinética, potencial, elétrica, térmica, etc. Apesar de que a energia é sempre conservada, ela sempre se degrada em energia térmica, uma vibração desorganizada e lenta dos átomos. Aqui, na Terra, a vida utiliza o fluxo da energia para crescer, reproduzir-se e mover-se. A vida humana necessita de aproximadamente 200 watts de energia para manter o corpo em funcionamento. Utilizando a energia do fogo e desenvolvendo a agricultura para obter energia dos alimentos liberou-se o homem da necessidade de caçar e achar alimentos, permitindo, assim, a evolução do pensamento, comunicação social e ferramentas. A civilização evoluiu lentamente até o surgimento da Revolução Industrial, que, então, explorou a energia do carvão. Presentemente, a nossa civilização avançada usa energia a uma taxa de 10000 watts.

# Capítulo 3 - Um Mundo Insustentável

**Os recursos da Terra são limitados.**

Hoje as pessoas se preocupam com o aquecimento global e as suas implicações lesivas para o clima, água, agricultura, alimento, vida e civilização. Contudo, nossos problemas globais são mais graves do que as simples mudanças de clima. Estamos nos aproximando de uma escassez de petróleo para o transporte. As fontes de água potável estão se escasseando com a exploração dos aquíferos, a irrigação dos desertos, e o uso industrial na extração do gás natural ou óleo das areias betuminosas. As usinas de carvão lançam partículas no ar, causando uma estimativa de 34000 mortes, por problemas respiratórios, a cada ano, somente nos EUA. No mundo inteiro, as mortes infantis por inanição alimentar atingem 17000 a cada dia.

**Recursos finitos afetam o crescimento.**

Em 1972, o livro de Dennis Meadows (Limits to Growth) modelou

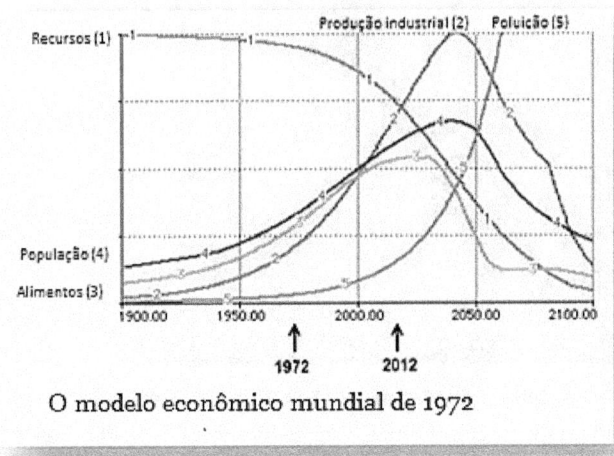

O modelo econômico mundial de 1972

os efeitos que os recursos limitados teriam sobre o futuro do mundo. Ele projetou que o consumo de recursos naturais e o acréscimo da poluição industrial resultariam na redução dos alimentos e eventualmente da população. (O gráfico acima foi criado em 1972 na Dartmouth College usando uma antiga impressora a pino)

Meadows foi reprendido pelos economistas que defendiam que a inovação e o aumento dos preços dos recursos naturais tinham, historicamente, resultado em virtude da busca e da criação de novas formas de incrementar a produtividade econômica. Novos recursos poderiam ser encontrados, inicialmente, a preços altos, mas, eventualmente, com o aumento da produtividade, os preços se tornariam accessíveis. Contudo, o mundo é finito. Desde então, o mundo continuou a sofrer com a crise do petróleo dos anos setenta e, agora, nesta época, quando mais energia é requerida para fazer ferro, alumínio, milho e outros itens essenciais, cada vez mais, em demanda em um mundo com expansão populacional.

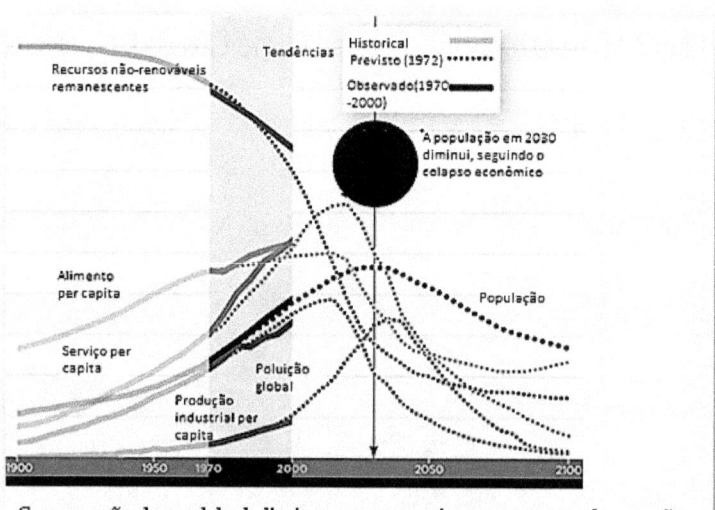

Comparação do modelo de limites para o crescimento com as observações

As projeções de Meadows, desde 1972, são consistentes com as observações, de acordo com os artigos publicados em ambas as revistas da American Scientist e do Instituto Smithsonian. O gráfico acima mostra os dados históricos em linha sólida, e as projeçõesem linhas pontilhadas, com sobreposição de 30 anos.

Mas, preços elevados de combustíveis não garantem sempre uma fonte nova de energia. Atualmente, os economistas estão cientes da EROI (sigla em inglês), retorno de energia sobre o investimento. Por exemplo, obter energia do petróleo consome energia para sua exploração, perfuração, bombeamento, refinação, transporte, distribuição e marketing. A razão entre a energia fornecida pelo óleo, finalizado como produto, em relação à energia utilizada para obtê-lo é conhecido como EROI.

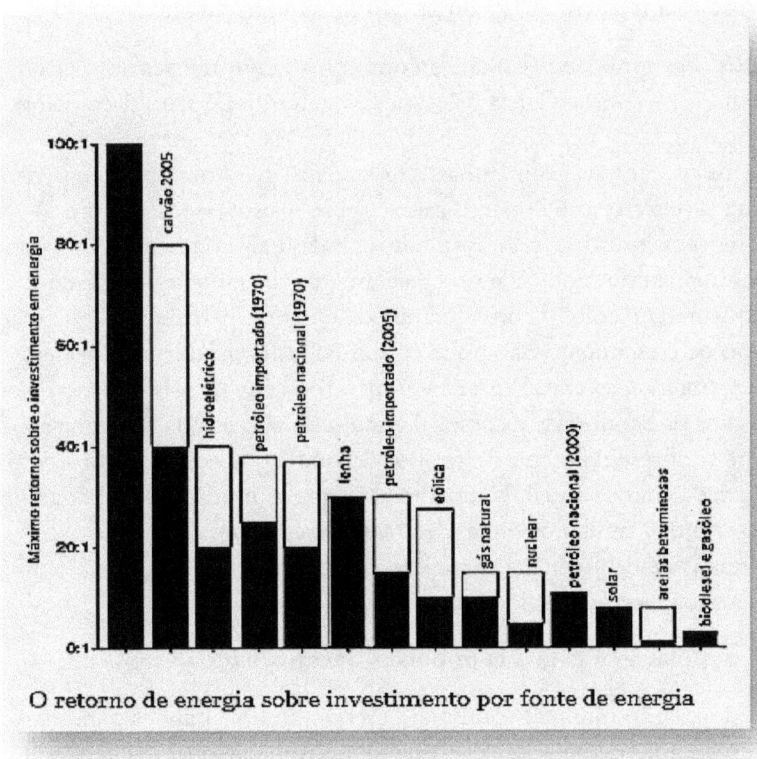

O retorno de energia sobre investimento por fonte de energia

O EROI para o óleo tem caído de 100:1 em 1930, para 40:1 em 1970, para 14:1 em 2000 e para um estimado 5:1 em 2009 para as novas explorações. O preço não é um limite importante, mas sim o EROI, pois, no momento que atingir 1:1 não poderemos obter mais energia. No gráfico acima, as barras claras representam os intervalos dos EROIs; por exemplo, o EROI do carvão varia de 40 para 80. O EROI do etanol do milho já está a menos de um (<1) em muitas situações.

**O esgotamento dos recursos pode afetar severamente o clima.**

O aquecimento global é realmente uma ameaça severa ao ambiente e à civilização humana, mas o esgotamento dos recursos naturais pode apresentar uma ameaça ainda mais imediata. O físico Tom Murphy escreve no seu bloque, Do The Math, encorajando as pessoas a quantificar os problemas e arquitetar as soluções. Em uma entrevista feita em 2012 com a OilPrice.com ele disse:

"Eu vejo a mudança climática como uma grave ameaça ao serviço natural e à sobrevivência das espécies, talvez tendo um derradeiro impacto, assaz negativo, na humanidade. Mas, a exaustão dos recursos naturais é ainda mais preocupante para mim pois eu penso que isto exerce um impacto maior sobre mais pessoas, em um tempo mais curto e com resultados ainda mais concretos. A nossa economia está modelada no crescimento constante, estabelecendo um curso de colisão com a Natureza. Quando percebemos que esse tipo de crescimento não pode continuar, as consequências podem ser súbitas e severas. Portanto, o meu foco é mais sobre como evitar o caos da economia/recursos/agricultura/colapso da distribuição, o que se apresenta como destruidor do que o que conquistamos com a era da energia fóssil. Na medida em que as mudanças climáticas e os recursos limitados são ambos servidos por uma transição agressiva e deliberada a partir dos combustíveis fosseis, eu vejo uma aliança natural. "

**A população é estável em países desenvolvidos.**

A população mundial continuará crescendo de 7 bilhões para mais de 9 bilhões de pessoas. O crescimento populacional maior será em países em desenvolvimento econômico. Os EUA e outras economias mais fortes, membros da OCDE (Organização para a Cooperação e Desenvolvimento Econômico) apresentam um crescimento populacional mais moderado sendo que este crescimento é devido à imigração provinda de países em desenvolvimento.

O crescimento populacional aumentará a demanda por recursos de alimento e energia. O aumento da demanda leva ao aumento da concorrência entre as nações e a possíveis conflitos.

**Países pobres produzem mais crianças.**

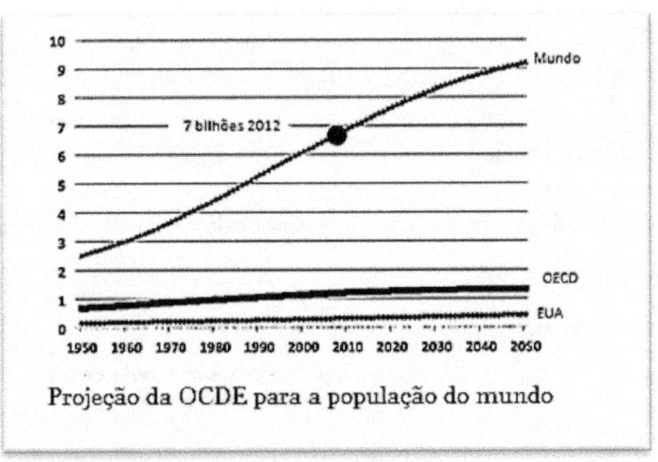

Projeção da OCDE para a população do mundo

O gráfico de dispersão acima foi criado com os dados fornecidos pela CIA para 2008. Cada ponto corresponde a uma nação, relacionando a média de crianças nascidas de cada mulher com o PIB per capita – estreitamente relacionada com a renda. Isso demonstra que países com PIB per capita elevado têm um crescimento populacional estável. Todos os países localizados no gráfico ao lado esquerdo da barra vertical têm uma população decrescente, exceto pela imigração.

Com o aumento da renda, há menos necessidade de gerar crianças para trabalhar na agricultura, ou para cuidar dos pais envelhecidos. Com o uso de tecnologias como bombas de água, fogões elétricos ou a gás, máquinas de lavar e secar roupas, e outras, as donas de casa são liberadas do trabalho manual pesado. Existe uma necessidade menor de ter mais filhos para compensar pelos filhos falecidos. Nos países mais desenvolvidos, as mulheres se dedicam mais à educação e ao trabalho fora do lar. Sendo mais independentes, elas usam mais os contraceptivos e podem escolher ter menos filhos, como evidenciado acima.

## A prosperidade estabiliza o crescimento populacional.

Considerando o gráfico anterior, adicionamos uma barra horizontal na faixa de renda per capita de 7500 dólares, escolhida arbitrariamente e rotulada de "Prosperidade". As nações pobres, abaixo do nível de $7500, são as que apresentam as maiores taxas de nascimentos. Isto implica fortemente no fato de que, melhorar o status econômico das nações pobres resultar na redução da taxa de natalidade, e com isso no estabelecimento da estabilidade da população mundial. O gráfico nos sugere que precisamos aumentar a renda per capita dos países pobres acima de $7500, ou o equivalente a 16% da renda per capita dos EUA. Com uma população estável, a civilização humana pode se tornar sustentável.

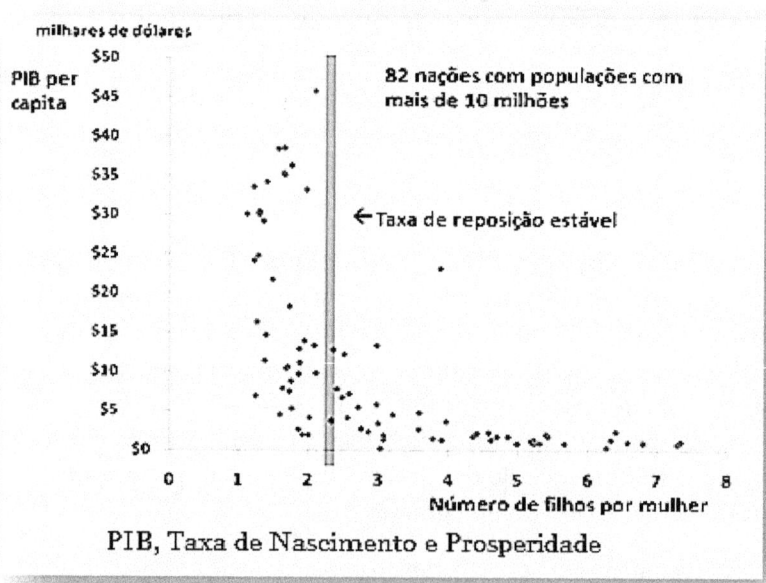

PIB, Taxa de Nascimento e Prosperidade

No fórum da Wall Street (Wall Street Journal Economics forum) realizado em março de 2012, o fundador da Microsoft e filantropo comentou:

"Se você quiser melhorar a situação dos dois bilhões de pessoas pobres neste planeta, terá de reduzir consideravelmente o preço da energia  o que seria a melhor coisa que você poderia fazer por eles. A energia é algo que permitiu à civilização, nos últimos 220 anos, mudar drasticamente tudo. "

**A prosperidade depende da Energia.**

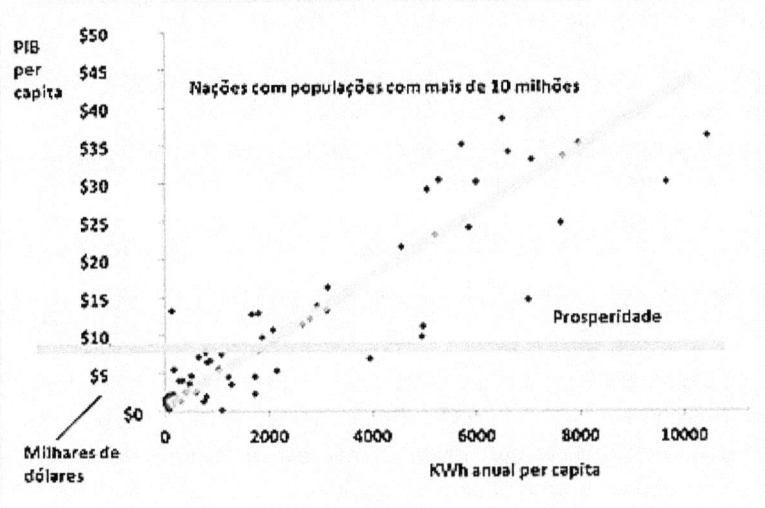

PIB versus consumo de energia elétrica per capita

O gráfico acima, com os dados também obtidos da CIA, mostra a relação entre o PIB e o consumo de energia – mais especificamente, a energia elétrica medida em quilowatts-horas per capita por ano. Para a nossa civilização, a energia elétrica é a forma mais valiosa de energia. Ao contrário do calor derivado do fogo, ou da força da cascata de água, a energia elétrica pode ser usada para muitos propósitos essenciais ao desenvolvimento econômico. As aplicações incluem sanitização da água, iluminação, aquecimento, refrigeração, condicionamento do ar, comunicação, computação, transporte, processamento de alimentos, cuidado médico, indústria e comércio. Tudo isso como resultado maior da prosperidade emergente.

# Tório: energia abundante e acessível

A energia elétrica adequada não pode garantir sozinha a prosperidade econômica e a civilização, sem proporcionar educação, acesso à saúde, estado de direito, o direito à propriedade, sistema financeiro e bom governo. Contudo, a eletricidade é essencial para o progresso econômico.

Mais de 1,3 bilhões de pessoas, 20% da população do mundo, tem nenhum acesso à eletricidade. Mesmo países com um desenvolvimento rápido não podem prover o acesso à eletricidade para toda a população.

A eletricidade é usada no processamento dos esgotos, necessário para manter a água limpa. O Banco Mundial afirma que, aproximadamente, 2,6 bilhões de pessoas têm nenhum acesso às instalações sanitárias, resultando em doenças que reduzem o PIB dos países em 6%. A disenteria é responsável pela morte de mais crianças do que a AIDS, tuberculose e a malária juntas. A UNESCO cita que 8% da capacidade elétrica do mundo é utilizada no tratamento da água.

O gráfico anterior sugere que um fornecimento de 2000 KWh per capita resulta em uma taxa de $7500 de PIB per capita que, por sua vez, resulta em um crescimento populacional sustentável. Este requerimento mínimo de energia é equivalente a 230 watts por pessoa, ou cerca de 20% da taxa dos EUA.

Em resumo, uma economia capaz de produzir uma taxa mínima de 230 W por pessoa pode resultar em um nível de prosperidade modesta de $7500 por pessoa, o que acarreta uma taxa populacional sustentável.

Na Índia, hoje, o consumo elétrico médio per capita gira em torno de 85 W; o que significa que 40% da população não têm acesso à eletricidade e outros 40% tem acesso limitado a poucas horas por dia. O objetivo de longo alcance do governo da Índia é aumentar esse valor para 570 W per capita.

## O Consumo de energia vem crescendo nos países em Desenvolvimento.

As nações em desenvolvimento compreendem a necessidade que tem de mais energia elétrica para aumentar a prosperidade econômica dos seus cidadãos. Contudo, estas nações possuem pouco capital para investir em produção de energia, portanto utilizam usinas de baixo custo como o carvão. No gráfico abaixo, as demandas por energia estão denominadas em quatrilhões de BTU por ano. Por comparação, os EUA usam cerca de 100 de quatrilhões de energia anualmente.

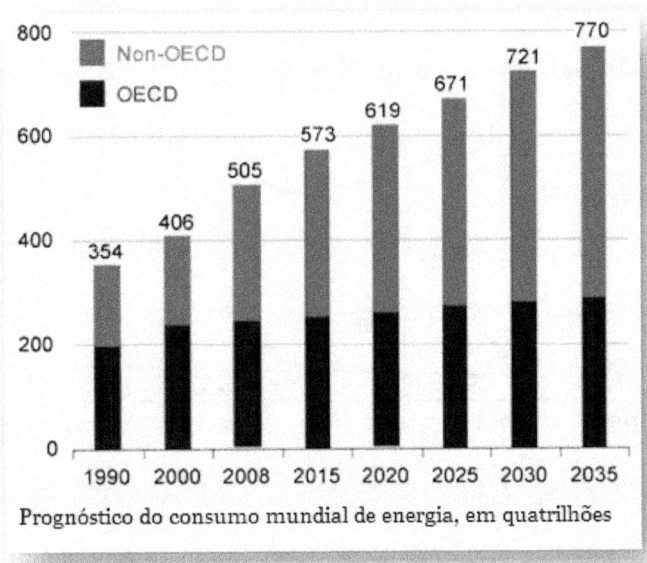

Prognóstico do consumo mundial de energia, em quatrilhões

As 34 nações membros da Organização para a Cooperação e Desenvolvimento Econômico (OCDE) possuem uma população de 1,2 bilhões de pessoas com uma renda per capita média de $34000, ajustado para a paridade de poder de compra. De acordo com a OCDE, a demanda de energia em 2050 será 80% mais alta e o mundo continuará dependendo de 85% do combustível fóssil.

# Tório: energia abundante e acessível

## A queima de carvão aumenta consideravelmente nos países em desenvolvimento.

A China e a Índia, com as suas populações imensas, estão liderando o aumento do uso de carvão.

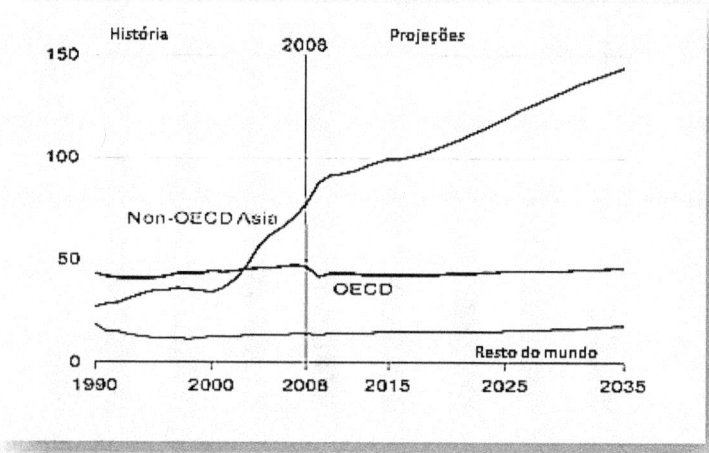

## A emissão global de $CO_2$ continua aumentando

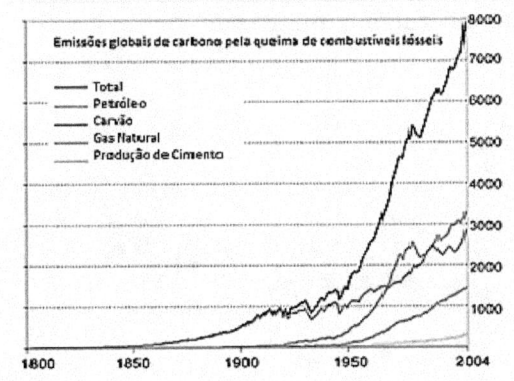

Emissão de $CO_2$ do mundo, em milhões de toneladas de carbono

O gráfico acima mostra a emissão total de 8.000 milhões de toneladas (8 Gt) de carbono para o ano de 2004, equivalente a 29 giga toneladas de $CO_2$. Na parte inferior do gráfico, a produção de cimento inclui o carvão, petróleo pesado e o gás natural que aquece as fornalhas para a produção anual de 3,3 Gt de cimento, usado na fabricação de concreto, empregado nas construções, principalmente na China. Depois de um mergulho recessivo, as emissões anuais de $CO_2$ continuam a subir, acima de 5% em 2010-30,6 Gt.

## *Aquecimento Global*

**As temperaturas globais estão aumentando**

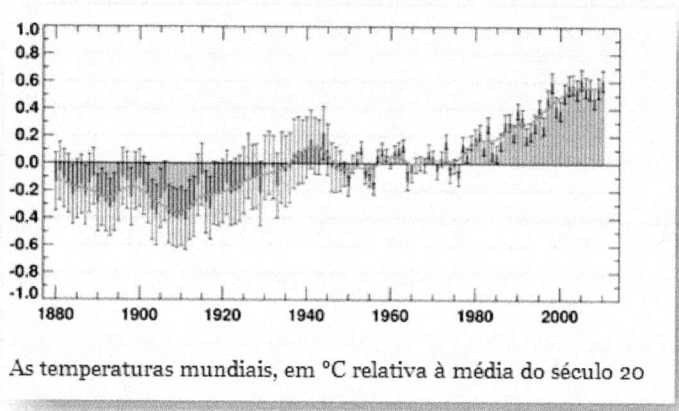

As temperaturas mundiais, em °C relativa à média do século 20

A Administração Nacional Atmosférica e Oceânica dos EUA (NOAA, na sigla em inglês) tem monitorado as temperaturas médias mensais por mais de um século. O seguinte gráfico ilustra as mudanças nas médias de temperatura com relação ao último século. No eixo vertical, temos a temperatura em °C. A temperatura média tem ascendido por volta de um grau no último século.

**As emissões de $CO_2$ aumentam o aquecimento global.**

Nesse outro gráfico, o cientista do clima, James Hansen, mostra a história das emissões de $CO_2$, do metano e das temperaturas. A escala horizontal é milhares de anos antes de 1850, no ponto "0". A escala de tempo de 1850 a 2000 está expandida, na proporção de 400:1, para mostrar, em detalhes, os acelerados efeitos da civilização desde o começo da revolução industrial. As unidades para o $CO_2$ são mostradas em partes por milhão, para o $CH_4$, em partes por bilhão e a temperatura, T, em Celsius relativamente à média do século passado.

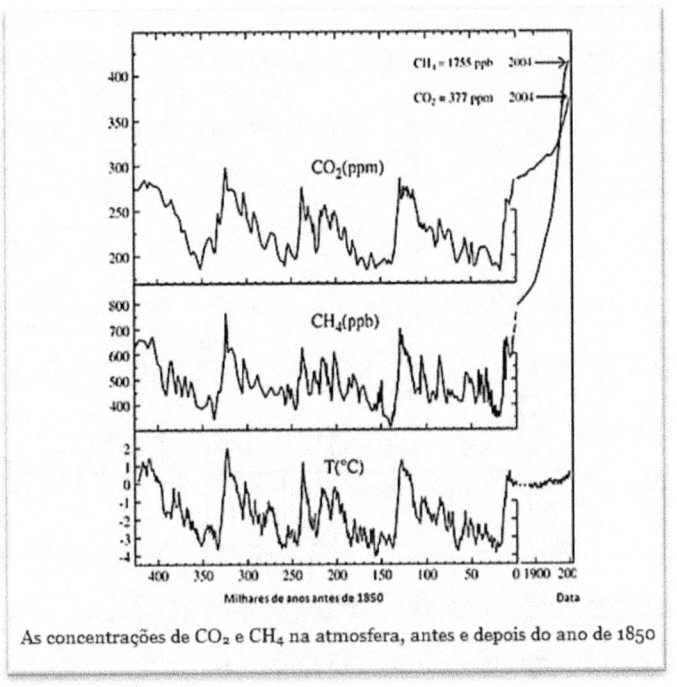

As concentrações de $CO_2$ e $CH_4$ na atmosfera, antes e depois do ano de 1850

A taxa de $CO_2$ e a temperatura, T, estão fortemente correlacionadas, implicando que o recente aumento de dióxido de carbono na atmosfera acarretará um aumento na temperatura T. A correlação não é causalidade, portanto os modelos climáticos foram usados para computar como o efeito de estufa do $CO_2$ afeta o clima da Terra.

Grande parte da energia solar que atinge a Terra é luz visível, o que atravessa a atmosfera transparente e aquece o planeta. Enquanto muito mais fria do que o Sol, a Terra irradia de volta parte da energia recebida em forma de infravermelho. A atmosfera não é tão transparente ao infravermelho, portanto ela absorve a radiação infravermelha e aquece o planeta. A quantidade de energia absorvida depende na quantidade de $H_2O$, $CH_4$ e $CO_2$ presente, cada um absorvendo energia de forma diferente.

# Tório: energia abundante e acessível

Modelos de computador foram desenvolvidos para simular o clima terrestre. Esta é uma tarefa complexa, pois precisa levar em consideração muitos fatores que afetam o clima terrestre. O gráfico abaixo, também do cientista do clima, James Hansen, esboça alguns fatores que afetam o balanço normal da energia irradiada, absorvida ou refletida pela Terra.

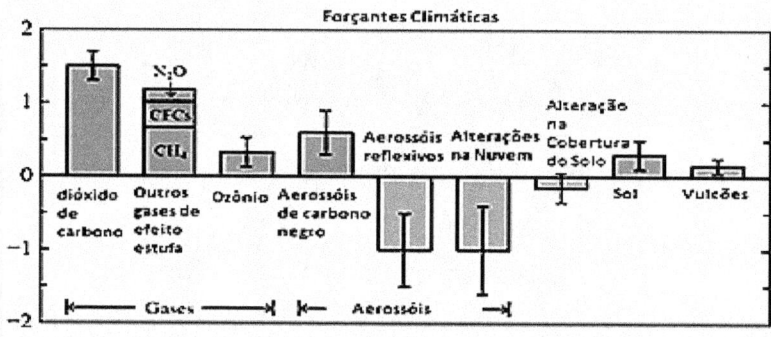

Os fatores incluídos no modelo climático por computador

Gases de efeito estufa, tal como o $CO_2$, clorofluorcarbono, metano e ozona aumentam a absorção da radiação infravermelha, aquecendo o planeta.

A fuligem negra do carbono, gerada por fogões ineficientes, em países em desenvolvimento, também aumenta a absorção e o aquecimento.

Os aerossóis de $SO_2$ e $NO_2$ refletem a luz solar e resfriam o planeta.

Contrastando com as críticas, esse gráfico mostra que os modelos climáticos realmente levam em conta os fatores que afetam as temperaturas globais. Existe um consenso entre os cientistas de que os modelos computacionais são satisfatoriamente acurados para demonstrar (1) que o planeta está se aquecendo e que (2) a civilização humana atual é a grande responsável.

## O modelo climático da IPCC prediz um aquecimento global.

IPCC da sigla em inglês, the Intergovernmental Panel on Climate Change – Painel Intergovernamental sobre Mudança do Clima diz:

"Para as próximas duas décadas, o Relatório Especial sobre Cenários de Emissões (SRES, na sigla em inglês) projeta que haverá um aquecimento de 0,2°C por década. Mesmo se os níveis de concentração de todos os gases de estufa e aerossóis tivessem sido mantidos constantes ao nível do ano de 2000, um aquecimento de 0,1°C seria esperado. "

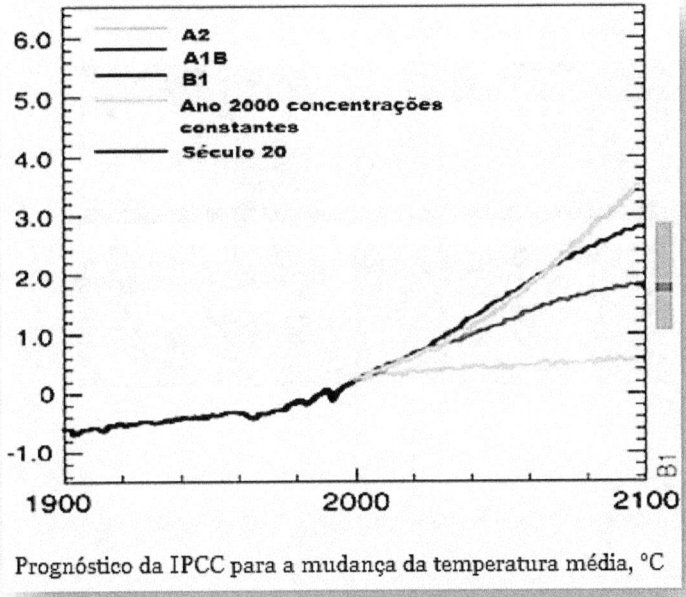

Prognóstico da IPCC para a mudança da temperatura média, °C

O IPCC fez vários prognósticos da média mundial de temperatura, relativa ao ano 2000, com base em diferentes cenários da civilização. Por exemplo, o cenário B1 (veja o gráfico) representa o mundo em crescimento rápido, uma população que atinge um ápice na metade do século, com a introdução de tecnologias mais eficientes e mudanças nas estruturas econômicas voltadas para o serviço e a economia de informática. A linha B1, terminando na barra de erro, prediz um aumento de 1,8°C na temperatura média em 2100. A linha abaixo prognostica as temperaturas se o $CO_2$ na atmosfera não for incrementado além do nível presente. O IPCC não faz nenhum prognóstico para o mais provável cenário, mas todos eles projetam um aquecimento global, dependendo das emissões de $CO_2$.

**O aquecimento global descontrolado vai acabar com a vida como a conhecemos.**

Um dos maiores efeitos do aumento das temperaturas será o derretimento dos gelos oceânicos e das geleiras. O nível do mar poderá aumentar por até um metro por volta de 2100. A perda do habitat do urso polar, símbolo do efeito do aquecimento, poderá também afetar muitos outros animais árticos, tal como as focas e morsas. A agricultura na Índia e outros lugares depende das águas dos rios com nascentes nas geleiras, durante o verão.

A geleira de Rongbuk, situada no Himalaia, quase desapareceu entre os anos de 1968 e 2007. Como essas geleiras começam a se esvanecer, elas deixam de ser fontes de água para a irrigação e o plantio durante a época da seca, possivelmente trazendo fome a centenas de milhões de pessoas.

Os animais silvestres mudam de locais e hábitos para se adaptarem ao clima; por exemplo, os besouros que vivem nas cascas das espruces no Alasca, por causa do clima mais quente, têm prosperado enormemente, causando a destruição de cerca de 4 milhões de acres de árvores na região. O tempo vai se tornar extremo; furacões e tempestades serão mais comuns; enchentes e secas também serão mais frequentes.

As mudanças na vida marítima também serão terríveis. A vida marítima depende da água mais fria; as águas do Caribe são azuis e claras pois contêm menos vida do que as águas temperadas e gélidas dos polos. As algas, onde começa a cadeia alimentar nos oceanos e que necessitam de água temperada ou fria para se desenvolverem, estão sofrendo uma redução por causa do aquecimento das águas. O arrefecimento do oxigênio dissolvido está acarretando mais áreas mortas. Os corais, em águas aquecidas, expelem as algas simbióticas e, consequentemente, se descoram e morrem.

Os corais descorados do Oceano Índico

As temperaturas não são o único problema. O dióxido de carbono lentamente se dissolve no oceano, tornando-o mais ácido. Os cientistas reportam que o aumento, hoje, de 29% de íons de hidrogênio, dissolvido desde o começo da Revolução Industrial, vai continuar crescendo. O $CO_2$ dissolvido exaure os íons de carbonatos que os corais, moluscos e alguns plânctons usam para construir os recifes e conchas. Por volta da metade deste século, este fenômeno vai afetar a sobrevivência dos mariscos e a cadeia alimentar marítima.

## A queima de combustíveis fósseis mata 34.000 cidadãos norte-americanos por ano

A poluição do ar é um problema mais imediato do que o aquecimento global. Muitas plantas de carvão, nos EUA, têm instalado filtros especiais e outros equipamentos para reduzir o lixo tóxico gerado e liberado na atmosfera. A Força Tarefa para o Ar Limpo, organização americana (CATF, na sigla em inglês) tem feito lobby para alterar a legislação e regulamentos com o intuito de reduzir a taxa de mortalidade americana devido à respiração de poluentes.

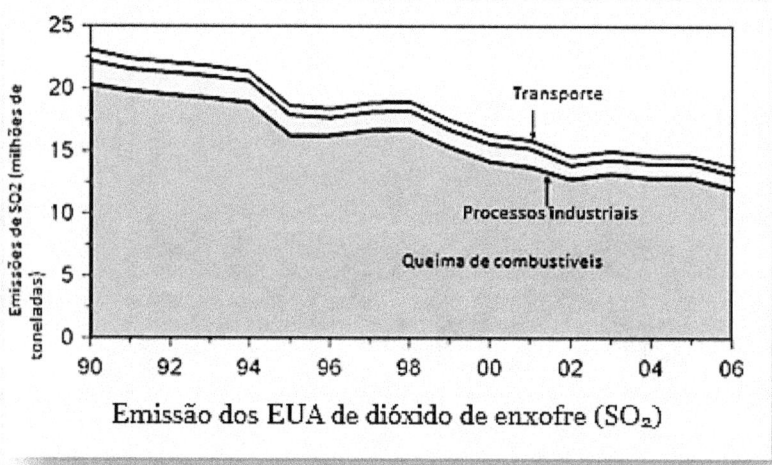

Emissão dos EUA de dióxido de enxofre (SO₂)

A agência americana de proteção ambiental (EPA, na sigla em inglês), tem acompanhado a lenta redução de um poluente, o dióxido de enxofre. Em uma mudança abrupta em sua política, em julho de 2011, a EPA regulou a favor de uma redução severa e contestada da emissão desse gás a um nível mais seguro.

A Regra Interestadual de Poluição do Ar (CSAPR, na sigla em inglês) protegerá as comunidades, que são as moradias de 240 milhões de americanos, de fumaça e fuligem poluidoras, precavendo quase 34.000 mortes prematuras, 15.000 cardíacos, 19.000 casos de bronquite aguda, 40.000 casos severos de asma, e 1,8 milhões de dias perdidos no trabalho por causa de doenças a partir do ano de 2014 – atingindo a cifra de $280 bilhões com saúde por ano.

O EPA avalia um número de mortes entre 13.000 e 34.000 por ano devido à poluição. A maioria das mortes surge da presença de dióxido de enxofre no ar, produzido pelas chaminés das usinas de carvão que formam partículas finas nucleadas (<4% do diâmetro de um fio de cabelo) que são inalados. O óxido de nitrogênio e mercúrio são outros fatores contribuintes fatais. O EPA calcula que os benefícios econômicos da redução de poluição podem estar entre 120 a 280 bilhões de dólares.

A poluição é ainda pior na China, onde centenas de milhares de pessoas morrem anualmente, de forma prematura, por causa de doenças respiratórias, devido à queima de carvão. No mundo inteiro, as nações unidas calculam uma taxa de morte de mais de 1 milhão de pessoas por ano por causa da presença de partículas de carbono de todas as fontes.

A OECD, em março de 2012, projetou que, com a política de negócios usuais:

"A poluição do ar urbano está prestes a se tornar a causa maior de mortalidade no mundo, por volta de 2050, à frente da água impotável e falta de saneamento. O número de mortes prematuras, acarretado por inalação de poluentes, induzindo problemas respiratórios graves, pode dobrar para 3,6 milhões a cada ano, especialmente na China e na Índia.

**Os navios mercantes emitem mais poluição do que todos os carros do mundo.**

# Tório: energia abundante e acessível

Os 15 maiores navios de contêineres do mundo emitem mais poluição do que todos os 760 milhões de carros combinados. Grandes navios movidos a diesel são alimentados por refinarias de petróleo, essencialmente asfalto, que contém 2.000 vezes mais sulfura do que o diesel de um automóvel. Os motores de 2.300 toneladas geram até 90 MW de potência, enquanto queimam 16 toneladas de combustível por hora. Esse tipo de navegação tem aumentado desde que a China se tornou uma grande manufaturadora. A indústria consome 7 milhões de barris de combustíveis por dia. As frotas de navios dos oceanos emitem, anualmente, 20 milhões de toneladas de $SO_2$. A navegação mercantil é responsável por 18-30% da poluição do ar por NOX (óxidos de azoto), por 9% da poluição por SOX e 4% de todas as emissões que causam as mudanças climáticas.

O EPA procura reduzir as emissões dos cargueiros nas regiões costeiras americanas, responsáveis por mortes prematuras de 12.000 a 31.000 pessoas, 1,4 milhões de dias de trabalho perdidos e de perdas entre 110 a 270 bilhões de dólares em saúde.

**OS EUA são viciados em óleo importado.**

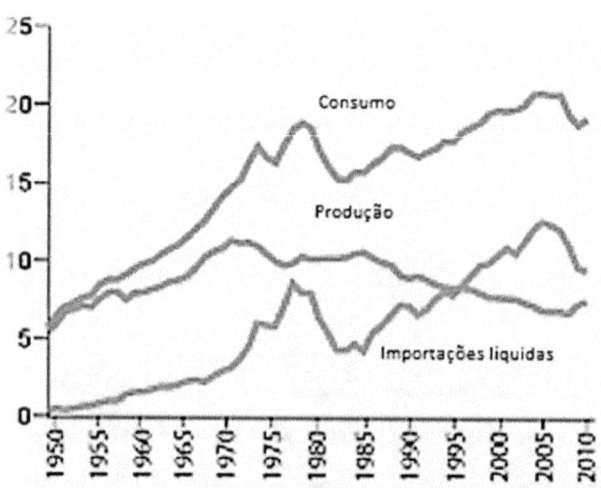

OS EUA importam milhões de barris por dia

## Capitulo 3 - Um Mundo Insustentável

O gráfico acima ilustra as importações de óleo de aproximadamente 10 milhões de barris por dia. Com o preço do óleo de $100 por barril, com custo de 1 bilhão de dólares por dia, o balanço comercial dos EUA fica afetado, causando um déficit por volta de $365 bilhões por ano, uma parte considerável do déficit americano de $500 bilhões. Cumulativamente, esse déficit comercial chega a $10 trilhões – dinheiro emprestado para importar óleo estrangeiro e outros bens. No futuro, os EUA devem exportar um líquido de 10 trilhões em bens e serviços para quitar esse déficit.

Os EUA importam metade do petróleo que consome. O ranking dos maiores provedores de petróleo importado muda de acordo com o mercado:

Canada 25%

Arábia Saudita 12%

Nigéria 11%

Venezuela 10%

México 9%

Os outros países provedores são Colômbia, Iraque, Equador, Angola, Rússia, Brasil, Kuwait, Chade e Omã. Existe um mercado robusto para o petróleo, portanto os EUA não são especificamente dependentes de uma fonte somente. Existe um mercado mundial robusto de petróleo e, portanto, os EUA não dependem de uma fonte única para obter o óleo. Contudo, uma demanda de prazo curto é inelástica e a capacidade da produção mundial excede apenas um pouco a demanda, portanto qualquer rompimento no fornecimento de petróleo causa carência e preços altos.

**Recursos reduzidos e aumento na população geram conflitos.**

A invasão do Kuwait pelo Iraque, em 1991, foi uma tentativa de se apossar de uma das maiores fontes de energia do mundo. Os campos de petróleo do Kuwait constituem 8% da reserva mundial de petróleo. Como o Iraque foi derrotado e começou a se retirar, os iraquianos atearam fogo em mais de 700 poços, queimando 6 milhões de barris de óleo por dia durante 10 meses, causando uma poluição enorme.

# Tório: energia abundante e acessível

Estudos realizados pelo Pentágono levaram à conclusão de que os maiores perigos apresentados pela mudança climática não provêm da degradação do ecossistema em si, mas da desintegração da sociedade humana inteira, resultando na fome, migração em massa, e conflitos pelos recursos naturais.

**O atual fluxo de energia não sustentará a civilização.**

O atual modelo de fontes e usos de energia não poderá sustentar um mundo civilizado. Em resumo:

| | |
|---|---|
| População | A população mundial continua crescendo, especialmente em países pobres |
| Pobreza energética | Mais de 20% da população mundial não tem acesso à eletricidade – fator fundamental para alcançar mesmo uma prosperidade modesta. Os combustíveis líquidos são necessários para o transporte e para o comércio e a indústria |

# Capitulo 3 - Um Mundo Insustentável

| | |
|---|---|
| Crescimento energético | Os países em desenvolvimento estão aumentando a demanda de energia para permitir o crescimento econômico e a prosperidade individual |
| Queima de Carvão | A queima de carvão para energia elétrica é a maneira menos onerosa para as nações em desenvolvimento gerarem energia elétrica. Construções de usinas de carvão continuam, mesmo em países da OCDE. |
| Emissões de $CO_2$ | A combustão do carvão, mundialmente, despeja 31 Gt por ano de $CO_2$ na atmosfera, mais do que a queima de petróleo. |
| Temperatura | As temperaturas mundiais estão subindo a partir de excesso de $CO_2$ na atmosfera, provocadas pelo homem, causando mudanças planetárias na vida terrestre e oceânica, no abastecimento de água potável, bem como na capacidade de produzir alimentos. |
| Poluição | As emissões das usinas de carvão expelem partículas no ar e são responsáveis por 34.000 mortes por ano nos EUA e mais de 1 milhão de mortes a nível mundial |
| Óleo | O petróleo é fundamental para o transporte, e a demanda mundial é crescente. Os EUA são o maior importador deste recurso, que é cada vez menor, aumentando o seu déficit comercial em um terço de um trilhão de dólares por ano. |
| Conflito | Uma população mundial crescente que aumenta a demanda por recursos cada vez mais escassos, salienta a poluição, ocasiona agitação social e causa guerras. |

**A taxa de carbono não é uma solução global.**

Uma proposta política, reiterada para parar o aquecimento global, é impor uma taxa sobre as emissões de carbono para todos os emissores. Conceitualmente, o preço da eletricidade gerada pelas usinas de carvão não inclui externalidades – o custo dos danos ambientais causados pelo despejo dos poluentes na atmosfera. Os economistas tentam avaliar os danos e propor uma taxa de carbono no intervalo de \$40-100 por tonelada, aumentando o custo dessa energia. A variante de limite de negociação do imposto sobre o carbono é semelhante ao aumento dos custos de energia, afetando a produtividade econômica. As tentativas similares de deslocar os combustíveis geradores de $CO_2$ estão alicerçadas em tarifas e mandados, os quais requerem que as empresas comprem combustíveis renováveis a preços altíssimos.

Os EUA e outras nações têm, sem sucesso, tentado tributar as emissões. No entanto, a Europa tem experimentado algumas formas de tributações de limite e negociações, mas também sem sucesso, pois as emissões de $CO_2$ continuam a aumentar. Antes do Tratado de Kyoto, o senado americano votou unanimemente contra qualquer tratado que desobrigasse os países em desenvolvimento de limitar as suas emissões.

A Convenção das Nações Unidas sobre as alterações climáticas patrocinou reuniões internacionais sobre alterações climáticas em Quioto, Copenhague, Tianjin, Cancun, Bangcoc, Bonn, Panamá, Durban e Rio, sem chegar a um consenso sobre a forma de impor impostos sobre carbono ou reduzir as emissões de CO2, que continuam a subir. Dezenas de milhares de pessoas participaram de cada uma das reuniões. É difícil imaginar como todas as nações do mundo poderiam chegar a um acordo que afeta os próprios interesses de cada um.

As nações em desenvolvimento argumentam que a prosperidade das nações ricas surgiu através da exploração de energia barata ou na queima de combustíveis fósseis, aumentando o conteúdo de $CO_2$ para o valor corrente de 400 ppm. As nações argumentam que deveriam ter a mesma oportunidade para atingir uma prosperidade comparável.

O seguinte gráfico de barras ilustra o argumento da China.

**As emissões de CO$_2$ aceleram em 2012.**

China Daily News, 7 de Outubro de 2010

As fotos da NASA mostram que a superfície de gelo da Groenlândia derreteu de 60% de cobertura para 3% em 12 de julho de 2012, em apenas 4 dias.

Em 2012, a Organização para a Cooperação Econômica e o Desenvolvimento publicou uma advertência sombria a respeito do aumento contínuo do CO$_2$ global. O crescimento maior é esperado do setor de geração de energia em que as emissões são esperadas a crescer de 10 Gt em 2012 para 18 Gt em 2050 – um aumento de 80%. Os gráficos seguintes são da OECD.

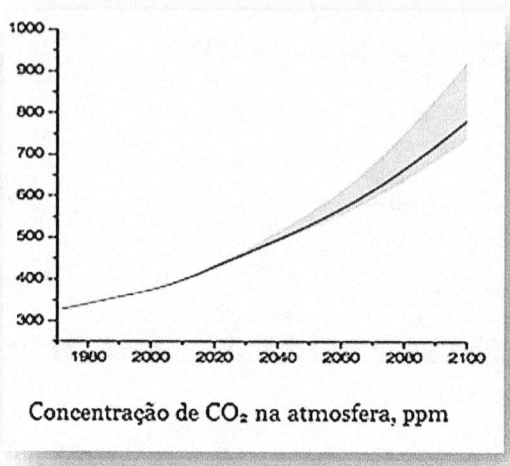

Concentração de $CO_2$ na atmosfera, ppm

Neste ritmo, a concentração atmosférica atingirá 685 ppm por volta de 2100, comparado com o 450 ppm, que os climatologistas admitem ser o máximo valor para manter o equilíbrio climático. A OECD prediz um aumento da temperatura média da Terra entre 3 e 6 graus Celsius para 685 ppm – uma catástrofe.

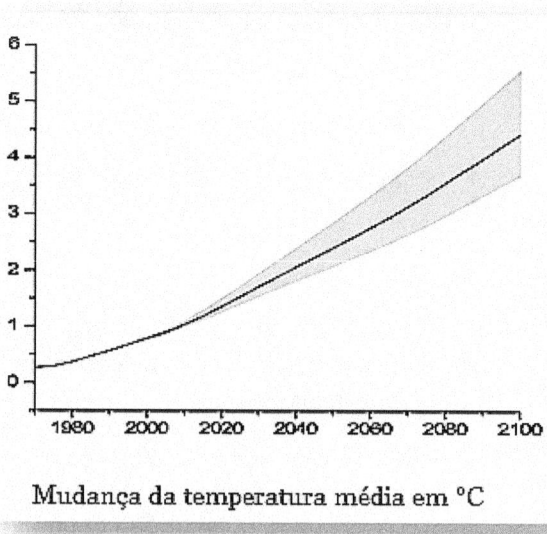

Mudança da temperatura média em °C

## *As Novas Tecnologias de Energia*

**Novas tecnologias que podem resolver os problemas ambientais.**

O Prof. Jeffrey Sachs, diretor do Instituto da Terra da Columbia e assessor para o secretário-geral da UM, é um economista que defende o uso de novas tecnologias ao invés do uso da taxa de carbono. Ele observou na Scientific American:

"A política de tecnologia reside no núcleo do desafio da mudança climática... Se tentarmos restringir as emissões sem o uso de um conjunto de tecnologias fundamentalmente novas, estaremos prejudicando o crescimento econômico, incluindo a perspectiva de desenvolvimento para bilhões de pessoas. Precisaremos muito mais do que colocar um preço no carbono... as tecnologias desenvolvidas em países ricos precisarão ser rapidamente adotadas pelos países mais pobres. "

As nações resistem à taxação sobre o carbono já que isso aumentaria o custo da energia do carvão e, logo, prejudicaria o crescimento econômico. Grande parte da disputa, durante as tentativas de negociações do tratado do clima, é devido às propostas dos países da OCDE que sugerem pagar bilhões de dólares para as nações em desenvolvimento para ajudá-las a reduzir as suas atuais e futuras emissões totais de $CO_2$.

Mas, existe uma solução melhor – uma energia mais barata do que o carvão. Se uma nova tecnologia, tal como o reator a flúor-tório líquido, fosse ainda mais barata do que a energia do carvão, as nações renunciariam às usinas de carvão por causa dos interesses econômicos. Há um ponto claro de inflexão econômica aqui, definido pelo custo da eletricidade provinda do carvão. O sucesso seria uma nova tecnologia que forneceria energia abaixo desse ponto, ou seja, o preço do carvão. As contenciosas negociações de tratados internacionais e impostos economicamente onerosos não seriam necessários.

O reator a flúor-tório líquido é potencialmente esta nova fonte de energia, mais barata do que a energia do carvão para convencer todas as nações a pararem de queimar carvão e, simultaneamente, melhorar a produtividade econômica.

# Tório: energia abundante e acessível

## Nova tecnologia produz energia limpa e mais barata.

Essa nova tecnologia energética resolve mais problemas do que apenas o aquecimento global. Algumas pessoas ainda estão descrentes de que as emissões de $CO_2$ pelos humanos estão causando o aquecimento global. Elas estão preocupadas de que o aumento do custo de energia possa prejudicar a economia americana e mundial. Portanto, elas se preocupam com a possibilidade de que os tratados internacionais possam prejudicar os EUA e outras nações desenvolvidas, ocasionado pela isenção que as nações em desenvolvimento teriam na emissão de $CO_2$ e, também, pelo valor que as nações ricas teriam de pagar para evitar as emissões.

Existem múltiplas razões para se desenvolver uma fonte de energia mais acessível do que a do carvão. Qualquer dessas razões pode justificar o investimento no desenvolvimento de uma solução baseada no reator de tório de sal líquido.

Cessar a poluição do ar pode salvar milhões de vidas.

Reduzir o custo da energia aumenta a produtividade econômica.

Cessar a pobreza energética ocasiona uma população mais sustentável.

Reduzir a emissão de $CO_2$ detém o aquecimento global.

Até mesmo os céticos do clima deveriam apoiar o avanço da tecnologia energética para a melhoria da produtividade econômica, da estabilidade populacional e da melhoria da saúde humana.

Nos EUA, os conservadores republicanos e os democratas liberais se engalfinham a respeito das taxações para conter o aquecimento global. Ambos os lados deveriam concordar com uma nova tecnologia energética para benefício, tanto do ambiente, como da produtividade.

**A interrupção das emissões de partículas poluidoras poderá salvar milhões de vidas.**

A EPA americana estima que 34.000 vidas podem ser salvas anualmente com a cessação das emissões de partículas poluidoras. Usando a análise ambiental, o EPA atribui um valor para uma vida humana em torno de US $ 7,9 milhões. Multiplicando esses números, o EPA calcula uma economia anual de US $ 267 bilhões apenas nos EUA.

As emissões das usinas de carvão incluem $SO_2$ e $NO_2$, os quais interagem com a água na atmosfera para formar partículas de aerossóis menores do que 2,5 micros de diâmetro, causando problemas respiratórios.

Centenas de milhares de vidas poderiam ser salvas anualmente pela limpeza do ar poluído da China, por exemplo. A prosperidade econômica substituiria os velhos fogões à lenha, que emitem fuligem de carbono, poupando quase um milhão de vidas por ano.

**A redução do custo da energia gerará maior produtividade econômica.**

Os custos da energia elétrica são os componentes de todos os serviços e bens. A redução desse custo melhora a produtividade econômica. Por exemplo, 500 GW por ano, com um custo aproximado atual de 5 centavos de dólar por kWh, eleva-se ao total de $200 bilhões se comparados com o PIB dos EUA de $15 trilhões. Reduzindo esta produção por 2 centavos de dólar por kWh, estima-se uma poupança equivalente a 0,5% do PIB que pode ser usado para outros fins. Compare isto com o dano à economia que resultaria na elevação do custo da energia elétrica ou com o uso da energia eólica e solar.

# Tório: energia abundante e acessível

**O fim da pobreza energética resulta em uma população estável.**

Mais de um bilhão de pessoas no mundo não tem acesso à eletricidade, um fator importante no desenvolvimento econômico. Fornecendo acesso à energia elétrica aos países em desenvolvimento, pode-se ajudá-los a obter um futuro melhor. Mesmo países com rápido desenvolvimento, tais como a Índia ou a África do Sul, não conseguem prover eletricidade o tempo todo às suas populações. As nações mais prósperas da Terra têm populações sustentáveis e mesmo em declínio. Uma população sustentável diminui a competição por recursos naturais, uma das causas de guerras entre as nações.

**A redução da emissão de $CO_2$ cessará o Aquecimento Global.**

As emissões de carbono estão causando o aquecimento global e a destruição do ambiente. A energia elétrica, gerada pelas usinas de carvão, é o grande contribuinte das emissões de $CO_2$ no mundo inteiro. O método mais efetivo para parar o aquecimento global é parar com a queima do carvão nas usinas.

## O Reator de Tório-Flúor Líquido

Este livro apresenta o potencial do reator de tório-flúor líquido (LFTR, na sigla em inglês ou RTFL em português) em prover energia para superar a crise do aquecimento global, alcançar a prosperidade energética e evitar conflitos sobre recursos. Esta tecnologia disruptiva para gerar energia ainda mais barata do que a do carvão será discutida com mais detalhes no Capitulo 5.

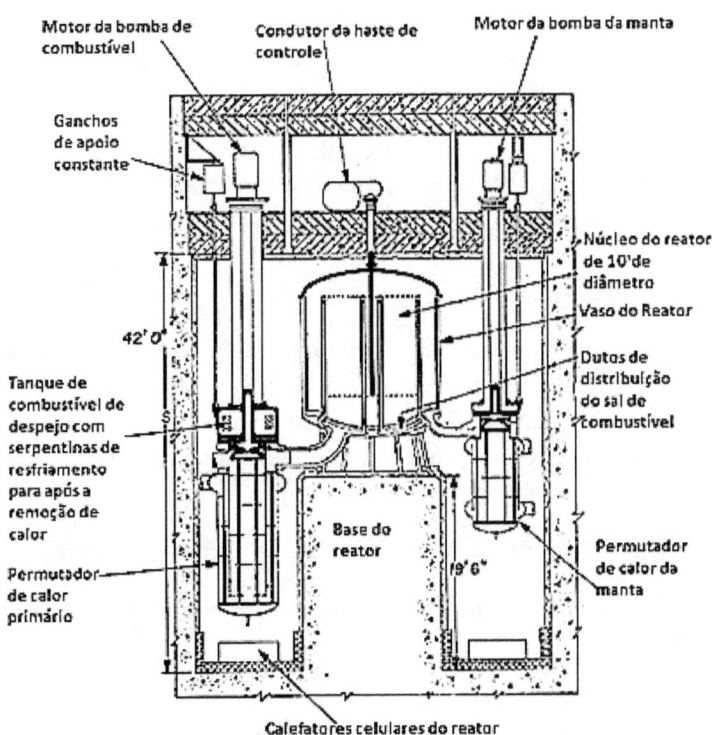

Reator de tório-flúor líquido da ORNL em 1975

O Oak Ridge National Laboratory desenvolveu o conceito do reator de tório-flúor líquido nos anos setenta. Um novo interesse no RTFL tem-se desenvolvido por causa das seguintes características:

**Líquido:** O combustível nesse tipo de reator está dissolvido como sal fundido. Esse combustível líquido fica ininterruptamente circulando pelo reator, permitindo, assim, o combustível ser utilizado continuamente, sem precisar adicionar novo combustível.

**Fluoreto:** Os sais de fluoreto são os mais estáveis, quimicamente, que conhecemos. Eles não se alteram sob alta temperatura ou radiação. Os sais seguram quimicamente os materiais radiativos perigosos e previnem que sejam liberados ao ambiente, mesmo em casos de acidente grave. Os sais de fluoreto permanecem em estado líquido em altas temperaturas, sob pressão atmosférica normal.

**Tório:** O tório é um combustível nuclear natural e abundante, praticamente disponível em todos os países do mundo. Esse elemento tem uma densidade energética imensa, suficiente para tornar cada nação independente em energia.

**Reator:** Esse novo reator nuclear de alta temperatura é seguro. Qualquer vazamento do sal radioativo o solidificaria rapidamente. O reator custa menos para ser construído, pois é eficiente e compacto. Ele custa menos para funcionar porque o tório é relativamente barato e abundante.

O RTFL é um tipo de reator de sal fundido (RSF). Diferentes tipos de reatores de sal fundido podem manter tório e urânio separados ou agregados, ou usar sais de cloreto. Podem ainda queimar apenas urânio ou plutônio, ou queimar a sobra de combustível consumido de reatores convencionais refrigerados à água.

**A tecnologia de energia do RTFL é mais barata e melhor.**

O RTFL é uma nova tecnologia de energia, muito melhor do que temos hoje:

*Produz eletricidade mais barata do que pelo uso do carvão; é quase inesgotável; fornece segurança energética para todos; reduz desperdício nuclear; é acessível aos países em desenvolvimento; sintetiza combustível para os veículos e pode operar sem supervisão.*

Usinas nucleares avançadas tal como o fluoreto de tório líquido podem satisfazer os requerimentos acima. Esses benefícios serão validados no capítulo 5. A parte seguinte é um sumário.

**O RTFL produz eletricidade barata.**

Pequenos reatores modulares podem ser manufaturados em linha.
O custo capitalizado de um RTFL deve ficar em torno de $2/watt.
A recuperação das despesas de capital vai ficar em cerca de 2
centavos de dólar por kWh para uma usina operando 90% do
tempo com dinheiro emprestado a 8% anual. O custo do tório é
insignificante comparado com o custo do carvão, por exemplo. O
RTFL pode produzir energia a um custo de $0.03/kWh.

**A energia gerada pelo RTFL é virtualmente inesgotável.**

O tório contém uma densidade enorme de energia reservada e é
abundante como o chumbo. Toda a energia nos EUA, por exemplo,
poderia ser gerada usando 500 toneladas de tório por ano. Uma
única mina localizada em Lemhi Pass, Montana, poderia abastecer
os EUA por 500 anos.

**O tório pode prover segurança energética para todas as
nações.**

O tório é disponível no mundo todo. Cada nação tem o suficiente
em tório para as suas próprias necessidades, criando uma segurança
para todos.

**O RTFL produz pouco resíduo nuclear.**

A quantidade de resíduos radioativos de longa vida, gerada em um
RTFL, é <1% da quantidade de resíduos gerados pelos reatores
convencionais atuais. O RTFL pode consumir os resíduos
transurânicos radioativos de longa vida, produzidos pelos reatores
nucleares de água leve.

**O RTFL é acessível às nações em desenvolvimento.**

Como o RTFL pode ser produzido em pequenas unidades por um
custo de menos do que $200 milhões, ele pode ser adquirido por
nações em desenvolvimento, incapazes de gastarem $5 bilhões por
cada usina nuclear, tais como as que estão sendo instaladas na China
e nos EUA.

## O RTFL pode sintetizar combustível para os veículos.

A alta temperatura de 700 °C, gerada pelo reator pode ser usada para dissociar a água, produzindo hidrogênio, que pode ser usado na produção de combustíveis sintéticos para substituir a gasolina e o diesel.

## O RTFL pode operar sem supervisão.

O reator usa nenhuma força elétrica externa para a refrigeração passiva. Os produtos tóxicos de fissão, tais como césio e estrôncio, são fluoretos não voláteis, mantidos dentro do composto de sal do reator.

## O RTFL pode zerar as emissões pelas usinas de carvão.

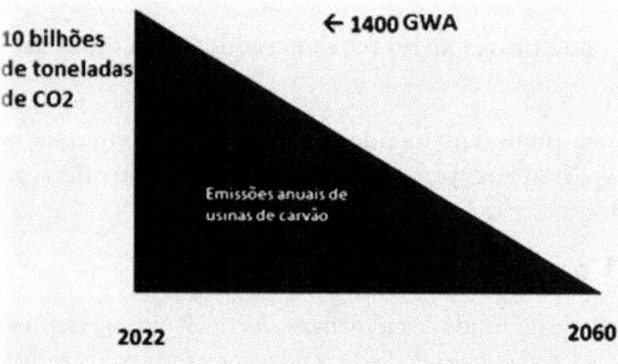

Emissões reduzidas de $CO_2$ pelo uso do RTFL

Uma produção diária de 100 MW de uma usina de RTFL pode substituir todas as usinas de carvão do mundo por volta de 2060. A produção mundial das usinas de carvão está na casa dos 1400 GW por ano. A cada ano, a produção industrial mundial adiciona aproximadamente 10 bilhões de toneladas (10 Gt) de $CO_2$ à atmosfera. Com isso, pode-se eliminar uma fonte importante desse gás, principal responsável pelo aquecimento global.

## Os benefícios do RTFL fazem valer os custos.

O custo do desenvolvimento do RTFL está estimado em cerca de $1 bilhão de dólares, incluindo o projeto e o protótipo. Esses investimentos em P&D podem ser feitos por um governo com os resultados disponíveis ao setor industrial correspondente. A conversão do protótipo para um modelo completo para produção industrial pode ser consideravelmente mais caro – talvez, $5 bilhões de dólares com o investimento do setor privado participante.

As unidades de RTFL, com capacidade de 100 MW cada e custando $200 milhões de dólares, em produção de linha industrial, poderiam ser manufaturadas nos EUA e vendidas, inicialmente, nos EUA e, posteriormente, exportadas. Uma venda diária de $200 milhões atingiria um líquido anual de $70 bilhões em exportação, melhorando potencialmente o déficit comercial dos EUA. A China, provavelmente, competirá nesse mercado. A tecnologia do reator de tório:

| $ 1 B | $ 5 B | $ 70 B por ano da indústria | |
|-------|-------|------|------|
| Desenvolve | Dimensiona | Produz | Exporta |
| 2012 | 2017 | 2022 | |

- Pode causar uma redução de 10 bilhões de tons/ano nas emissões de CO2 até zero, em 2060.

- Evita as alíquotas sobre carbono.

- Acaba com a poluição fatal do ar.

- Melhora as condições dos países em desenvolvimento e freia o aumento da população.

- Usa uma fonte inesgotável de combustível, disponível em todas as nações.

- É inerentemente seguro.

No próximo capítulo discutiremos sobre as várias fontes de energia que o mundo usa hoje, em preparação para uma discussão mais detalhada do reator de flúor-tório líquido no capítulo 5.

# Capítulo 4 - Fontes de Energia

O título deste livro oferece uma descrição incompleta do objetivo integral. Para atingir o objetivo de cessar a poluição do $CO_2$, a energia derivada do tório precisa ser mais barata do que os combustíveis fosseis, incluindo o gás natural. A energia do tório sendo menos cara do que a energia solar ou eólica, pode evitar o impacto econômico, substituindo as fontes renováveis que produzem energia a um custo quatro vezes maior. De todas as fontes renováveis, a energia hidroelétrica é a mais competitiva economicamente, mas as fontes novas estão rareando. Este livro analisa muitas fontes de energia empregadas para gerar eletricidade.

Hoje se gera eletricidade através de vários meios – combustível fóssil, nuclear, e por meios renováveis. Este capítulo explora as características de cada fonte de energia e discute como cada fonte de energia pode ser usada no mundo sustentável do futuro.

Recentemente, eu sugeri a uma classe na Dartmouth, ILEAD, a visitar várias usinas de geração de energia. Todos os estudantes da classe confirmaram que foi algo valioso ser capaz de analisar a escala física das diferentes fontes de energia. Eu recomendo ao leitor a visitar as usinas de energia ou então, possivelmente, fazer uma visita virtual usando os websites das empresas.

As pessoas, algumas vezes, descrevem as usinas como sujas, ou, então, limpas, ou gananciosas, ou poluentes, ou inseguras, ou mesmo renováveis. Durante as nossas visitas, ficamos impressionados com o nível de profissionalismo e orgulho dos administradores das usinas.

Todos os executivos se esforçam para gerenciar suas usinas de forma economica e eficiente, dentro dos limites da lei e do regulamento em que operam. Referir-se às fontes de energia com palavras emocionais fortes não irá resolver a nossa crise energética e climática. Compreender e analisar os tipos de fontes de energia e seus custos é a chave para a solução. Este é o objetivo deste capítulo.

## A Demanda por Energia

Para analisarmos as demandas por energia, consideramos dois tipos de energia: a energia elétrica e a energia térmica. A energia elétrica se expressa como força multiplicada pelo tempo. Em um ano, uma usina de 1 GW(e) gera 1 GW(e)-ano de energia elétrica.

A energia térmica é, muitas vezes, representada em quatrilhões de BTU ou quads; usaremos GW(t)-ano para simplificar as comparações com a energia elétrica. A energia térmica é usada no aquecimento, para abastecer os veículos, fabricar cimento, operar refinarias, e aquecer as caldeiras que geram energia elétrica. A eficiência de conversão de energia térmica em energia elétrica varia em função da central elétrica; tipicamente 33%. Cada 1 GW (e) representa cerca de 3 GW (t), incluído no fornecimento de energia térmica. A tabela abaixo expressa a energia em sua taxa de consumo médio anual, GW-ano por ano, ou GW.

| Taxa de consumo de energia térmica e elétrica | | 2015 | 2035 | Aumento |
|---|---|---|---|---|
| Energia Térmica GW(t) | EUA | 3.300 | 3.800 | 15% |
| | Mundo | 19.000 | 26.000 | 37% |
| Energia Elétrica GW(e) | EUA | 500 | 600 | 20% |
| | Mundo | 2.600 | 4.000 | 54% |
| Térmico, GW(t), líquido de eletricidade gerada | EUA | 1.800 | 2000 | 11% |
| | Mundo | 11.200 | 14.000 | 25% |

Projeções da EIA para a demanda de energia para os EUA e o mundo

As duas últimas linhas subtraem a energia térmica que é convertida em energia elétrica, deixando apenas a demanda de energia térmica para outros usos, tais como aquecimento, motores de combustão interna para transporte, e o calor de processo industrial. O crescimento mundial da demanda de energia elétrica (54%) é mais que o dobro do crescimento do uso de outras energias (25%).

# Tório: energia abundante e acessível

O crescimento da civilização, em ambos, nos EUA e no resto do mundo, requer, especialmente, a preciosa energia elétrica, mais ainda do que a energia térmica. Por exemplo, os computadores funcionam com eletricidade, e o crescimento dos serviços de internet tornou-se possível com os centros de servidores de computador. Em todo o mundo, centros de dados usam 1,3% do consumo mundial de energia elétrica.

A terceira revolução industrial, em curso, exige mais energia elétrica. As novas tecnologias digitais estão tornando a fabricação mais eficiente. The Economist (21 de abril de 2012) descreve como algumas empresas de automóveis dobraram a produção de carros por empregado. As novas impressoras de 3-D criam peças em camadas, reduzindo o volume, e os robôs industriais estão se tornando mais funcionais e mais flexíveis. Os custos trabalhistas para produzir um iPad representam apenas 7% do preço de venda. Com isso a fabricação industrial está retornando aos EUA.

**A demanda de energia, nos EUA, em 2010, foi de 98 quads BTU.**

As fontes de energia (nos EUA) representadas foram em 2010:

**Fontes de energia nos EUA (2010)**

|  | Quads | GW(t) -anos |
| --- | --- | --- |
| Petróleo | 36 | 1202 |
| Gás Natural | 25 | 835 |
| Carvão | 21 | 701 |
| Energia Renovável | 8 | 267 |
| Energia Nuclear | 8 | 280 |
| Total | 98 | 3272 |

## Capacidade de Geração

**A média, dos EUA, de energia elétrica é de 45% dos 1.100 GW da capacidade total.**

Geração de energia elétrica dos EUA em 2010

| Fontes de Energia | Capacidade máxima em GW | Média em GW |
|---|---|---|
| Carvão | 319 | 211 |
| Óleo | 60 | 4 |
| Gás Natural | 439 | 113 |
| Nuclear | 103 | 92 |
| Hidro | 78 | 30 |
| Vento | 39 | 11 |
| Solar | 1 | 0,14 |
| Biomassa | 11 | 6 |
| Outros | 29 | 20 |
| Total | 1079 | 471 |

Os dados da EIA, na segunda coluna acima, mostra a capacidade máxima de geração de energia de cada fonte de energia. Geradores não operam continuamente. A última coluna é a taxa de geração média de energia para o ano. A capacidade de geração elétrica total é de cerca de 1.100 GW, fornecendo 500 GW em média.

## O EIA calcula os fatores na capacidade de geração de energia elétrica.

O fator capacidade é a razão entre potência média para a potência máxima, ou a capacidade de geração nominal, ou potência nominal. Para todas as instalações elétricas dos EUA de geração de energia, o fator de capacidade total é de 45%. A EIA observou, no ano de 2010, os fatores de capacidade de diversas fontes, como apresentados na tabela seguinte.

**Fatores da capacidade elétrica dos EUA em 2010**

| Fontes de Energia | Média / nominal |
|---|---|
| Carvão | 64% |
| Petróleo | 8% |
| Gás natural CCGT | 42% |
| Outros gases naturais | 10% |
| Nuclear | 90% |
| Hidroelétrica | 40% |
| Outros renováveis | 34% |
| Todas as fontes | 45% |

## O EIA calcula os custos de capital de geração de energia elétrica.

A agência de informações do departamento de energia dos EUA faz uma análise anual detalhada dos custos de geração da energia elétrica. As avaliações apresentadas, na tabela seguinte, estão no valor do dólar de 2010. A unidade de watts, nessa tabela, representa a capacidade de geração quando a usina está operando no seu máximo.

# Capítulo 4 - Fontes de Energia

Esses custos de capital são chamados custos "overnight". Eles excluem os juros sobre o dinheiro emprestado durante a construção da obra. Ese é o valor se o custo da planta for quitado e a planta construída durante a noite. Por exemplo, para um período de construção de três anos, com pagamentos constantes de dinheiro emprestado a 8% anual, corresponderia, aproximadamente, a US$ 0,12, para cada US$1,00 de despesas de capital.

| Tecnologia para geração de energia | Custo do Capital US$/watt |
|---|---|
| Carvão pulverizado avançado | 2,84 |
| Gaseificação de carvão integrada CC | 3,22 |
| Ciclo Combinado de Gás Natural | 1,00 |
| Turbina de gás natural | 0,67 |
| Células de Combustível | 6,80 |
| Nuclear | 5,33 |
| Biomassa | 3,86 |
| Hidro | 3,08 |
| Vento | 2,44 |
| Vento, alto mar | 5,97 |
| Solar, térmico | 4,69 |
| Solar, fotovoltaico | 4,75 |

## *Carvão*

O carvão é uma fonte muito importante de energia nos EUA e no mundo, desde quando ajudou a impulsionar a Revolução Industrial. O consumo de petróleo excede o de carvão porque a gasolina e diesel são utilizados pelo transporte. O carvão é a maior fonte de energia para a energia elétrica, e também a maior fonte de emissões de CO2 em todo o mundo.

A energia gerada pela queima do carvão, atualmente, atinge cerca de 20 quads por ano ou 701 GW (t). O carvão é abundante em todo o mundo, e especialmente nos EUA. Considerando o consumo atual, os EUA têm suficiente carvão para gerar energia pelos próximos 222 anos e considerando o mundo todo, 126 anos.

**A combustão do carvão é a maior fonte mundial de CO2.**

A agência americana de informação sobre energia projeta que as emissões de CO2, provindas da combustão de carvão, continuarão a ultrapassar as de outras fontes de combustível. Este gráfico ilustra as emissões de CO2 na atmosfera se aproximando de 20 gigas toneladas/ano, em todo o mundo, em 2035.

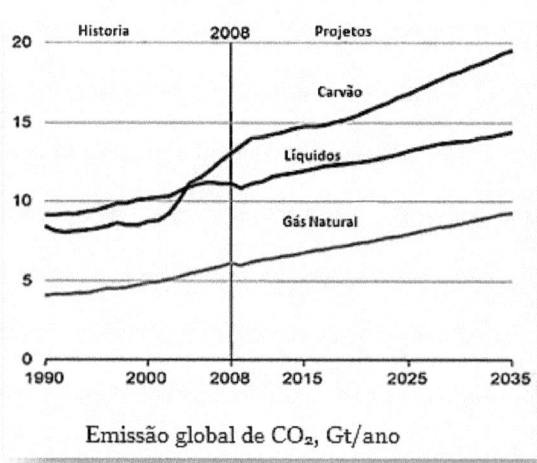

Emissão global de $CO_2$, Gt/ano

A produção dos EUA de carvão e seu uso diminuíram por causa da recessão de 2008. A EIA calcula que o nível de produção não retornará ao nível de 2008, antes de 2025, devido à competição do gás natural, energia nuclear e renovável. A utilização do carvão poderá, então, crescer cerca de 1% por ano na produção de eletricidade e conversão em combustível sintético.

A China retira, das minas, três vezes mais carvão do que os EUA, e é o maior importador de carvão no mundo. Apesar do imenso investimento da China na energia hidroelétrica e nuclear, ela continua a derivar 80% de energia da combustão do carvão, confrontando com os 30% nos EUA.

A China está adicionando novas usinas de carvão a uma taxa de 1GW por semana. Comparativamente, os EUA adicionaram 6 GW de capacidade em 2010. Poucas usinas serão adicionadas no futuro por causa da restrição regulada pela EPA e pelo pagamento referente aos credores em potencial.

Nos EUA, morrem 34 mil pessoas anualmente, mortes atribuídas às emissões provindas da queima do carvão, de acordo com a EPA, a qual tem regulado as emissões de mercúrio e anidrido sulfuroso. O custo da instalação de novos equipamentos antipoluentes convencerá muitas das velhas usinas a cessarem a produção.

**As usinas de carvão mais eficientes poderiam usar menos carvão.**

As emissões de $CO_2$ podem ser reduzidas em novas usinas que utilizam tecnologias de alta temperatura tal como carvão pulverizado supercrítico. No entanto, os investimentos em tais tecnologias são muitos elevados. Uma usina de carvão pulverizado ultra supercrítico pode atingir uma eficiência na conversão elétrico/térmica de 44%, comparado com a eficiência de apenas 33% de uma usina convencional. Portanto, uma usina desse tipo utilizaria somente 33/44 do carvão, emitindo 25% menos $CO_2$, implicando em uma redução de 25% na mineração.

No mundo inteiro, existem aproximadamente 1000 GW de usinas convencionais de carvão que poderiam ser substituídas por usinas mais eficientes e, assim, evitariam a emissão de mais de 1,5 bilhões de toneladas de $CO_2$ por ano na atmosfera. A China aposentou 71 GW de capacidade das velhas e ineficientes usinas de carvão, instalando usinas mais eficientes.

Desde 2010, nos EUA, apenas nove plantas dessas mais eficientes usinas de carvão pulverizado supercrítico e IGCC (ciclo combinado a gás integrado) entraram em operação, em comparação com 43 unidades menos eficientes. Em 2012, existiam doze das usinas de alta eficiência em fase de construção, e nove das menos eficientes. Apenas metade das cem novas usinas americanas anunciadas e propostas de combustão de carvão, planejam usar as tecnologias mais eficientes.

A perfeição está sendo o inimigo do que é prático. Por isso o potencial de combustão limpa de carvão está sendo obscurecido por "carvão limpo" – captura e sequestro de carbono.

**"Carvão limpo" é uma conquista de marketing.**

A indústria do carvão, levando em conta o possível impacto no lucro por causa dos impostos de carbono, tem apoiado pesquisas em CSC, captura e sequestro de carbono. Se o $CO_2$ fosse enterrado para sempre, poderíamos continuar a queimar carvão para gerar eletricidade sem emitir $CO_2$. Ao desviar a atenção pública sobre os danos climáticos atuais, fornecendo futuras possíveis soluções de carvão limpo, a indústria do carvão convenceu o público a adiar as medidas para reduzir as emissões das usinas a carvão, ou a desenvolver fontes de energia alternativas eficazes.

O nível de envolvimento na mineração do carvão e seu transporte para a geração de energia é muito grande. A maior partedo carvão é transportada pela malha ferroviária, utilizando o diesel, e com isto, acrescentando 20-59% ao custo do carvão extraído. Uma usina de carvão de grande porte exige um comboio de 100 carros ferroviários diariamente para mantê-la suprida. O $CO_2$ resultante é $(12 +2 * 16)/12$ vezes mais massivo e exigiria um trem diário de 367 tanques frigoríficos pressurizados para removê-lo para uma área de aterramento, em algum lugar. Os EUA utilizam 227 GW de energia a carvão, de modo que os resultantes comboios diários tomariam uma extensão total de 1340 quilômetros de comprimento. Colocando o $CO_2$ de volta às minas não funciona, porque o volume excede ao do carvão por um fator de três.

Um efeito colateral da produção anual de energia, empregando o carvão vegetal, é o detrito sólido de 130 milhões de toneladas que permanece nas vizinhanças das usinas de energia, quase tanto quanto o total de resíduos sólidos urbanos que EUA enviam para os aterros sanitários.

**Os projetos de captura e sequestro de carbono são pequenos.**

As demonstrações dos EUA sobre tecnologia avançada de usinas de carvão passaram por ciclos de financiamento de altos e baixos. O projeto de demonstração, localizado em Mattoon IL, modificou-se recentemente em duas propostas: capturar o $CO_2$ em uma usina de energia e canalizá-lo através de 278 quilômetros de tubos até um local de armazenagem subterrâneo.

Nenhum projeto de grande escala de usinas de energia está em andamento. No entanto, na extração de gás natural, o gás $CO_2$ flui dos poços, junto com o valioso gás metano. O $CO_2$ é removido e ventilado para a atmosfera, a não ser em alguns projetos-piloto em que o $CO_2$ é injetado de volta na terra para ajudar a forçar a saída de mais metano. Alguns projetos de captura e sequestro são motivados por extração avançada de petróleo. No entanto, nenhum projeto sequestra o $CO_2$ de usinas de queima de carvão.

As usinas mais avançadas, que utilizam o carvão para gerar energia, como, por exemplo, a usina IGCC (sigla em inglês, ciclo combinado de gaseificação integrada), primeiramente gaseifica o carvão, de modo que o monóxido de carbono resultante e gases de hidrogênio podem ser queimados em uma turbina eficiente de gás, bem como em uma usina de gás natural. As plantas IGCC separam o oxigênio do ar para facilitar a gaseificação do carvão. A queima resultante de gás de carvão em oxigênio puro, em vez de ar, significando que há pouco nitrogênio no escape da turbina, é formada, principalmente, de $CO_2$ e $H_2O$. Isso facilita a captura do $CO_2$. As usinas de energia

de carvão limpo, com captura e sequestro de carbono (CSC), são promovidas como tendo emissões zero de carbono.


Nos EUA, em Edwardsport, no estado de Indiana, a usina de carvão de três bilhões de dólares da Duke Energy, com capacidade de 603 MW, fornece uma possível adição de uma unidade CSC. Se a unidade, que custa 390 milhões dólares, fosse adicionada, ela seria capaz de capturar apenas 23% do $CO_2$ emitido. A unidade de captura do gás também usaria energia, de modo que reduziria a produção final de energia em 10%. Isso resultaria em uma redução de apenas 13% nas emissões de $CO_2$, comparado com as usinas de carvão pulverizado ultra supercrítico. As usinas IGCC operariam com eficiência de 31-40%, menos do que as usinas supercríticas a carvão pulverizado, com eficiência de 44%.

O Escritório de Orçamento do Congresso relatou, no ano de 2012, que as centrais a carvão, equipadas com CSC, seriam 35-75% mais caras do que as centrais utilizando carvão regular, e que mais de 200

GW de capacidade precisaria ser construída para atender a meta do DOE (departamento de energia dos EUA). O congresso se apropriou de 6,9 bilhões dólares para a CAC, com pouco resultado.

Os proponentes do CSC usam a empresa Sleipner da Noruega, como um exemplo, para justificar o uso do processo de sequestrar cerca de um milhão de toneladas de dióxido de carbono todos os anos. As emissões mundiais de carbono são 10.000 vezes mais do que isso.

A China está progredindo com seu projeto de captura e sequestro de carbono, projeto GreenGen, em parceria com a Peabody Coal e outros consortes, incluindo o MIT. Esse projeto experimental tem recebido por volta de 3,5 bilhões de dólares em investimentos e visa construir uma usina de 400 MW com 55-60% de eficiência, sequestrando 80% do gás $CO_2$; sendo concluído por volta do ano de 2020.

As injeções de $CO_2$ nos cascalhos dos continentes podem ocasionar pequenos terremotos que ameaçam a integridade do repositório subterrâneo, liberando o $CO_2$.

**A eletricidade gerada pela combustão do carvão é barata.**

Estima-se o custo da energia como a soma de três custos: custo de recuperação do capital inicial de investimento, custo do combustível e o custo operacional.

| | |
|---|---|
| *Capital* | *O custo da usina, mais um retorno sobre o investimento a ser recuperado* |
| **Combustível** | O custo do carvão queimado para produzir energia |
| **Operação** | Custos de trabalho, serviços e suprimentos para operar e manter a usina. |

Esse modelo simples ignora os impostos e tributos arrecadados pelos governos, pois o nosso objetivo é modelar os custos econômicos comparáveis, para as várias fontes de energia, no sentido de orientar os legisladores e não para cogitar as leis e regulamentos complexos que compõem a política de energia existente.

O capital mais o investimento de retorno devem ser recuperados através da energia produzida em quilowatts-horas e da venda ao consumidor. Podemos calcular a recuperação dos custos de capital utilizando uma calculadora financeira ou usando uma planilha do Excel. Por exemplo, para cada dólar de investimento com um empréstimo de 8% anual, recuperado pela venda da eletricidade durante 90% do tempo, ao longo de 40 anos, 365 dias/ano, 24 horas/dia, requer um pagamento de $ 0,00001 por watt-hora ou US $ 0,01/kWh. Usamos um fator otimista de capacidade de 90%, neste e em outros exemplos.

O estudo revisado do MIT sobre o futuro da energia nuclear avalia que as construções de novas tecnologias de usinas de carvão atingirão o valor de 2,30 dólares/watt da capacidade geradora. Os custos poderiam ser ainda maiores: A usina da Duke Energy custará 4,76 dólares por watt sem o CSC. O EIA cogita um custo de 2,84 dólares/watt em 2010 para o carvão pulverizado avançado. Um investimento de 2,84 dólares/watt custa cerca de 0,028 dólares por KWh.

O custo do combustível derivado do carvão para as usinas dos EUA é de 45 dólares por tonelada. Cada tonelada libera 16-26 milhões BTU de energia térmica quando queimada, dependendo da qualidade do carvão. O custo médio é de cerca de $0,00785/kWh (t). Presumindo que o carvão, pulverizado ou supercrítico, é queimado em uma nova usina moderna ou IGCC (na sigla em inglês), alcançando uma alta eficiência elétrica/térmica de 44%, o custo do combustível seria de $0,00785/0,44, ou cerca de 1,8 centavos de dólar por kWh (e).

Os dados da EIA revelam os custos do carvão Appalachia em 2012, situados na extremidade baixa da série histórica, que, em parte, foi atingido por um inverno mais quente e gás natural mais barato. Nossa estimativa de $45/tonelada posiciona-se na extremidade inferior do intervalo. Examine o gráfico.

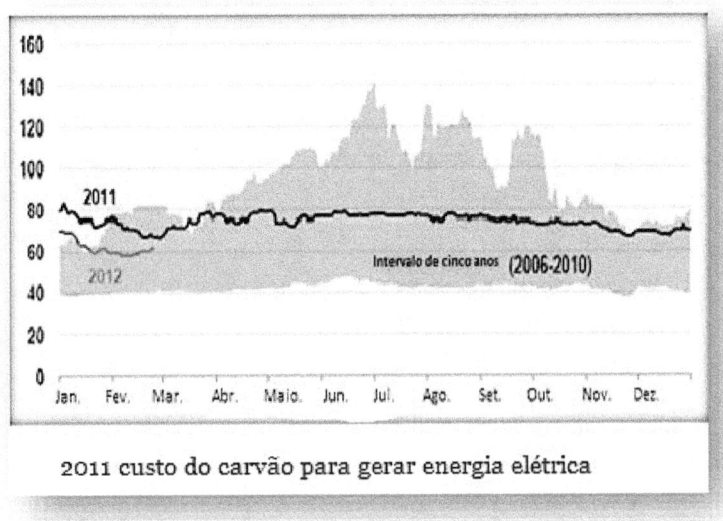

2011 custo do carvão para gerar energia elétrica

Os custos operacionais, que cobrem trabalho, manutenção, eliminação de resíduos, serviços, conformidade e outros, são estimados em 1 centavo de dólar por kWh.

**Custo da eletricidade usando carvão avançado (dólar)**

| | |
|---|---|
| Recuperação dos custos de capital | 2,8 centavos/kWh |
| Combustível | 1,8 |
| Operações | 1,0 |
| Total | 5,6 centavos/kWh |

Esse valor de 5,6 centavos/kWh é o custo de energia elétrica que sai da usina, a ser enviada através das linhas de transmissão e dos sistemas de distribuição de energia para os consumidores. As empresas dos EUA ou os moradores podem pagar 15 centavos/kWh para a energia fornecida, incluindo os custos de transmissão e distribuição, gerenciamento de rede e faturamento, manutenção e cobrança, taxas de regulamentação e impostos. Esses custos adicionais devem ser semelhantes para todas as formas de fontes de energia elétrica. Por isso, vamos comparar apenas os custos da eletricidade produzida pelas usinas, e não os custos totais pagos pelos consumidores.

**Os danos causados pela poluição indireta contribuem para o custo da energia de carvão.**

A Academia Nacional de Ciências dos EUA estudou o custo oculto dos danos ambientais da queima de carvão e estimou ser de 3,2 centavos de dólar/ kWh. Esse cálculo exclui os danos pela mineração ou deposição dos produtos químicos a partir do carvão vegetal, removidos das chaminés. Esse estudo não leva em consideração os impactos do aquecimento global causado pelo $CO_2$. A Escola de Medicina de Harvard relata que o dano total adicional custa, na verdade, cinco vezes mais, ou 16 centavos de dólar/kWh.

Uma abordagem política para resolver as nossas crises energéticas e climáticas é estabelecer um imposto ou tributo para aumentar as receitas e, assim, compensar os danos, e também para aumentar os custos da energia do carvão aos níveis em que outras tecnologias, que empregam tecnologias mais eficientes e limpas, possam competir. Este livro, no entanto, endossa as tecnologias inovadoras para produzir energia mais barata do que a gerada pelo carvão, considerando apenas os custos diretos.

**A energia mais barata do que a do carvão deve custar menos que 5,6 centavos/kWh.**

Concluímos que o nosso objetivo de alcançar uma fonte de energia mais barata do que a gerada pelo uso do carvão deve custar menos do que 5,6 centavos de dólar por kWh.

## Gás Natural

O gás natural vai dominar o cenário energético de curto prazo.

• O gás natural é a fonte de energia com crescimento mais rápido nos EUA, representando 25% de todas as fontes de energia, acima das fontes de energia nuclear e carvão.

• O fornecimento de gás natural cresceu nos EUA, com o advento da nova técnica de fraturamento hidráulico, perfuração, e técnicas de extração.

• O gás natural foi, recentemente, uma das fontes mais caras de energia para a geração de energia elétrica. Hoje, ela compete com as fontes de energia de baixo custo, como o carvão, a hídrica, e a energia nuclear.

• Por cada unidade de energia térmica gerada, a queima de gás natural libera a metade do $CO_2$ comparado com o carvão. Por cada kWh de eletricidade gerada, o gás natural pode emitir menos de um terço do $CO_2$ do carvão.

**A queima de gás é duas vezes mais limpa do que a queima de carvão.**

O carvão é composto largamente de carbono e o gás natural é metano. Compare as reações químicas para a queima do carvão e do metano:

| Carvão | C + O2 → CO2 |
|--------|-------------------------|
| Metano | CH4 + 2 O2 → CO2 + 2 H2O |

Para cada molécula de dióxido de carbono produzida, o gás natural (metano) deriva energia adicional da oxidação de quatro átomos de hidrogênio associados com cada molécula de metano.

Da química, o calor da combustão da queima de 1 mol (6 x $10^{23}$ moléculas) de metano é de 800 KJ (quilo joules) de energia térmica. A queima de 1 mol de carbono libera apenas 394 kj. Com o mesmo número de átomos de carbono, ambos liberam a mesma quantidade de $CO_2$, mas o carbono apenas fornece 394/800 da energia térmica ou quase a metade. A queima de gás natural emite metade da quantidade de $CO_2$ da queima de carvão, para gerar a mesma energia térmica.

A queima do gás natural não libera os dióxidos de enxofres que são emitidos na queima do carvão. A maioria das impurezas, que existe no gás natural original, é removida antes de o gás ser canalizado.

Para a mesma quantidade de calor produzido, a queima de gás natural emite metade do dióxido de carbono da queima de carvão. A maioria das notícias relacionadas com as emissões de $CO_2$ enfatiza essa realidade corretamente, mas falha em destacar as vantagens da eficiência elétrica/térmica de algumas turbinas a gás; tratada em seguida.

**O gás natural queima com mais eficiência do que o carvão.**

Posteriormente, discutimos que a eficiência da conversão de BTUs da energia térmica depende grandemente da temperatura.

$$\text{Eficiência} \leq (T_H - T_C)/T_H$$

A eficiência das usinas de carvão varia entre 33 a 44%. A eficiência da turbina de combustão do gás natural pode ser maior ou menor, dependendo de fatores.

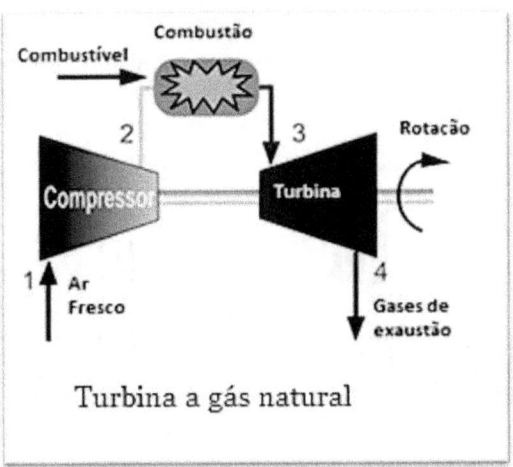

Turbina a gás natural

Ao contrário das caldeiras de carvão, as turbinas a gás usam um motor de combustão interna; alcançando temperaturas elevadas através da combustão com o ar, este em alta pressão, gerada pelas pás do compressor. A queima do metano resulta em temperaturas elevadas de gases (dióxido de carbono e água) permitindo, assim, uma conversão eficiente alta, cinética/térmica e, consequentemente, alta eficiência elétrica/térmica.

**As turbinas de combustão interna fornecem potência de pico.**

Até 2009, a eletricidade gerada por gás natural era muito mais cara do que a eletricidade gerada pela queima do carvão, ou nuclear, ou hídrica, porque o gás natural era caro. As corporações americanas, utilitárias de energia, compravam a energia mais barata possível para passá-la aos consumidores. Mas, como a demanda de energia foi crescendo, gerada pelos consumidores, especialmente durante o pico diário, as companhias, então, compravam energia suplementar mais cara para suprir a necessidade. Essa aquisição provinha das companhias de gás natural que, então, era uma forma cara de energia. As companhias utilitárias podiam somente recuperar o capital investido durante um período curto de tempo em que a energia era gerada, portanto era importante manter o investimento a um nível mínimo. O motor de combustão interna a gás opera com um fator de capacidade menor do que 11%, o qual é economicamente viável já que o seu custo de capital é o mais baixo de todas as fontes de energia avaliadas, ou cerca de 0,67 de dólar por watt. Elas operam com uma eficiência elétrica/térmica de cerca de 29%, apenas.

**As turbinas a gás de ciclo combinado são mais eficientes.**

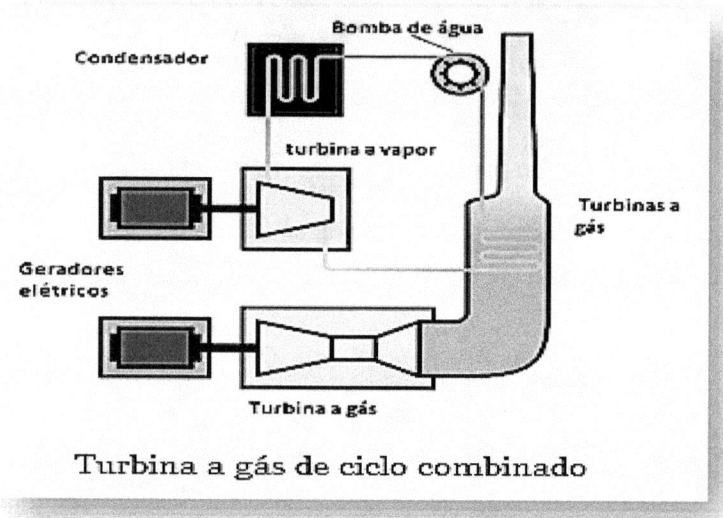

Turbina a gás de ciclo combinado

Nas turbinas a gás de ciclo combinado (CCGT, na sigla em inglês), o gás natural é primeiramente queimado na turbina, movimentando um gerador elétrico. O gás ainda aquecido flui através de um gerador a vapor. O vapor, então, movimenta a turbina para gerar eletricidade adicional. Esse vapor é, então, condensado e bombeado novamente através do gerador de vapor, e o ciclo decorre. O CCGT é chamado de combinado por causa dessa combinação do gás de turbina com a turbina de vapor.

Tais geradores CCGT, mais caros, operam com uma eficiência mais elevada do que os geradores mais simples de gás. Os geradores CCGT operam com uma eficiência de 45% nos EUA. Novos geradores da GE e Siemens podem operar com uma eficiência de até 60%. Esses geradores são investimentos mais onerosos, custando cerca de um dólar por watt.

**As emissões de $CO_2$ dos geradores CCGT são menores comparadas com as do carvão.**

As usinas CCGT não apenas utilizam combustível mais limpo como trabalham com mais eficiência. Usando a mesma energia térmica, uma usina CCGT com uma eficiência de 60% gera 60/33 de eletricidade comparado com uma velha usina de carvão a 33% de eficiência. A emissão de $CO_2$, pelo gerador CCGT por kWh, é menor por um fator de $(1/2)$ x $(33/60)$ = 0,28, ou 72% menos.

Mesmo o mais antigo gerador de gás natural, com eficiência de 26%, emite menos dióxido de carbono do que uma usina típica de carvão por um fator de $(1/2)$ x $(33/29)$ = 0,44, ou 56% menos.

Mesmo as novas usinas supercríticas de carvão pulverizado com eficiência de 44% não se comparam com os geradores CCGT, os quais liberam menos dióxido de carbono por um fator de $(1/2)$ x $(44/60)$ = 0,37, ou 63% menos.

**Os geradores CCGT emitem menos $CO_2$ que os propostos carvões limpos com CSC.**

Os projetos da CSC não propõem capturar todo o dióxido de carbono gerado pelas usinas de carvão. A instalação do CSC na fábrica de carvão Duque Edwardsport IGCC, capturaria 23% do $CO_2$, reduzindo as emissões de $CO_2$/kWh em 13%, em comparação com a melhor tecnologia para queimar carvão, o carvão pulverizado ultra supercrítico.

Em resumo, em comparação com a mais avançada tecnologia de queima de carvão, a usina de Edwardsport com o CSC, reduziria as emissões de $CO_2$/kWh em 13% e a usina de gás natural CCGT, reduziria o $CO_2$ em 63%, bem mais em conta e sem a necessidade de utilizar a tecnologia cara do CSC.

**A Usina de Geração CCGT esgota as reservas de gás natural a meia velocidade.**

As respectivas eficiências, elétrica/térmicas, são 60% para o CCGT e 29% para o NGCT. Assim, para a mesma quantidade de energia elétrica gerada, o CCGT emprega apenas 29/60 do combustível, reduzindo os custos e diminuindo pela metade a taxa de esgotamento da reserva de gás natural. A diferença de custo de capital, 1 dólar/W (CCGT) versus 0,67 dólar/W (NGCT) pode ser recuperada na economia do combustível.

O fraturamento hidráulico extrai gás natural cativo em xisto

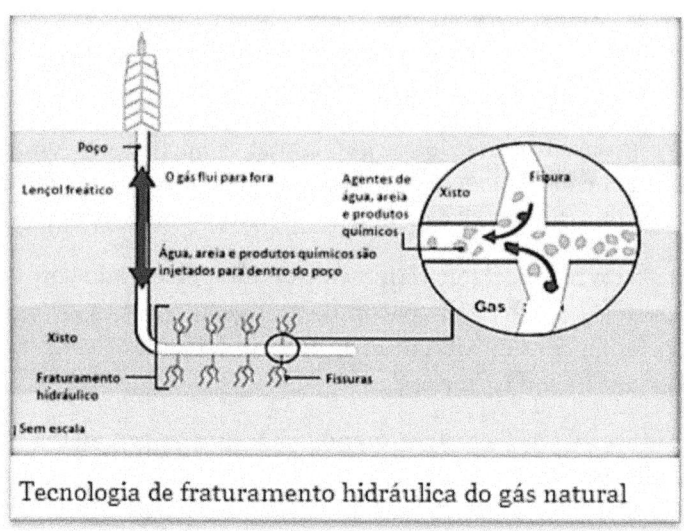

Tecnologia de fraturamento hidráulica do gás natural

A prospecção de novas reservas de gás natural nos EUA é possível, graças ao desenvolvimento e aprimoramento da técnica de fraturamento hidráulico para liberar o gás natural do xisto. Isso foi acionado pela nova tecnologia de perfuração dirigida horizontalmente. Mais da metade das plataformas de perfuração nos EUA é feita horizontalmente. Em 2009, 76% do aumento de reservas comprovadas foi de perfuração de xisto de gás.

**As preocupações ambientais com fraturamento hidráulico serão tratadas.**

O gás metano, também responsável pelo efeito estufa, apresenta, porém, um efeito mais potente do que o dióxido de carbono, portanto, qualquer vazamento precisa ser minimizado. Após o fraturamento hidráulico das rochas, os líquidos são bombeados para fora, trazendo junto o gás metano. Cerca de 2% do gás brotado é desperdiçado para a atmosfera, durante esse fluxo de retorno no início da produção. Uma quantidade adicional de 4% se perde por vazamento, pelas válvulas de pressão, e pela distribuição do gás natural.

A luz solar e os processos químicos decompõem o gás liberado em cerca de uma década, subsequentemente reduzindo o efeito de aquecimento do metano. No entanto, por mais de um século, o metano contribui em 25 vezes mais para o aquecimento global que o dióxido de carbono, considerando uma massa igual para ambos os gases. Alguns autores concluem que substituindo o carvão por gás metano, na verdade, aumenta o aquecimento global. Estas emissões de metano, acima mencionadas, podem ser reduzidas em 90%, usando técnicas de transferência de líquidos, tecnologias de controle de emissões, e construindo gasodutos mais avançados tecnologicamente.

Os produtos químicos liberados, durante o fraturamento hidráulico, podem ser prejudiciais se acidentalmente vazados, derramados ou emitidos para o ambiente. O líquido utilizado no fraturamento (99,9% areia e água) é injetado na camada de rocha xistosa localizada a 1,6 km de profundidade, abaixo de um aquífero (em muitos casos, usado para fornecer água para consumo). Os produtos lubrificantes, antimicróbicos e o ácido clorídrico, este usado na diluição, podem atingir as águas subterrâneas. Grande quantidade de água é utilizada na perfuração e fragmentação dos poços, mas não durante a extração do gás. As águas residuais recuperadas devem ser tratadas antes do descarte ou da reutilização. Embora a fratura hidráulica posse causar tremores pequenos, muito pequenos para ser uma preocupação de segurança, a injeção, em poços profundos, de águas residuais pode causar terremoto localizado de maior intensidade.

Para sumarizar a preocupação com o meio ambiente, o benefício e a necessidade por energia mais limpa é muito grande, e o custo do gás natural limpo e abundante é muito baixo, portanto a preocupação com o meio ambiente será abordada, e existe um potencial de ganho para garantir isso.

Em 2012, a EPA criou novas regras, requerendo da indústria um limite, nos 13.000 novos poços perfurados anualmente, nas emissões do metano, do benzeno, tóxico, e do hexano, um hidrocarboneto alcano e nocivo. A indústria calcula um custo anual de milhões de dólares para implementar as regras, mas o EPA, no entanto, afirma que o efeito resultante se refletirá na economia, entre 11 a 19 milhões por ano, na venda do metano que, de outra maneira, se perderia.

**A camada xistosa Marcellus contém sozinha 55% do gás natural dos EUA.**

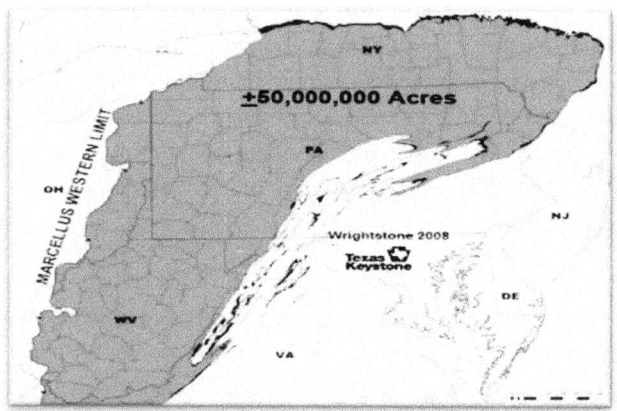

O xisto Marcellus se formou no fundo de um leito de lago antigo. O xisto negro cobre uma área de 50 milhões de acres na região nordeste dos EUA, Michigan. Possui de 15,5 a 61 metros de espessura, e está localizado a uma profundidade que varia de 1500 a 2400 metros.

A camada xistosa impermeável contém metano. Os poços são perfurados a uma profundidade de 1.500 metros na camada e, depois,perfurados horizontalmente através do xisto, o qual é fraturado usando água e areia de alta pressão para manter a fissura aberta.

**As redes de gasodutos dos EUA são variadas e em crescimento.**

A EIA reporta que nos EUA foram adicionados 3862 quilômetros de novos gasodutos em 2011. Vide figura.

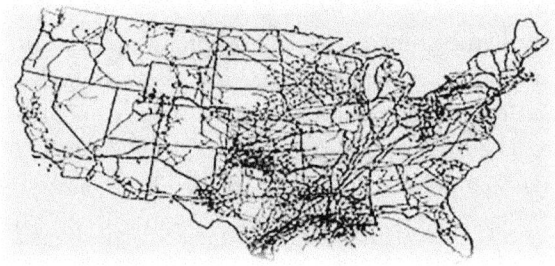

**Os EUA possuem reservas abundantes de gás natural.**

As recentes descobertas de reservas de gás nas camadas de xistos resultaram em estimativas maiores do que uma variedade de outras reservas confirmadas, reservas tecnicamente recuperáveis, reservas inferidas, e reservas não descobertas. As reservas também variam de acordo com o preço a ser pago para extrair o gás natural. A história dos poços hidráulicos fraturados é ainda muito recente para se estabelecer uma confiança no tempo de vida de produção, produzindo uma variação grande nas estimativas da reserva.

Nos EUA, as unidades de medição de gás natural são comumente usadas em pés cúbicos, à temperatura e pressão padrão. Um metro cúbico de gás natural contém cerca de 1.000 BTU, então, 1 trilhão de pés cúbicos (TPC) é igual a 1 quatrilhão de BTU ou 33GW (t) - ano.

As reservas comprovadas de todo o gás natural (incluindo o gás de xisto) representam 1 TPC, relata o EIA. A adição de gás de xisto, não comprovada, traz o total para 755 TPC. O relatório da Intek avalia em 750 TPC as reservas. O EIA cita, especulativamente, algumas reservas naturais adicionais, não comprovadas, de 1460 TPC no Alasca e nas costas marítimas, trazendo um total de reservas possíveis para 2215 TPS. O Comitê de Gás Potencial da Escola de Minas do Colorado estima ser de 2074 TPC, enquanto IHS-CERA estima ser 2000-3000 TPC. Sendo menos otimista, em 2011, o USGS relatou ser a reserva de 84 TPC no xisto Marcellus.

**As reservas de gás natural dos EUA não serão esgotadas por décadas.**

Quanto tempo podem durar essas reservas? Vamos rever três casos: baixas (273 TPC), médias (750 TPC) e altas (2000 TPC) reservas de gás natural nos EUA.

# Tório: energia abundante e acessível

O consumo anual de gás natural nos EUA está atualmente em cerca de 25 TPC. Suponhamos que os EUA aposentem rapidamente todas as suas usinas de carvão para usar as usinas combinadas de gás, exclusivamente. Isto requereria adicionar 21 quads (701 GW por ano) de energia e poderia ser suprido por 21 TPC de gás natural, aumentando a demanda de gás para 46 TPC. Vamos, então, definir dois casos: a situação atual, e com a substituição do carvão.

**As reservas de gás, indicadas em anos**

| Taxa de consumo de gás natural | Estimativa das reservas de gás | | |
|---|---|---|---|
| | Baixo, 273 TPC | Médio, 750 TPC | Alto, 2000 TPC |
| 2012 25 TPC/anual | 11 | 30 | 80 |
| Substituindo o carvão. 46 TPC/anual | 6 | 16 | 43 |

Após inspecionar a tabela, concluímos que nunca deveríamos substituir as usinas de carvão, se essa ação ocasionasse o esgotamento das reservas de gás natural em 6 ou 16 anos. Se o fornecimento de gás fosse grande, os EUA poderia aposentar as usinas de carvão em favor da queima de gás natural, mas limpa. Por outro lado, os EUA têm 200 anos de reservas de carvão. Portanto, o fornecimento de gás natural, provavelmente, persistirá por mais tempo ainda neste século. As reservas de gás de xisto podem ser acrescidas, com novas descobertas, ou decrescidas – no caso de as reservas de xisto estejam aquém do que era acreditado – portanto, uma preocupação para muitos. As exportações de GNL (gás natural liquefeito) dos EUA vão esgotar as reservas mais rapidamente.

Os EUA não vão ficar sem gás natural em breve. Em 2012, houve uma abundância de oferta temporária devido a uma supra exploração do gás e um inverno mais quente. O que vai acontecer com o preço?

**Novas oportunidades surgem para o gás natural.**

A comissão regulatória federal de energia dos EUA avaliou os custos adicionais do GLN para fevereiro de 2012. O menor custo foi de US 2,83 de dólares por milhão de BTU no terminal de importação de Lake Charles, LA. O custo é, no momento, baixo, devido às fontes domésticas dos EUA de gás natural terem acrescido as extrações de gás de xisto.

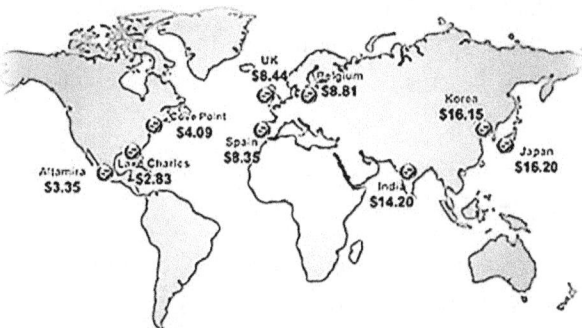

Os preços do GNL, Dólares/milhão de BTU

Os valores superiores a 14 dólares/MBTU na Índia, China e Japão, criam oportunidades de comércio para os exportadores de gás natural construírem usinas de GNL, de refrigeração e com frotas de navios-tanque, para exportar ao mercado lucrativo do Extremo Oriente.

**As importações, pós-Fukushima, de GNL terminaram com o superávit comercial do Japão.**

Após Fukushima, o Japão fechou 52 reatores nucleares. Para compensar o déficit de energia elétrica, o Japão aumentou as importações de gás liquefeito natural. Consequentemente, o preço da energia aumentou naquele país. A demanda de GLN também aumentou o preço do gás. Em 2011, a importação de combustíveis fósseis aumentou em 200 milhões de dólares. A balança comercial do Japão passou de positiva para negativa. Um relatório do governo japonês avalia que o PIB vai sofrer uma queda de 7%, se a energia nuclear não for restaurada.

**O gás natural comprimido (GNC) para os veículos pode aumentar a demanda de gás.**

Os EUA estão incentivando a pesquisa e o desenvolvimento (P&D) de carros que utilizam o GNC. A Honda já vende carros de passageiros que usam o GNC. Em 2012, a Chrysler anunciou planos para vender tais veículos. A GM planeja vender camionetes que tanto utilizam o GNC como a gasolina. Comparado com a gasolina, os veículos emitem 25% menos $CO_2$ usando o combustível GNC e custando 33% menos. O preço da gasolina prossegue escalando, motivando assim a busca por combustíveis mais baratos, como o GNC. Em 2012, havia apenas 1000 postos de abastecimentos de gás natural comprimido, nos EUA. Outro possível uso nos EUA seria a conversão do gás metano em metanol para os carros.

**Os preços do gás natural nos EUA (dólar/MBTU) estão, historicamente, instáveis.**

Em 2012, o preço do gás natural estava baixo. O inverno de 2012 foi mais quente do que o normal, diminuindo o consumo de gás para o uso doméstico. A tecnologia de fraturamento hidráulico originou uma corrida dos produtores de gás e, com isso, aumentou a capacidade de produção dos EUA. Consta que muitos poços não são lucrativos a preços correntes, por isso a corrida para perfurar mais poços não pode continuar até que os preços subam.

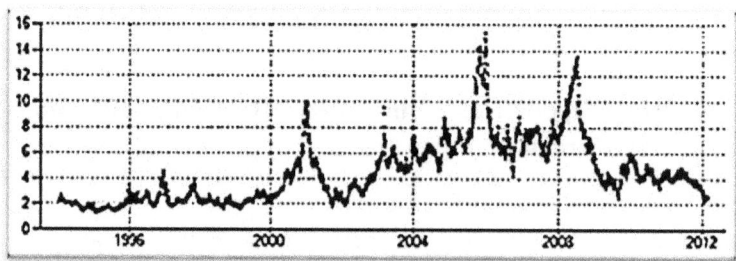

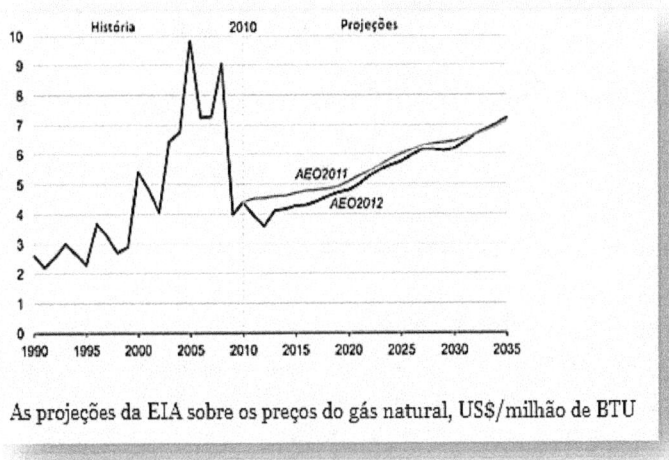

As projeções da EIA sobre os preços do gás natural, US$/milhão de BTU

## EIA prediz que o preço do gás natural vai subir.

Os preços do gás natural são avaliados nos relatórios anuais do EIA. Eventualmente, o setor econômico nivelará, aproximadamente, os preços do gás e do petróleo. Comparativamente, ao preço de 100 dólares por barril, por exemplo, o petróleo custa 17 dólares por milhão de BTU, portanto a demanda por gás natural tenderá a aumentar. Uma análise feita por Lynn Pittinger (um consultor em petróleo), no The Oil Drum (site que discute a respeito de energia e o nosso futuro), sugere um preço futuro de pelo menos 8 dólares por MBTU. Vamos usar a hipótese de 5 dólares por milhão de BTU em comparações futuras.

## A eletricidade gerada por gás natural é mais econômica.

Vamos considerar apenas os geradores de turbina moderna do ciclo de gás combinado (na sigla em inglês, CCGT) em comparação com as outras fontes de energia de baixo custo, tais como carvão, nuclear e hidroelétrica. Voltamos a estimar o custo de energia como a soma de três itens: capital inicial de recuperação dos custos de investimento, custos de combustível e custos operacionais.

| Capital | O custo da usina, mais um retorno sobre o investimento, a ser recuperado ao longo do tempo de vida da usina |
|---|---|
| Combustível | O custo do gás natural queimado para produzir energia |
| Operações | A mão de obra e suprimentos para operar e manter a usina de ciclo combinado |

O capital e mais o retorno sobre o valor investido devem ser recuperados através de quilowatts-hora de energia produzidos e vendidos. O custo de capital de um CCGT é estimado pelo EIA e empresas usineiras em cerca de $1,00/watt. Como no exemplo do carvão, assumimos um custo de capital de 8%. Operando com uma capacidade de 90% por 40 anos, acrescentamos um 1 centavo/kWh para recuperar os custos de capital.

Avaliamos, para 2020, os custos do combustível estarem por volta de US$5/MBTU, acima do preço de 2012. Por exemplo, para uma usina moderna, com eficiência de 60%, CCGT, isto resulta em US$ 5 x 0,003412/0,60 = 2,8 cêntimos/kWh. Os custos estimados operacionais de trabalho, manutenção, eliminação de resíduos, gestão, regulamento, e outros, estão em 1 centavo por kWh. Portanto, a nossa estimativa, para a energia elétrica produzida a partir de uma tecnologia inovada e avançada de usina de turbina de ciclo combinado a gás, é de 4,8 centavos por kWh.

**Custo de eletricidade a gás natural**

| | |
|---|---|
| Recuperação de capital custo | 1,0 centavo/kWh |
| Combustível | 2,8 |
| Operações | 1,0 |
| Total | 4,8 centavos/kWh |

**A eletricidade mais barata do que o gás natural precisa ser menos do que 4,8 centavos/kWh.**

A eletricidade gerada por gás natural será ainda mais barata do que a eletricidade gerada pelo carvão. Temos como objetivo obter energia dos reatores de tório (RTFL) a um custo inferior a US$5,6 centavos/kWh.

Se, contudo, improvável, o preço do gás natural persistisse no valor de US$3/MBTU, por décadas, ele diminuiria o valor para o RTFL, a ser vendido, a preços inferiores a US$3,5 centavos.

Potencialmente, o gás natural seria o maior competidor do RTFL na produção de eletricidade. A tecnologia CCGT já existe e está disponível comercialmente pela GE e a Siemens. Grandes reservas de gás natural existem. O sistema de distribuição é bem desenvolvido e vigoroso. O custo de capital é menor do que o do carvão, ou nuclear, ou de muitas outras formas de obter energia.

O gás natural vai desarticular muitas das usinas de carvão por razões econômicas, por motivos de saúde pública, pela forte oposição à mineração do carvão, e preocupações com o aquecimento global. Em abril de 2012, o gás natural cresceu a ponto de se igualar com o carvão na produção de energia elétrica nos EUA.

**A eletricidade de gás natural barato tem seus inconvenientes.**

A eletricidade gerada por gás natural tem desvantagens substanciais com relação à energia do RTFL. A utilização do gás natural para gerar eletricidade:

• emite grandes quantidades de $CO_2$, enquanto RTFL emite zero;

• eleva o preço do gás natural e da eletricidade gerada;

• esgota os recursos de combustíveis fósseis dentro de um século, enquanto o tório é praticamente inesgotável;

• pode aumentar o aquecimento global, a menos que as emissões por vazamento de metano sejam muito reduzidas;

• faz com que as empresas fornecedoras de eletricidade relutem em se comprometer com uma única fonte de geração de energia;

No entanto, a meta do RTFL, para se tornar competitivo com o gás natural, está em torno de 4,8 centavos/kWh.

## *Energia Eólica*

**A energia eólica corresponde a 3% da eletricidade produzida nos EUA.**

Fazenda eólica de Brazos, Fluvanna TX, 160 turbinas de 1 MW cada

As turbinas eólicas nos EUA geraram eletricidade a uma taxa média de 14 GW durante o ano de 2011, suprindo 2,9% do total da eletricidade gerada. A capacidade nominal instalada, levando em conta todos os geradores eólicos, é de 47 GW. Em média, essas fazendas eólicas operam a 29% da capacidade instalada, sobretudo porque os ventos não sopram todo o tempo. Ao analisar as declarações a respeito do crescimento e da fatia do mercado eólico, é importante diferenciar a produção efetiva de energia da capacidade instalada.

Energia gerada = capacidade instalada x fator de capacidade

A força do vento é apropriada para a geração de energia nas áreas montanhosas, nas planícies e ao longo da costa marítima. As áreas escuras no mapa seguinte correspondem as áreas de ventos fortes nos EUA.

A força dos ventos é mais fraca próximo à superfície por causa da fricção com o solo, árvores e estruturas, portanto uma usina eficiente tem de ser construída a uns 100 metros de altura em torres.

A força do vento nos EUA: área branca, fraca e área negra, forte

As turbinas desaceleram o vento, assim sendo, elas se localizam a calculadas distâncias umas das outras. Considerando a distribuição dos moinhos e a variabilidade da velocidade do vento, podemos esperar uma produção média de 2 W por metro quadrado. Uma fazenda eólica capaz de gerar 1 GW de energia precisa ocupar uma área de 500000000 m². Nas planícies ventosas dos EUA esta área poderia ser usada, no entanto, para a agricultura ou a preservação natural.

As turbinas das fazendas eólicas são enormes. Na gravura seguinte, exibimos a área típica circular varrida pelas lâminas, em contraste com dois campos de futebol americano, para ilustrar. A torre de apoio tem quase 100 m de altura.

**A energia eólica no mar tem um fator de maior capacidade**

Visto que os ventos são mais constantes sobre o mar, o fator de capacidade de energia eólica marítima pode atingir 40%. Os EUA não têm energia eólica marítima.

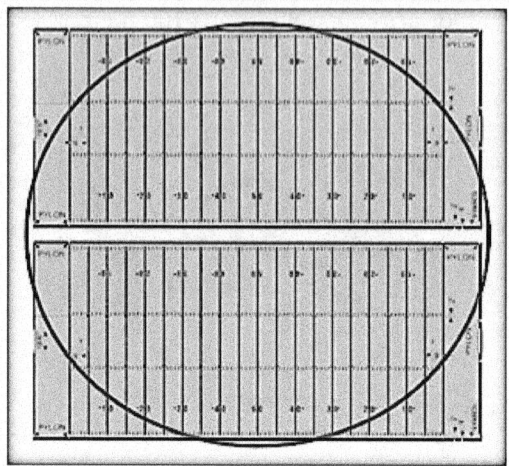

A área total da lâmina toma dois campos de futebol americano

Entretanto, Cape Wind, na costa do estado de Massachusetts, pode se tornar a primeira fazenda eólica marítima americana. O plano é ter 130 turbinas eólicas em torres de 87 metros de altura, cada uma gerando 3,6 MW de energia, para um total de 454 MW de capacidade, mas, efetivamente, gerando 170 MW de eletricidade. Isto representa um fator de apenas 37% da capacidade.

O custo de investimento seria de US$2,62 bilhões, ou US$5,80/W de capacidade nominal, ou US$16/W de força gerada média. O custo de capital investido pode então ser recuperado quando o sistema estiver operando a 37% do tempo.

Assumindo que a as unidades operem por 40 anos, recuperando o capital investido a 8%, necessita recolher 14 centavos/kWh do preço total da eletricidade vendida para as empresas fornecedoras. Mas, como o custo atual da eletricidade comprada das usinas nucleares, de hidroelétricas e de gás natural é cerca de 6-6 centavos/kWh, o projeto de Cape Wind seria antieconômico ou não competitivo, a menos que a venda seja subsidiada pelo dinheiro público.

O estado de Massachusetts pode exigir que a empresa pública de eletricidade, National Grid, compre a metade de toda energia gerada por Cape Wind, pelo valor de US$18,7 centavos/kWh, escalando a 3,5% o preço, anualmente, até atingir US$31 centavos/kWh em 15 anos.

No estado de Rhode Island, a companhia Deepwater Wind planeja construir uma fazenda eólica marítima de 30MW por US$200 milhões ou US7/watt de capacidade nominal. A National Grid concordou em comprar a energia gerada ao valor de US$ 24,4 centavos/kWh. A Deepwater Wind planeja, também, no futuro, construir 100 turbinas, investindo US$1,5 bilhões, um projeto de 385 MW, na ilha de Block.

**Energia eólica intermitente requer fontes de energia de reserva.**

A energia eólica é intermitente e variável em intensidade. Uma turbina eólica gera cerca de 30% de sua capacidade nominal, em média. Para avaliar a força do vento, é importante discernir a capacidade instalada, da geração de energia. Uma turbina de vento, com 2,5 MW instalada em uma área favorável, fornece 0,75 MW de energia.

Quando a força do vento diminui, alguma outra fonte deve compensar pela perda. Não existe um armazenamento na rede elétrica. As usinas de carvão e as usinas nucleares são caras e desenhadas para funcionar 90% do tempo. Os dois candidatos para servir de backups são as usinas hidrelétricas ou as usinas de gás natural. A energia oriunda da hidrelétrica pode ser enviada, por demanda, quando as comportas são fechadas, ou abertas, para conduzir a água que move os geradores. Na usina de gás, a energia pode ser controlada como em um motor a jato de um avião.

**A energia hidrelétrica pode servir de reserva para a energia eólica.**

A energia provinda da hidrelétrica é também intermitente. A eletricidade pode ser gerada somente quando existe água suficiente para manter o reservatório acima de certo nível necessário. O fator de capacidade das hidrelétricas nos EUA é de apenas 38%, por causa da intermitência do nível de água nos reservatórios. Nos EUA, as usinas hidrelétricas normalmente geram energia somente durante o pique de demanda de energia, reservando o nível da água para gerar energia quando há essa necessidade. O reservatório de água armazena energia potencial gravitacional.

Trabalhando acopladas, as turbinas de vento e as hidrelétricas podem estabelecer um equilíbrio no fornecimento de energia. O fator de capacidade de geração na combinação eólico/hidro pode atingir 31%. A fiabilidade dessa combinação dependeria da reserva de água ou do potencial gravitacional armazenado. Essa combinação de fontes de energia é utilizada na Dinamarca, em concordata com as hidrelétricas nas vizinhas Suécia e Noruega.

**Utilizando as usinas de carvão como reserva, as usinas eólicas não reduzem $CO_2$.**

Em muitas jurisdições nos EUA, as normas requerem que as companhias de energia comprem a energia gerada por empresas eólicas sempre que estiver disponível, não importando o custo. No Canadá, na província de Ontário, por exemplo, as usinas de carvão são requeridas a reduzir a produção de energia sempre que a energia eólica se torna disponível. Nesse caso, para reduzir a geração de energia, e ainda estar hábil a trabalhar quando o vento se aquieta, as usinas de carvão continuam a queimar o carvão e aventam para fora 300 kg/s de vapor de alta pressão a 250 $^0$C, ao invés de direcioná-lo para as turbinas geradoras. Com isso, a usina de carvão ainda continua a queimar carvão e emitir dióxido de carbono. Se não fosse assim, a usina não poderia prover rapidamente energia quando os ventos se acalmam. Portanto, não há uma redução na emissão de $CO_2$.

**As usinas de gás natural comumente servem de apoio para as usinas eólicas.**

Os geradores de gás natural são usados para prover energia quando, por vezes, as usinas de carvão ou nucleares não são suficientes. Se o vento estiver soprando ao mesmo tempo em que a demanda atinge um ápice, as unidades de gás natural não precisam ser acionadas, reduzindo assim a emissão de $CO_2$.

Para que a energia eólica se torne uma fonte considerável de energia nos EUA, e assim reduzir a emissão de $CO_2$, a mesma quantidade de usinas de apoio seriam necessárias. Considerando que não há muitas opções para expandir a energia hidrelétrica, por que os melhores locais já estão explorados, os geradores de gás natural são as únicas fontes realistas de reserva para os geradores eólicos.

Alternativamente, pensa-se nesta combinação de gás natural e energia eólica como um gerador de gás natural provendo energia constante, com episódios ocasionais de energia eólica sendo utilizada e assim encurtando temporariamente a queima de gás natural, reduzindo, portanto, a emissão de $CO_2$.

## O uso de turbinas eólicas pode aumentar a emissão de $CO_2$.

Isso pode parecer uma afirmação incoerente, mas depende da escolha das turbinas de gás natural. A cada 1.000 MW de capacidade de geração eólica implantada, requer-se 1.000 MW de capacidade de geração de gás natural como suporte. Compare as duas escolhas que uma empresa de energia elétrica teria de fazer para um sistema de 1.000 MW:

Turbinas eólicas com gás natural, como sistema de apoio.

Gás natural apenas, sem turbinas eólicas.

Na primeira escolha, as turbinas de gás natural podem ser usadas quando a energia eólica não está disponível, por causa da calmaria. Com as turbinas de vento trabalhando 30% do tempo, as turbinas de gás de 1.000 MW(e) operam 70% do tempo. A eficiência elétrica/térmica das turbinas de gás é de apenas 29%, portanto elas consumem 70% x 1000 MW(e)/0,29 = 2410 MW(e) de gás natural.

### 1.000 MW de energia alternativas

| | Fonte de energia | Custo dólar/W | Fator de capacidade | Eficiência | Gás utilizado |
|---|---|---|---|---|---|
| 1 | Turbina eólica + | 2,44 | 30% | - | - |
| | NGCT como suporte | 0,67 | 70% | 29% | 2410 MW (t) |
| 2 | Turbinas de gás exclusivamente CCGT | 1,00 | 100% | 60% | 1670 MW (t) |

Na segunda escolha, as turbinas de gás de 1.000 MW(e) operam constantemente a 600% de eficiência elétrica/térmica, consumindo $1000/0,60 = 1670$ MW(e) de gás natural.

A combinação eólica-gás usa 44% mais gás natural do que as turbinas de gás utilizadas exclusivamente e, com isso, liberam 44% a mais de $CO_2$. Ademais, uma usina de gás natural, operando unicamente, custa 1 bilhão de dólares, enquanto a usina mais poluidora combinada, custa 3,11 bilhões de dólares.

## O EPA recomenda um limite de 445g/kWh na emissão de $CO_2$

Qual seria o impacto que a recomendação do EPA teria? Podemos calcular as emissões de $CO_2$ de diferentes fontes alternativas.

• para calcular os gramas de $CO_2$ por kWh, começamos com o calor de combustão por grama de carvão e gás natural, ou kJ/g de combustível.

• determinamos a fração de C em $CH_4$ como a razão entre os pesos atômicos de C para o $CH_4$, 12/16, e usa a aproximação de C no carvão como 1.

• A fração de C em $CO_2$ é a fração de peso atômico de C em $CO_2$, 12/44. Multiplicamo-la por estes, para obter kJ/g de $CO_2$.

• A eficiência elétrica/térmica de conversão de energia varia de acordo com a tecnologia. Um joule (J) = 1 watt-segundo, portanto, 1 kWh = 3600 kJ.

**Emissão de CO2 por kWh, em gramas**

| Fonte de Energia | Calor, kJ/g de combustível | Calor, kJ/g de CO2 | Eficiência | Eletricidade, kJ/g de CO2 | G de CO2 por kWh |
|---|---|---|---|---|---|
| Carvão, convencional | 33 | 9 | 33% | 3 | 1200 |

| | | | | | |
|---|---|---|---|---|---|
| Carvão, avançado | 33 | 9 | 44% | 4 | 900 |
| Gás Natural, NGCT | 50 | 18 | 60% | 11 | 333 |
| Gás natural, CCGT | 50 | 18 | 29% | 5 | 700 |
| Eólico + 70% NGCT (apoio) | | | | | 490 |
| Eólico + 70% CCGT (apoio) | | | | | 233 |

As duas últimas linhas na tabela são apenas uma média calculada para as emissões de dióxido de carbono, na combinação eólico-gás, com 30% de fator de capacidade. O caso da última linha é menos comum, pois o sistema CCGT não é planejado para parar e continuar. O sistema não pode atingir 60% de eficiência máxima durante o processo de prontidão, quando tem de suprir pela falta de vento, ou seja, calmaria. Se os ventos se mantêm constantes, ou mudam lentamente, então a emissão baixa de $CO_2$, 233 g/kWh, pelo CCGT, pode ser obtida.

Em março de 2012, o EPA instituiu os limites de 454 g/kWh para o $CO_2$, para as novas usinas de combustíveisl fósseis. Uma consequência é que as usinas de carvão e de gás natural teriam custos proibitivos. Contudo, as usinas de CCGT podem servir de apoio para as usinas eólicas.

**No futuro, as usinas eólicas com apoio das usinas CCGT, podem emitir menos $CO_2$.**

Por que não usar, para apoio de turbinas eólicas, as turbinas de gás de ciclo combinado, para alcançar o mínimo de emissões de $CO_2$? O custo seria uma razão. Porém, a maior razão seria que uma usina mais eficiente, como a usina CCGT, leva horas para inicializar, tanto as turbinas primárias, como as caldeiras e turbinas de vapor. A situação pode melhorar no futuro. A GE, na Europa, está introduzindo o seu modelo FlexEfficiency 50 CCGT, projetado para ser usado com a intermitência da energia solar e eólica. Esse sistema é capaz de levar apenas 30-60 minutos para inicializar, alcançando 60% de eficiência, quando a 87% da capacidade máxima. Nenhum modelo foi ainda construído, mas a intenção é ter um em funcionamento por volta de 2015 na França, pela GE.

## Turbinas a gás, operando a menos da capacidade plena, emitem mais $CO_2$.

As turbinas a gás operam mais eficientemente quando em capacidade plena. Operando com a metade da capacidade, a eficiência elétrica/térmica cai por um fator de cerca de 18%. A usina deve operar com capacidade plena para se manter sincronizada com a rede elétrica. As turbinas a gás continuam a consumir combustível quando funcionam a toda força, mas em estado de prontidão ou prontas para alimentar a rede elétrica, a qualquer instante.

O processo de mudança do nível de potência também diminui a eficiência. Ao longo de um período de dez minutos, uma turbina a gás, quando altera os níveis de potência de 60% para 40%, e de volta para 60%, consome mais combustível e emite mais $CO_2$ do que quando funciona a 100% durante todo o tempo. Uma analogia é a quilometragem do automóvel, que pode ser de 6 km/l mantendo uma velocidade constante de 90 km/h, mas fazer apenas 4 km/l com partida e parada no trânsito da cidade.

O impacto das emissões de $CO_2$, quando usa força reduzida, no status de prontidão e com rampa de alimentação, não está incluído nas estimativas anteriores de $CO_2$.

## Turbinas eólicas diversificadas podem reduzir as penalidades no aumento de uso de gás.

Os defensores da energia eólica asseveram que a combinação dos rendimentos de muitas turbinas eólicas intermitentes pode resultar, em média, em um rendimento positivo, mesmo nas calmarias e, assim, tornar o rendimento total menos variável e mais confiável. Mas, isso é parcialmente verdadeiro.

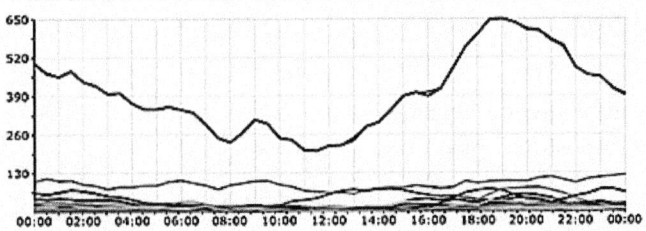

Total de energia em MW de todas as 24 fazendas eólicas no SE da Austrália

Considere o exemplo de uma fazenda eólica, no sudeste da Austrália, interconectada por 1600 km de rede elétrica. Esse dado, em tempo real, retirado de 24 fazendas com a capacidade total de 2GW, está disponível na http://windfarmperformance.info. Os fatores de capacidade e energia total são mostrados no gráfico seguinte, referente ao dia 8 de fevereiro de 2011.

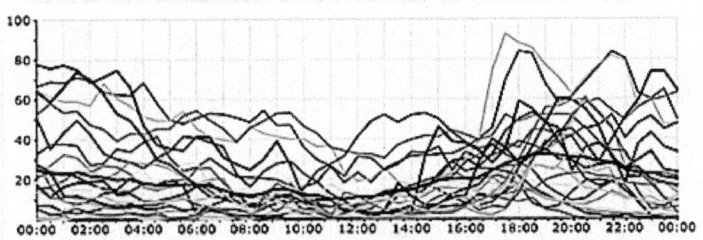

Fatores de capacidade de 24 fazendas eólicas no sudeste da Austrália

No gráfico acima, a linha no topo representa o total de toda a energia eólica gerada, variando entre 250 MW a 650 MW: as contribuições das fazendas, individualmente, são representadas na parte de baixo. A energia total gerada variou de 18 a 26 GW naquela data, para um fator de capacidade de 20%.

**Os estudos mostram pequenas reduções de $CO_2$ com o uso da energia eólica.**

Estudos, realizados na Irlanda, Colorado e Texas, mediram os efeitos de implementar a energia eólica intermitente, reduzindo a energia provinda de carvão e gás natural.

A rede elétrica da Irlanda é alimentada por 65% de energia de gás natural e 10% de energia eólica. Os dados de abril de 2010, fornecidos pela empresa fornecedora irlandesa, mostram que se a energia eólica fornecesse 12% da energia, por exemplo, a emissão de $CO_2$ seria reduzida em somente 3%, comparado com a não utilização do vento. Isso ocorre porque as usinas operadas com combustível fóssil tornam-se menos eficientes, quando a produção de energia cresce ou diminui, para se manter em sincronismo com a intermitência do vento.

O serviço público de Colorado tem de diminuir a produção de energia das usinas de carvão para aceitar o aumento de produção das usinas eólicas. As usinas operam de forma menos eficiente, quando em baixa potência, quando têm de aumentar a produção, para mais ou para menos, para compensar. Na região de Denver, Colorado, as emissões de óxido de nitrogênio e dióxido de carbono aumentaram em 5%, enquanto a emissão de $SO_2$ subiu de 18 a 172%.

A rede elétrica do Texas é alimentada em 58% de energia provinda das usinas de gás natural. É importante, nesse caso, considerar a demanda de energia durante o verão por causa dos condicionadores de ar. A energia eólica foi destarte mais facilmente aceita, devido a esse fator, mas algumas usinas de carvão eram também necessárias. Um estudo realizado pela Bentek Energy determinou que as emissões de SOx e NOx eram mais elevadas do que quando as usinas de carvão eram permitidas a operar na capacidade máxima, e que a redução de emissão de $CO_2$ era, na verdade, ínfima.

**Eletricidade mais barata do que eólica deve custar menos do que US \$18 centavos/kWh.**

Determinar o custo da energia eólica é difícil. Muitos dos novos artigos sobre energia eólica reportam que os custos líquidos são resultados dos subsídios estaduais e federais, preferências fiscais, créditos fiscais, créditos de energia renovável, créditos fiscais de produção e outros. Contudo, para se fazer uma análise apropriada dos custos, devemos considerar o custo total. Porém, os custos são muitas vezes confidenciais. Exemplos de custo de capital acima são: US$2,44/W (EIA), US$5,80/W (Cape Wind) e US$7,00/W (Deepwater Wind). Não consideramos o custo de capital para os geradores de apoio, o que acionaria um custo de US$0,67/W para o gás natural, NCGT. Vamos analisar o caso do Cape Wind, por exemplo, US5,80/W. Assumiremos uma extensão de vida de 40 anos, fator de capacidade de 30%, taxa de interesse de 8% ao ano, resultando em US$17,4 centavos/kWh para a recuperação de custo de capital.

Na nossa computação do custo podemos estabelecer o custo do combustível como sendo zero para a energia eólica.

| Custo da eletricidade eólica (dólares) | |
|---|---|
| Recuperação de custo de capital. | **17,4 centavos/kWh** |
| Combustível | **0,0** |
| Operações | **1,0** |
| Total | **18,4 centavos/kWh** |

Os exemplos de custos de eletricidade divulgados são de 16-24 centavos de dólar/kWh (Cape Wind) e 24 centavos de dólar/kWh (Deepwater Wind). Portanto, a nossa computação de US$18,5 centavos está na região dos preços conhecidos. A energia do reator de tório deve então ser ainda mais barata, para ser competitiva com a energia eólica sem subsídio.

## *Solar*

O aproveitamento da energia diretamente do sol pode ser realizado de várias maneiras.

1 - Aquecimento solar passivo do edifício,

2 - Aquecimento solar de água,

3 - Geração de eletricidade usando células solares fotovoltaicas,

4 - Geração de energia elétrica usando energia solar térmica concentrada,

Vamos tratar o cultivo de plantas, separadamente, na seção de biocombustíveis.

**O aquecimento solar passivo absorve a luz solar dentro de um edifício.**

Especialmente no inverno, quando o sol está baixo no céu, a luz solar se irradia para dentro do edifício através de grandes janelas transparentes com vidro revestido de isolamento térmico.

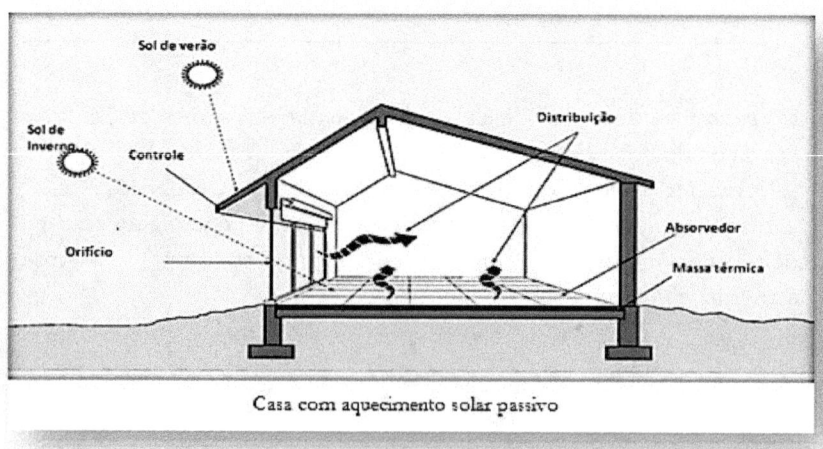

Casa com aquecimento solar passivo

A luz é absorvida e, portanto, convertida em energia térmica por todos os objetos do interior, incluindo o uso da massa térmica para a captação e o armazenamento de energia para uso posterior. A massa térmica irradia luz infravermelha, que não sai para o exterior através das janelas, e é absorvida por outros objetos do interior, imitando o efeito estufa.

Com o isolamento térmico de qualidade e a baixa infiltração, o aquecimento solar é componente chave do desenho Passivhaus (em alemão), o qual procura ter uma demanda média de calor <2 watts por metro quadrado (15 kWh/m$^2$ por ano) ou um máximo de demanda de calor <10 W/m$^2$. Uma casa desse modelo de 200 m$^2$ poderia se aquecida com menos que 3.000 kWh por ano.

**O aquecimento solar de água desloca prontamente o $CO^2$ dos combustíveis fósseis.**

Muitos aquecedores de água domésticos, nos EUA, usam gás natural ou eletricidade. Um aquecedor comum, nos EUA, utiliza 4.500 W(e). Um aquecedor de água, usando diretamente o gás natural, requereria apenas 4.500 W(t), além de qualquer calor perdido pela chaminé. Isso reduz o custo para os inquilinos e a emissão de $CO_2$. A foto abaixo mostra apartamentos chineses com aquecedor solar de água.

Edifício chinês de apartamentos com aquecedores solares de água quente

A China é o país que mais utiliza, no mundo, aquecedores solares de água, acima de 100 GW(t) em 2009. A água simplesmente passa através de um coletor solar para o sistema de encanamento interior. Quando acontecem noites geladas, o coletor exposto pode aquecer o etileno glicol, o qual, indiretamente, aquece a água em um tanque. O aquecimento elétrico, ou a gás natural, pode, então, aumentar a temperatura, se a demanda exigir, ou o sol não brilhar.

**Células fotovoltaicas convertem a luz do sol diretamente em eletricidade.**

Os geradores térmicos usam uma máquina térmica para extrair energia cinética do calor fluindo do quente para o frio. Exemplos desse tipo de geradores são as usinas de carvão, as nucleares, e as de energia solar concentrada. Todas essas usinas requerem torres de resfriamento ou água para absorver o calor que não pode ser utilizado. As células solares fotovoltaicas (PV) são diferentes.

As células PV convertem a energia dos fótons diretamente em energia elétrica, com uma eficiência de até 10%. A foto seguinte mostra uma fazenda solar no estado de Vermont, EUA (AllEarth Renewables).

Os paneis solares, nessa fazenda em Vermont, giram e inclinam para enfrentar o sol diametralmente e maximizar a produção. Na região do equador, a radiação solar incidente, ao meio-dia, é de 1000 $W/m^2$. Na latitude perto de $45^0$ uma fazenda solar, como a de Vermont, gera em média $5W/m^2$, levando em consideração o pôr do sol, nuvens e eficiência de conversão. Uma fazenda, no sudoeste dos EUA, pode gerar 10 W/m². Uma fazenda com capacidade implantada de 1GW, requereria 100.000.000 de m² de terra.

A revista Scientific American publicou, em 2008, um artigo sobre a produção solar de energia, Solar Grand Plan. Nesse artigo, a revista explica que gerar 69% de energia dos EUA, na região sudoeste, requeria um subsídio de cerca de US$420 bilhões, incluindo um armazenador de energia que emprega gás reaquecido e ar comprimido. Sugere-se o uso de 120.000 km quadrados de painéis solares, com linhas de transmissão continental de alta tensão, fornecendo 69% da eletricidade dos EUA.

**Usinas termo solares geram eletricidade, concentrando a luz do Sol.**

A foto seguinte mostra uma usina de energia solar concentrada em Andasol, na Espanha. A luz solar é concentrada por refletores parabólicos ao longo da região focal onde tubos finos, contendo óleo, são aquecidos.

O óleo aquecido, fluindo através dos tubos, é usado para gerar vapor e movimentar geradores elétricos. Existe outro modelo em que uma série de espelhos reflete a luz solar diretamente para uma torre, onde temperaturas altíssimas são atingidas. Em temperaturas altas, a conversão pode atingir 41% de eficiência. Uma usina como essa exige um sistema de resfriamento térmico através de uma torre para evaporar a água.

Tório: energia abundante e acessível

## Usinas de energia solar concentrada podem armazenar energia na forma de calor.

A usina de Andasol, na Espanha, de 50W W(e), emprega também tanques de sal fundido (60% $NaNO_3$+ 40% $KNO_3$) para armazenar energia. 30.000 toneladas de sal fundido podem armazenar 1 GW(t) de energia, podendo receber ou descarregar calor acima de 11MW(t). Energia térmica armazenada também tem sido proposta para os reatores de sal fundido, tal como o RTFL.

## Eletricidade mais barata que a energia solar deve custar menos do que US$24 centavos/kWh

O custo das células fotovoltaicas está diminuindo. A China tem-se tornado o maior produtor, colocando as empresas de células solares dos EUA fora do negócio. Os custos são esperados a cair para US$1/W de capacidade e esse valor é muito citado na mídia; considerando apenas o valor para as células fotovoltaicas. Contudo, para uma fazenda em grande escala, existem muitos outros custos além do custo dos painéis. Exemplos de custos adicionais são as estruturas e painéis resistentes às condições meteorológicas, os motores giratórios, os equipamentos de conversão DC/AD, o centro de controle e monitoramento, e os cabos de interconexão.

Determinar o custo total pela mídia pode ser muito difícil, pois, em muitas ocasiões, os custos reais são mantidos em sigilo. Mas, aqui, mostramos exemplos de custos e capacidade total que foram publicados.

As células solares, que custam cerca de US$1,75/W na fazenda AllEarth Renewables, nos arredores da cidade de Burlington, Vermont, foram divulgadas como custando cerca de 35% do custo de construção. Essa fazenda solar, de capacidade para 2130 kW, custou US$12 milhões, ou $5,63/W do capital de investimento, mas, mesmo se o custo dos painéis fosse zero, a fazenda ainda custaria US$4/W. O fator de capacidade, medida durante 7 meses, foi de 18%. Essa usina, no estado de Vermont, vende eletricidade para as companhias de eletricidade ao custo de US$ 30 centavos/kWh, por causa de um requerimento especial que o governo impõe nas empresas de eletricidade.

Em 2009, a companhia espanhola Albiasa anunciou um investimento de US$1 bilhão, ou US$5/W, em um projeto de energia solar concentrada de 200 MW, localizada no ensolarado estado do Arizona. O projeto foi abandonado, inicialmente, em 2011, mas foi retomado em 2012. A Albiasa está também construindo uma usina solar de 50MW em Cárceres, Espanha, com um contrato para vender a energia ao preço de 27 centavos/kWh, em euros.

Outra empresa, a Abengoa Solar, possui um projeto de US$1,6 bilhões, ou 5,71/W, nos arredores de Fênix, Arizona. A usina tem uma capacidade 280 MW (dados de 2013).

Também nos EUA, a empresa Brightsource possui um projeto de construção de uma usina solar no deserto de Mojave, Califórnia. A usina possui uma matriz de espelhos giratórios que direciona a luz solar para uma torre de 140 metros de altura para coletar a energia térmica. O valor divulgado do projeto é de US2,2 bilhões para uma capacidade final de 370 MW, ou US$5,60/W.

Os preços da eletricidade para AllEarth e Albiasa foram de US$30 centavos/kWh e US$35 centavos/kWh, respectivamente. O estado de Vermont reduziu a requisição de preço de 30 para 24 centavos/kWh.

**Investimentos em fazendas solares e preço da eletricidade**

| Construtor | Capital de Custo US$/W | Em centavos (US$) /kWh |
|---|---|---|
| AllEarth | 5,63 | 30 |
| Albiasa | 5,00 | 35 |
| Abengoa | 5,71 | - |
| Brightsource | 5,90 | - |
| DOE dos EUA, EIA, est. | 4,70 | - |

# Tório: energia abundante e acessível

O EIA americano calcula o custo de capital, para as usinas fotovoltaicas ou térmicas, em torno de US$4,70/W. Comparando isso com os exemplos acima, avaliamos que o investimento em energia solar fica em cerca de US$5,00/W. O fator de capacidade de um projeto solar varia com a latitude e região climática, portanto, estimaremos os custos em 20%. O capital de investimento é recuperado quando o sol está brilhando e a energia está sendo gerada. Assim, com 20% de capacidade e um custo de 8% de capital durante 40 anos (nossa conjectura padrão) temos a seguinte modelo de custo.

**Custo da eletricidade solar gerada**

| | |
|---|---|
| Recuperação de custos de capital | US$0,23/kWh |
| Combustível | 0 |
| Operações | US$0,1 |
| Total | US$0,24/kWh |

Portanto, a eletricidade para ser mais barata do que a solar tem de custar menos que US$0,24/kWh.

## Energia Intermitente: Solar e Eólica

**A energia de fontes intermitentes pode aumentar as emissões poluidoras e os custos**

Em 2011, o MIT publicou um relatório intitulado, "Gerenciando a Penetração em Grande Escala de Energias Renováveis Intermitentes" (Managing Large-Scale Penetration of Intermittent Renewables), no qual se discute, mais profundamente, as dificuldades de suprir eletricidade utilizando fontes intermitentes.

"Além disso, a eficiência do combustível diminui quando as usinas de geração termelétrica são operadas parcialmente. O combustível, utilizado com baixa eficiência, aumenta a taxa de emissão e o custo, diminuindo potencialmente os benefícios da geração com renováveis. A constante alteração da produção da usina aumenta a necessidade de uma operação fora do normal, ou da condição estável, e a probabilidade de erro pelo operador. "

## *Biocombustível Sólido*

Biocombustível, tipicamente, significa um líquido extraído de uma fonte vegetal e, muitas vezes, refinado, para usar em um veículo. Porém, a maior quantidade de energia que poderia ser extraída de uma fonte vegetal, tal como a madeira, é liberada, simplesmente, queimando-a. Manufaturando etanol a partir da madeira simplesmente reduz a potencial energia química, que poderia ser obtida pela combustão do material. Muitas usinas queimam a madeira para gerar eletricidade, portanto, vamos começar a analisar a utilização da madeira como fonte de energia.

**Cerca de 20% da massa florestal é carbono.**

No século 15, Van Helmont descobriu que uma árvore em crescimento ganha peso a partir da matéria no ar – vapor de água e "gás de madeira", que mais tarde foi descoberto ser o dióxido de carbono. Lavoisier identificou o carbono e o processo de respiração das plantas, antes de ser guilhotinado na Revolução Francesa.

O carbono compõe cerca de 50% da massa dos carboidratos que constituem a madeira. O carbono, retirado do gás dióxido de carbono na atmosfera, representa cerca de 20% da massa da floresta.

**As florestas absorvem dióxido de carbono do ar até atingir a maturidade.**

Como havíamos dito, as árvores crescem e absorvem o dióxido de carbono do ar, incorporando o carbono na estrutura do carboidrato. A taxa de absorção depende da espécie vegetal e clima. No nosso modelo, usaremos 3 toneladas de carbono por hectare por ano (3 t-carbono/ha/ano). Um hectare é um quadrado de 100 metros de lado, ou uma área de 10.000 m². As árvores adicionam massa a uma taxa de 15 t-madeira/ha/ano.

Após um século, aproximadamente, as florestas atingem a maturidade, e as árvores começam a fenecer e se decompor na mesma proporção que novas árvores crescem. Esse tipo de sequestro de carbono, em uma floresta amadurecida, atinge valores entre 100 a 600 toneladas/hectare, dependendo da geografia, do clima, da variedade arbórea e do fogo.

O carbono é removido da atmosfera, enquanto as florestas crescem, até atingir a maturidade, mas não depois. As usinas que queimam madeira são consideradas neutras porque a madeira vai restituir o carbono de volta à atmosfera, não importa se for por decomposição ou combustão. O fogo, na floresta, coloca o $CO_2$ de volta na atmosfera e este retorna, quando as árvores crescem novamente.

**Usinas de combustão de madeira não são sustentáveis.**

As usinas de produção de eletricidade, que usam a madeira, queimam os cavacos das árvores, que ainda não estão secas. Quanto deste material seria necessário para alimentar a nossa usina padrão de energia elétrica de 1 GW? O USDA americano indica que queimar uma tonelada, de tal material verde, produz quase 2 MWh(t) de calor. Assumindo uma eficiência de 33% de eficiência elétrica/térmica, por 1 GW(e) de eletricidade precisaria 1 GW(e) = [(24 x 365 h) /ano] x [3 kWh(t)/1 kWh(e)] x [1 tonelada de madeira/2 MWh(t)] = 13 milhões de toneladas de cavacos de madeira verde por ano.

Considerando o crescimento das árvores na taxa de 15 t/hectares/ano, por exemplo, isso requer quase um milhão de hectares por ano, uma área de quase a metade do estado de Connecticut ou 7180 km². O estado de Connecticut consome mais do que 3 GW de eletricidade, em média, mas poderia apenas fornecer madeira suficiente para 1 GW(e).

As usinas, utilizando madeira para geração de eletricidade, são ineficientes e claramente insustentáveis. Isso foi observado na história; a Inglaterra se desflorestou para produzir energia antes de se voltar ao carvão, durante a Revolução Industrial. A produção de eletricidade, usando biomassa, atualmente, nos EUA, é de cerca de 8 GW(e).

# Tório: energia abundante e acessível

## Energia mais barata do que à lenha deve custar menos do que 10 centavos/kWh.

O custo relatado de reposição da usina de lenha da Springfield, no estado de New Hampshire, de 19 MW, é de cerca de US$90 milhões, ou US $ 4,74/watt. A proposta de construção da usina de Berlim, NH, de 75 MW foi em torno de US$225 milhões, ou US$3,67/watt, mas o EIA estimou ser de US3,86/watt.

Os cavacos de madeira variam em preço, dependendo da localização, das condições de mercado e dos custos de transporte das florestas para as usinas de energia. Levando em consideração o nosso modelo, estimamos o custo de US$31/tonelada e, optimistamente, uma eficiência de 33% de conversão elétrica/térmica.

[US$31/tonelada] x [tonelada-madeira/2 MWh(t)] x [3 kWh(t)/1 kWh(e)] = US$47/MWh(e) ou cerca de 4,7 centavos/kWh para o combustível. Usando, então, a nossa estimativa padrão de recuperação de capital de investimento, o custo da madeira como combustível pode ser visto na tabela seguinte.

| Custo, em dólar, de geração da energia (combustível de madeira) | |
| --- | --- |
| Recuperação do capital de investimento | 4,0 centavos/kWh |
| Combustível | 4,7 |
| Custos operacionais | 1,0 |
| Total | 9,7 centavos/kWh |

Para cobrir o custo da eletricidade pela queima de madeira, o custo da eletricidade RTFL deve ser inferior a 10 centavos/ kWh.

**A energia a partir de fontes renováveis custa mais do que a partir de combustíveis fósseis.**

Na tabela abaixo, apresentamos um sumário dos custos de análises que fizemos. Observe que os custos, para a energia elétrica eólica, solar e biomassa, são maiores do que o custo da energia do carvão, emissores de dióxido de carbono, e do gás natural. Ademais, os custos para e energia eólica e solar, intermitentes, não incluem os custos das usinas de backup.

**Custos da eletricidade de diferentes fontes alternativas, US$ centavos/kWh**

|  | Carvão | Gás | Eólica | Solar | Biomassa |
|---|---|---|---|---|---|
| Recuperação de custos de capital | 2,8 | 1,0 | 7,4 | 22,5 | 4,0 |
| Combustível | 1,8 | 2,8 | 0 | 0 | 4,7 |
| Custo Operacional | 1,0 | 1,0 | 1,0 | 1,0 | 1,0 |
| Total | 5,6 | 4,8 | 18,4 | 23,5 | 9,7 |

Por que os custos dos renováveis são tão altos e como estes custos são pagos? Um fator, a ser considerado, é a densidade de energia. As usinas eólicas e solares são espalhadas por grandes áreas. As usinas de madeira podem requerer enormes caminhões, ou comboios de trens, através de grandes distâncias. Algum tipo de subsídio governamental pode pagar pelos custos dos renováveis. As companhias de eletricidade repassam os custos para o consumidor.

## *Biocombustível líquido*

Não faz sentido econômico queimar biocombustível em uma usina de força, porque biomassa menos custosa, tal como a madeira, pode ser queimada diretamente, e mais eficientemente, como foi descrito acima.

O objetivo principal, na fabricação de biocombustíveis, é substituir a gasolina e o diesel nos veículos. Esses combustíveis petrolíferos, baseados no carbono, são excepcionalmente valiosos ao transporte. Eles possuem densidade energética elevada. Os trens podem usar eletricidade, carros pequenos podem carregar o peso das baterias, mas grandes veículos, tais como caminhões e aviões, precisam combustíveis com maior densidade energética. Os biocombustíveis são apenas um suplente para os combustíveis petrolíferos.

### Substituir etanol por gasolina pode reduzir as emissões de CO2.

A queima de combustíveis petrolíferos, em qualquer parte do mundo, emite tanto $CO_2$ como a queima de carvão. O uso do combustível derivado da biomassa é um meio atraente para reduzir o aquecimento global. Conceitualmente, as emissões a partir de biocombustíveis são reabsorvidas da atmosfera na próxima safra. Ao contrário de florestas, que levam um século para atingir a maturidade, as fontes, como o milho, a cana-de-açúcar ou a beterraba podem ser cultivadas anualmente, ou mais frequentemente, dependendo da região. No entanto, se uma floresta de 100 anos de idade é abatida, queimada, e substituída por uma plantação anual, o total de 99% do carbono torna-se $CO_2$, que permanece na atmosfera, o que é uma alteração de uso do solo.

O biocombustível etanol, nos EUA, é derivado da fermentação de amidos e do açúcar, assim como dos grãos de milhos, cultivados para esse propósito. Atualmente, a gasolina é fornecida com uma adição de 10% de etanol, objetivando a redução, ainda que parcialmente, das emissões de dióxido de carbono. Outro objetivo é obter uma redução na importação de petróleo.

Contudo, não está claro se esses objetivos são satisfatoriamente alcançados. A queima do etanol como aditivo da gasolina, atinge apenas 2/3 da eficiência e, com isso, a economia de gasolina não achega aos 10%, mas sim 7%, de fato.

**Nos EUA, o retorno dos investimentos no etanol do milho é medíocre.**

Cultivar o milho, para produzir etanol, exige o uso de fertilizantes, irrigação, transporte e usinas de refinamento, todos utilizando energia, da qual 74% decorre da utilização de combustível fóssil. A taxa de retorno de investimento em energia é a razão entre a energia produzida, na combustão do etanol, e a soma de todas as fontes de energia utilizadas, exceto a solar, para produzir etanol. Os estudos sobre esse retorno são controversos, visto que alguns desses estudos mostram uma taxa negativa na produção de etanol.

O clima do Brasil, por exemplo, permite a utilização da cana-de-açúcar, o qual possui mais amido e açúcar do que o milho, portanto a taxa de retorno de investimento é mais alta. O uso de etanol, nos EUA, tem sido encorajado por subsídios, como tarifas contra importação, e por mandatos.

**O etanol extraído da celulose ainda não é economicamente viável.**

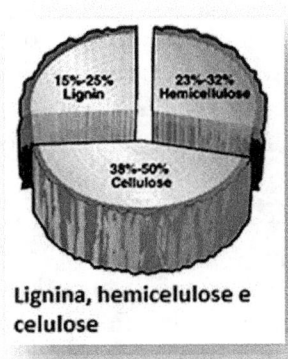

Lignina, hemicelulose e celulose

Cerca da metade da massa do milho cultivado é constituída por grãos, o restante são restolhos - resíduo de talos, folhas, cascas e espigas. O grão é constituído, por sua vez, de 77% de amido e açúcar. O restolho é especialmente celulose. O etanol celulósico seria o resultado do processamento do restante da coleta do milho, da madeira e do restolho da cana-de-açúcar. A Petrobras pesquisa o uso do bagaço da cana-de-açúcar para aumentar a produção do etanol em 50%.

A comercialização do processo de produção de etanol celulósico admite uma grande variedade de fontes vegetativas, incluindo árvores e gramíneas. O processo de produção quebra as moléculas de cadeia longa de celulose e hemiceluloses em açúcares, os quais podem ser fermentados e refinados, em condições de laboratório.

**O cultivo de biomassa aumenta o preço dos alimentos.**

Uma sequela do cultivo da biomassa a partir de produtos, tais como milho e açúcar, é o aumento do preço desses alimentos e de seus derivativos. O aumento de quase o dobro do milho aumentou o preço das tortilhas de milho no México, resultando em tumultos. Nos EUA, quase 40% do milho é cultivado para a produção de biocombustíveis. O governo dos EUA avaliou que o consumo de biocombustíveis, por volta do ano de 2022, atingirá 36 bilhões de galões anualmente, dos quais, 16 bilhões deverão ser derivados da celulose. Em contraste, a carência de alimentos na China levou o governo a banir a conversão de grãos em biocombustíveis. A China, agora, importa a mandioca da Tailândia para produzir biocombustíveis, dobrando o preço lá e encorajando o uso da terra para esse tipo de cultivo. A determinação do uso de 10% do biocombustível na Europa, pelo ano de 2020, resultou na recolocação de 3200 pessoas na Guatemala para o cultivo de cana-de-açúcar, para abastecer os caminhões e carros europeus.

**A eficiência de conversão de energia de biomassa em etanol é de <32%.**

O Departamento de Energia dos EUA avalia o rendimento teórico da produção de etanol, a partir da biomassa seca para diversas lavouras; 100 galões por tonelada é típico, mas um rendimento econômico seria de cerca de 60 galões por tonelada de biomassa. A combustão de uma tonelada de madeira seca, ou outros tipos de biomassa, libera cerca de 15.000 megajoule de energia térmica, em contraste, 60 galões de etanol iriam liberar apenas 4.800 megajoule - cerca de 32% da energia química potencial da biomassa. Essa análise ignora os insumos energéticos externos ao processo de refino de biocombustíveis, como a eletricidade e o gás natural, de modo que a taxa de eficiência energia-utilizada/energia-produzida é muito menos do que 32%.

## O consumo de biodiesel nos EUA é pequeno.

O biodiesel é largamente produzido a partir do óleo de canola ou de soja. A produção anual é de menos de 1 bilhão de galões, em comparação com a produção de etanol, que é mais de 10 bilhões de galões. O biodiesel é normalmente misturado com 80% de diesel de petróleo e a mistura resultante, conhecida como "B20", é denominada "biodiesel" na bomba. Durante o inverno, uma mistura B2 e B5 é vendida porque não se torna gelatinosa. O conteúdo energético do biodiesel puro é de cerca de 9% mais baixo do que o petrodiesel.

## *Armazenamento de Energia*

Os engenheiros têm buscado meios mais eficientes de armazenar energia elétrica ao longo de décadas. Os sistemas de distribuição de energia elétrica não têm armazenamento de energia que não seja pelo uso do momento angular dos geradores turbo elétricos. Qualquer nova demanda de energia deve ser satisfeita em segundos pelo uso de turbinas de vapor ou caldeiras em usinas nucleares, carvão ou lenha, ou geradores hidrelétricos, ou gás natural fornecido às turbinas a gás. Porém, as energias geradas pelas usinas eólicas e solares não podem ser expedidas dessa forma.

O armazenamento de energia beneficiaria duas situações: variação da demanda e fornecimento intermitente. As usinas nucleares e de carvão possuem um alto custo de capital e são projetadas para operar, geralmente, na capacidade máxima. As demandas de eletricidade pelos consumidores variam por um fator de dois, portanto, armazenar o excesso de energia produzido, quando a demanda é menor, poderia ser usada mais tarde quando a demanda, eventualmente, cresce além do normal.

Outro benefício seria armazenar energia produzida por um sistema eólico ou solar, tornando-os fontes mais confiáveis e reduzindo a necessidade de um backup, tipo usina de gás natural, por exemplo.

**Baterias recarregáveis armazenam energia química.**

Uma bateria elétrica possui dois elétrodos de metal, conectados por um eletrólito líquido ou sólido. Quando os elétrons, portadores de carga negativa, fluem a partir do ânodo para o cátodo, ânions, positivamente carregados, fluem no sentido inverso. Isso muda o estado químico dos elétrodos e do eletrólito, armazenando energia potencial química. Durante a descarga, os fluxos são invertidos e o estado químico é revertido.

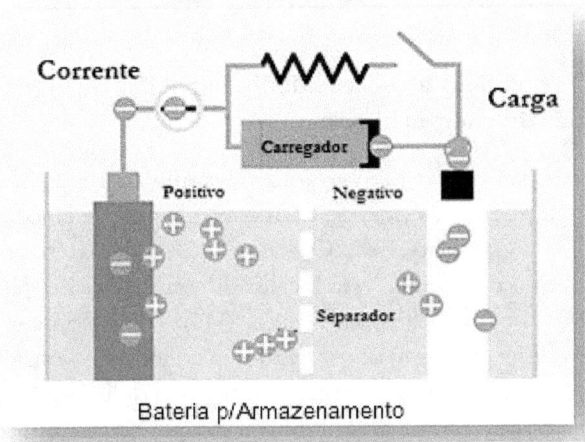

Bateria p/Armazenamento

As baterias elétricas podem ser feitas com várias combinações de metais e eletrólitos, tal como chumbo/ácido sulfúrico/óxido de chumbo, como as que são usadas nos carros. As baterias de li-íon (lítio) são comuns nos produtos de consumo pessoal e mesmo nos carros elétricos da Tesla Motors. A bateria de sódio e enxofre (ou bateria de NaS) foi desenvolvida para operar em temperaturas de 350⁰ C.

Carregar as baterias usadas nos veículos elétricos pode levar uma noite inteira. As baterias de eletrólitos líquidos podem ser drenadas e substituídas. Num automóvel do futuro, os eletrólitos descarregados podem ser substituídos por eletrólitos carregados numa estação de abastecimento.

Em Israel, a empresa, A Better Place, desenvolve um método diferente de abastecimento – uma estação de troca de bateria, onde uma bateria descarregada é trocada por uma carregada em apenas 5 minutos.

O grupo de Donald Sadoway, no MIT, desenvolveu uma bateria de líquido com antimônio fundido no fundo, coberto por uma camada de sal eletrólito fundido, e, por cima, uma camada de magnésio fundido, operando a uma temperatura de 700⁰ e capaz de ser modificada para atender o requerimento. Essa bateria pode fornecer 1 GW de potência por 48 horas, a um custo de US$1,8 bilhões. Um

preço quase próximo de um RFLT, que pode fornecer 1 GW
continuamente.

## As baterias atendem as necessidades especiais de algumas companhias de energia elétrica.

O uso de baterias requer conversão da corrente alternada para
corrente continua e, novamente, para corrente alternada, com o
ciclo de ida e volta de até 75%. O maior sistema de bateria, para
armazenamento de energia, está localizado em Rokkasho, Japão,
com 245 MWh com capacidade total de 34 MW, usado para
armazenar energia provinda dos geradores eólicos. Esse sistema usa
tecnologia NGK de sódio- enxofre, a um custo de US$3/W.

Na cidade de Fairbanks, Alasca, um sistema, 7 MWh ou 27 MW, de
baterias níquel-cádmio é usado para manter o fornecimento elétrico
estabilizado. Uma bateria de 1200 toneladas, 5 MWh ou 40 MW de
capacidade, é usada para suprir, em uma região inóspita, a cidade
com energia de emergência, em caso de falhas, enquanto os
geradores de diesel iniciam funcionamento.

Uma usina típica de 1 GW provê 24.000 kWh por dia, ou dez vezes
mais do que o maior sistema de baterias já construído. O fundador
da Microsoft, Bill Gates, denotou uma vez, que todas as baterias do
mundo juntas não poderiam suprir toda a humanidade com
eletricidade por mais do que 10 minutos.

## Baterias eletromecânicas, ou inerciais, armazenam energia.

No estado de Nova York, a empresa Beacon Power tem instalado
um sistema com 200 volantes inerciais, cada um capaz de fornecer
25 kWh de energia por um tempo de 15 minutos. O objetivo desse
sistema é manter a rede elétrica estável, evitando pequenas
flutuações no fornecimento.

O armazenamento de energia, utilizando bombas, exige dois
reservatórios.

A energia elétrica pode ser armazenada em um reservatório
relativamente alto, com um ciclo eficiente de 75%. Esse método
bomba a água para um reservatório localizado em uma elevação,
utilizando um excesso de energia gerada. A energia é então gerada,
quando essencial, movimentando geradores elétricos. Tal sistema

hidromecânico é responsável por 99% da energia armazenada nos EUA.

Por exemplo, a seguinte ilustração mostra uma planta de armazenamento localizada na montanha Raccoon, no Tennessee. Nessa planta, a água é bombeada a uma altura de 305 metros para um reservatório localizado no topo da montanha. A água, lá armazenada, pode acionar a usina de 1,6 GW por 22 horas, fornecendo 35 gigas watts-hora de energia.

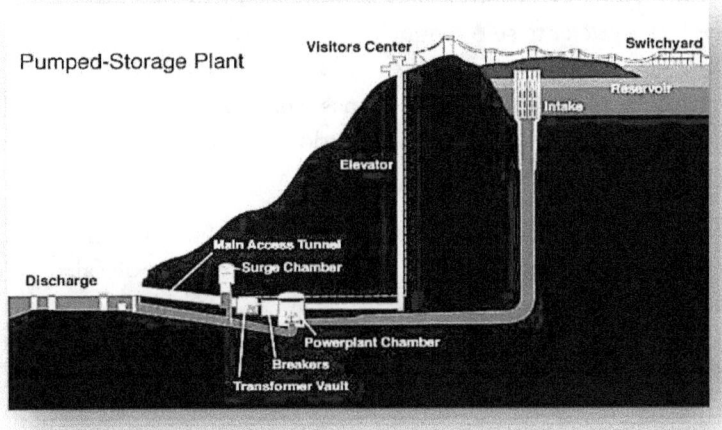

O sistema de reserva hidromecânica demanda dois reservatórios. Existem poucos locais possíveis, nos EUA, para novos projetos desse tipo. O preço atual de construção de uma planta desse tipo custa por volta de US$2/W para a capacidade estabelecida, ou US$0,25/kWh de energia.

Comparadas com os reservatórios hidromecânicos, as baterias são ainda mais caras, mas possuem uma densidade energética maior. Uma simples bateria AA pode armazenar cerca de 10.000 joules de energia ou cerca de 2,5 watt-hora. Comparativamente, um reservatório hidromecânico, com a mesma capacidade energética, requereria o bombeamento de um litro de água a uma altura de 1.000 metros.

**O armazenamento de energia, utilizando ar comprimido, também usa gás natural.**

O uso de um motor elétrico e de uma turbina ou bomba, para comprimir o ar em um tanque, aumenta a pressão do ar e a temperatura, um pouco como uma mola de compressão. Quando o ar é liberado, ele flui através de um gerador ou turbina, gerando, portanto, energia elétrica.

Desconsiderando os motores e bombas, esse processo poderia ser quase 100% eficiente se o tanque de ar comprimido fosse perfeitamente isolado termicamente. Como sabemos, o ar, quando comprimido, se aquece no tanque, mas, então, se esfria, cedendo calor para o ambiente e, quando liberado, está mais frio, portanto não é 100% eficiente.

Como exemplo, uma planta desse modelo, em McIntosh, Alabama, armazena ar comprimido em uma caverna subterrânea de sal. Quando o ar é liberado, ele pode fornecer 2,6 GWh de energia, ou 100 MW, durante 28 horas. Como o calor é perdido para o ambiente, o gás comprimido deve ser reaquecido pelo uso de gás natural, quando estiver gerando energia elétrica. Qual é a eficiência desse ciclo?

Por isso, esse tipo de armazenamento utiliza a eletricidade, usada na compressão do ar, e o gás natural, para reaquecer o gás comprimido. O Instituto de Pesquisa de Energia Elétrica, EPRI, na sigla em inglês, reporta que 1 kWh(t) de produção, demanda 0,82 kWh(e) de eletricidade e 1,34 kWh(t) de gás natural. Um ciclo combinado e atual (CCGT) de turbina a gás, com 60% de eficiência, poderia gerar 1,34 x 0,60 = 0,80 kWh(e), utilizando a mesma quantidade de gás natural.

A energia empregada comparável é de 0,82 + 0,80 = 1,62 kWh (e). Assim, a eficiência energética do ciclo é de 1,00/1,62 = 62%.

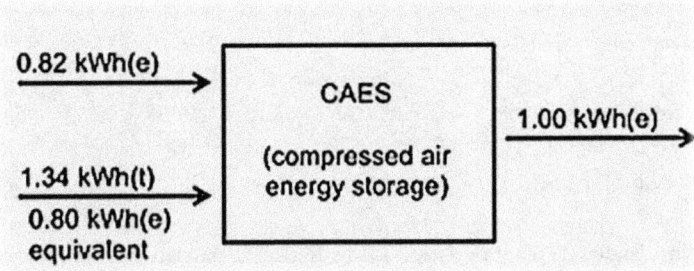

Na figura acima, vemos a eficiência do armazenamento de energia usando ar comprimido. A usina de McIntosh custou US$53 milhões em 1991, e os custos aumentaram em 2012 para US$89 milhões para uma usina do mesmo porte, ou US$0,034/Wh de capacidade energética, ou US$0,89/W de potência.

**Os custos de armazenamento de energia variam com a tecnologia empregada.**

O EPRI coleta dados sobre os custos dos projetos de armazenamento de energia. Os custos são categorizados em duas maneiras: o custo por unidade da capacidade instalada, e o custo por unidade de energia armazenada. Esses custos não se adicionam, mas apenas são duas formas de análise.

**Custo do capital estimado de um sistema de armazenamento de energia elétrica**

| Tecnologia de armazenamento | Eficiência | Custo de fornecimento de energia, US$/W | Custo de armazenar energia, US$/Wh |
|---|---|---|---|
| Hidromecânico | 80% | 1,50 – 2,70 | 0,25 – 0,27 |
| Ácido-chumbo avançado | 90% | 4,60 – 4,90 | 0,92 – 0,98 |
| Lítio íon | 90% | 1,80 – 4,10 | 0,95 – 1,90 |

| | | | |
|---|---|---|---|
| Ar comprimido | 70% | 0,96 – 1,25 | 0,06 – 0,12 |
| Armazenamento inercial | 85% | 1,95 – 2,20 | 7,80 – 8,80 |
| Enxofre-sódio | 75% | 3,10 – 3,30 | 0,52 – 0,55 |
| Fluxo de bromo zinco | 60% | 1,45 – 1,75 | 0,29 – 0,35 |

A última coluna da direita é a capacidade de armazenar eletricidade, e não a de gerar. O sistema hidromecânico e o de ar comprimido subterrâneo são as formas mais baratas de armazenar energia.

## O armazenamento de energia incrementa o custo da eletricidade.

Como o custo das baterias e de outras formas de armazenagem de energia se adicionam ao custo da eletricidade? Usando o nosso modelo financeiro, o custo do capital de investimento pode ser recuperado em 40 anos com interesse de 8% anual, assumindo que o sistema é usado uma vez por dia.

Empregando uma planilha, ou uma calculadora financeira, um investimento de US1/Wh na capacidade de armazenar energia, repago durante 365 x 40 dias, ao custo de US$0,23/kWh, é apresentada na seguinte tabela, com base no custo de capital de médio porte.

**Custo adicionado do armazenamento de energia elétrica**

| Tecnologia de armazenamento | Custo da energia armazenada, US$/Wh | Custo de recuperação do capital, centavos de dólar/kWh |
|---|---|---|
| Hidromecânico | 0,25 – 0,27 | 6 |
| Ácido-chumbo avançado | 0,92 – 0,98 | 21 |

| | | |
|---|---|---|
| Lítio íon | 0,95 – 1,90 | 33 |
| Ar comprimido | 0,06 – 0,12 | 2 |
| Armazenamento inercial | 7,80 – 8,80 | 191 |
| Enxofre-sódio | 0,52 – 0,55 | 12 |
| Fluxo de bromo zinco | 0,29 – 0,35 | 7 |

Algumas ressalvas são necessárias. A tabela é aproximada, um pouco rústica. Ela não mostra os efeitos da eficiência energética de cada tecnologia e, também, não inclui os custos de obter a eletricidade para armazenar. Para o custo da tecnologia de ar comprimido, o custo do gás natural não está incluído. No caso do sistema inercial, o custo é alto, pois é baseado em um ciclo único diário. As baterias são uma solução onerosíssima para o problema da intermitência de fornecimento.

Para tornar a força elétrica intermitente das usinas eólicas mais estabilizada e constante, o excesso de energia gerada pode ser armazenado em baterias industriais grandes. Qual seria o custo de armazenamento de energia de um dia de produção nas baterias? Consultando a tabela acima, estimamos ser deUS$4,75/Wh o custo do capital investido em uma bateria de chumbo-ácido, portanto, o custo de uma bateria para armazenar 24 Wh seria de US$114. Isso supera o custo de capital de fazendas de turbinas eólicas, a US$5,80/W.

Portanto, instalando um sistema de geração de energia eólica, com um backup de bateria de chumbo-ácido, para fornecer energia, um dia mais tarde, custaria US$120/W. Isso seria muito mais caro do que o custo de energia, provinda da combustão de carvão, de hidroelétrica, de gás natural ou nuclear.

### A Siemens propõe usar o gás de hidrogênio para armazenar energia.

A Siemens desenvolveu uma tecnologia de armazenamento que emprega água eletrolisada e que pode iniciar, ou parar, de acordo com a intermitência do sistema eólico ou solar. Esse sistema utiliza a tecnologia de membrana, que permuta prótons nas células de combustível. As unidades, do tamanho de um armazém industrial, desassociam o hidrogênio a partir da água, com uma eficiência de conversão de energia de 60%. O hidrogênio seria armazenado e utilizado em uma combustão com o oxigênio do ar para gerar energia. A eficiência do ciclo de geração de eletricidade, empregada para armazenar o gás e a eletricidade gerada mais tarde, pelo mesmo gás, seria de 35% com parte da energia perdida em forma de calor. Mesmo que, aparentemente, ineficiente, a Siemens enxerga isso como a única forma de armazenar energia na Alemanha.

A maior preocupação, com o uso dessa tecnologia, é o custo elevado da energia usada pelos veículos, por exemplo. O armazenamento de grandes volumes de hidrogênio também apresenta um desafio. Parte do hidrogênio pode ser comprimido e adicionado ao gás natural, que alimenta as turbinas de produção de energia elétrica, reduzindo o uso do gás natural. Contudo, as pequenas moléculas de hidrogênio podem vazar mais facilmente. Por isso, os gasodutos devem ser isolados com um material especial, tal como o Teflon.

### A tecnologia do sal fundido pode armazenar energia térmica.

Apesar de um sistema de sal fundido poder armazenar eletricidade, tal como uma bateria, ele pode também armazenar energia térmica. Em uma estação de geração de energia térmica solar concentrada, o calor é normalmente utilizado para produzir vapor, que então movimenta as turbinas elétricas. Alternativamente, a energia térmica pode ser armazenada por muitas horas pelo aquecimento de um tanque de sal fundido, com isolamento térmico adequado. Quando requerido, o sal fundido fornece o calor para gerar eletricidade. A conversão de energia térmica para elétrica é a mesma, apenas adiado. Não há perdas de eficiência do ciclo de carga e descarga, apenas alguma perda de calor do tanque.

## *Energia Hidroelétrica*

**O potencial da energia hidroelétrica é limitado.**

A energia gerada por usinas hidroelétricas é significante. Ela é competitiva com a energia gerada pelo carvão, gás natural ou energia nuclear, com um valor estimado de US$0,05/kWh. A hidroelétrica não é uma fonte de $CO_2$ e é renovável, extraindo energia do sol e da chuva.

A produção mundial hidroelétrica atinge, em média, 390 GW, suprindo 16% de toda a eletricidade consumida.

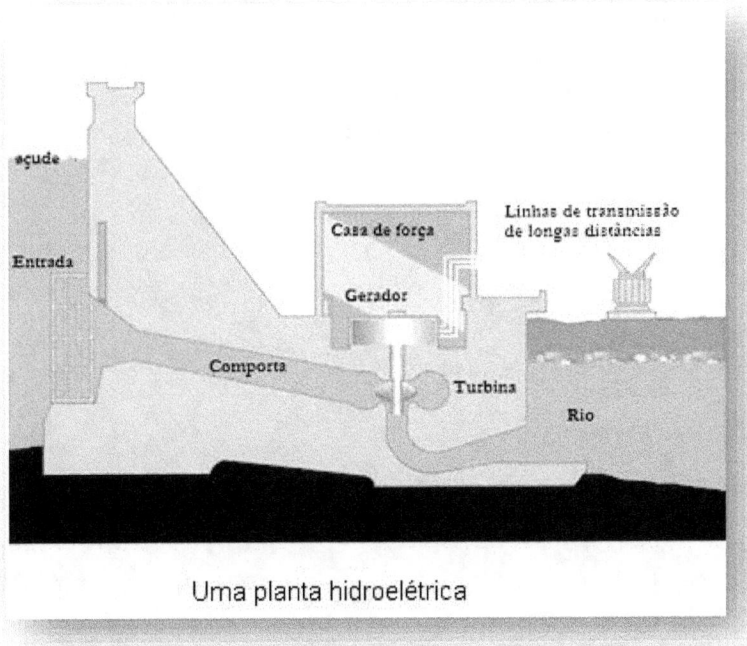

Uma planta hidroelétrica

A produção de energia hidroelétrica é controlável, podendo ser desligada ou diminuída em minutos. Ela produz nenhuma emissão de gás carbono e, logo, ela pode ser um backup para as fontes intermitentes, como a eólica e solar. A usina hidroelétrica de Três

Gargantas localizada no rio Yangtzé, China, é a maior do mundo atualmente, com capacidade máxima de 20 GW.

As áreas em que se podem construir hidroelétricas são limitadas. Entretanto, no mundo inteiro cerca de 100 GW de capacidade hidroelétrica estava em construção em 2012. A construção de usinas desse tipo se torna a cada vez mais difícil, pois o potencial tem um limite. Ademais, existe o impacto ambiental e social na construção de usinas hidroelétricas, com o deslocamento de populações, destruição de florestas e áreas de vida selvagem. Nos EUA, algumas barragens estão sendo desmanteladas para restaurar o curso natural dos rios.

A planejada barragem Grand Inga, localizada na República Democrática do Congo, poderia gerar 39 GW, dobrando a capacidade elétrica da África. A um custo de US\$8 bilhões, ou US\$2/watt, o projeto da obra tem encontrada instabilidade política, o que impede a sua construção. Com exceção da África do Sul, mais industrializada, e dos países mediterrâneos, a África sofre com uma pobreza de eletricidade, menos do que 30 W/capita.

## Conservação de Energia

A conservação de energia e uma melhora na eficiência energética podem liberar energia para ser usada para novos aproveitamentos. Uma redução na demanda de eletricidade pode delongar a construção de novas usinas energéticas. Amory Lovins inventou o conceito de "negawatts", definida como uma forma de "suprir" energia através da conservação e eficiência no uso da eletricidade. Os ganhos na eficiência são beneficiais, não apenas na energia elétrica, mas assim como no transporte, indústria e aplicações comerciais. O gráfico seguinte mostra o melhoramento da eficiência em energia dos EUA.

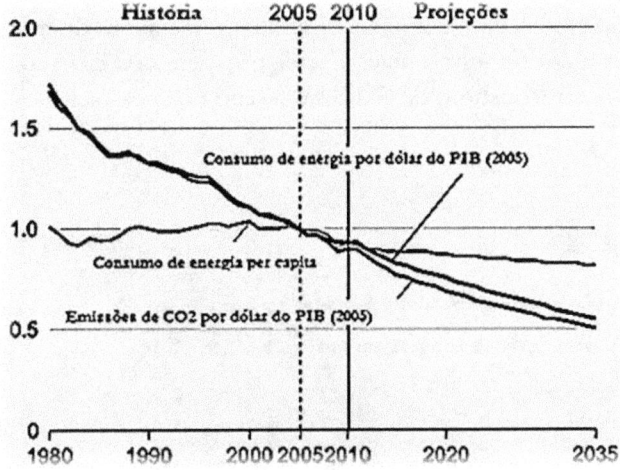

Muitos países possuem planos legislativos no intento de poupar energia, tal como a proibição da venda de lâmpadas incandescentes, em troca de lâmpadas três vezes mais eficientes. A interrupção da venda de lâmpadas incandescentes no mundo inteiro reduziria a demanda por energia em quase 50 bilhões de watts, ou 2,5%. Reaplicando esses "negawatts", isso seria o equivalente à construção de 50 grandes usinas de energia de 1 MW cada. A troca, por exemplo, de refrigeradores velhos por modelos 40% mais eficientes, na Europa, poderia economizar 2 GW de energia elétrica.

# Tório: energia abundante e acessível

Um avanço nos desenhos de edifícios poderia também auxiliar na conservação de energia. Casas com telhados refletivos precisam de 40% menos energia para se refrescarem.

O transporte é o setor de maior uso do petróleo. Contudo, a demanda por veículos está aumentando. A General Motors vende mais veículos na China do que nos EUA, atingindo uma quota de 3 milhões de vendas por ano naquele país. O carro Tata Nano, fabricado na Índia, é um grande sucesso de vendas por lá.

**A conservação e a eficiência energética não são suficientes.**

A conservação de energia através de usos mais eficientes de iluminação e eletrodomésticos pode ajudar, mas esses "negawatts" não são suficientes para resolver o problema do mundo.

Alguns ambientalistas argumentam que podemos resolver o problema do $CO_2$, consumindo menos energia, mas os cálculos feitos não concordam com essa estimativa. As nações do mundo desejam atingir o mesmo nível de vida próspera dos EUA, o que requereria um consumo de 6.000 kWh/ano por pessoa.

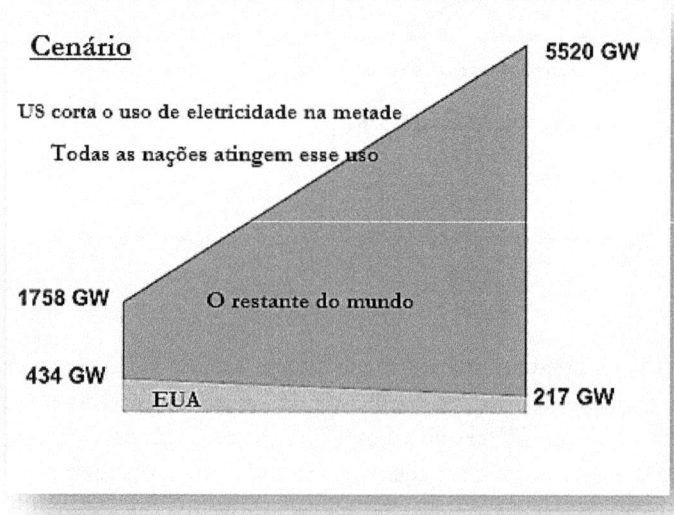

Como ilustra o gráfico, o consumo de energia elétrica triplicará quando a população do mundo atingir a casa dos 9,2 bilhões de habitantes, e os países em desenvolvimento tiverem uma melhoria nas condições de vida dos seus cidadãos. A ilustração mostra o consumo de eletricidade pela metade da taxa dos EUA, 2012.

## A escolha do alimento que consumimos tem um impacto no uso da energia.

O tempo para criar galinhas, porcos e gados, varia, para cada um deles. Portanto, a criação de galinha para o corte requer 50/1000 do total de energia alimentícia para criar um boi. Os humanos vegetarianos consomem menos energia.

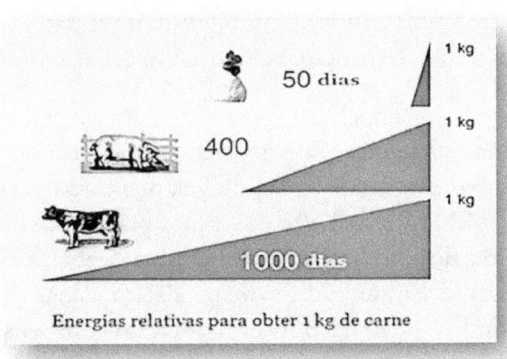

Energias relativas para obter 1 kg de carne

O cientista e ativista anti-$CO_2$, James Hansen, certa vez, frisou:

"Se você come mais alimentos localizados na parte baixa da pirâmide alimentícia, ao invés de consumir animais, os quais produzem muitos gases de aquecimento global e consomem enormes quantidades de energia, você pode, na verdade, estar contribuindo enormemente, da melhor maneira possível. Portanto, em termos de ação individual, talvez isso seja a melhor coisa que se faz."

Vivemos em um mundo onde muitos países em desenvolvimento desejam consumir mais carnes, tais como hambúrgueres, e, assim, aumentar a demanda por energia.

Conclusão, os "negawatts", a partir da conservação de energia e aumento na eficiência energética, serão sobrepujados pela demanda crescente de energia dos países em desenvolvimento.

## Outras Fontes de Eletricidade

O petróleo é muito caro para produzir eletricidade. Com o preço do petróleo cada vez mais alto, o custo da gasolina fica cada vez mais caro. Esse uso do petróleo está sendo substituído pelo uso do gás natural, mas o petróleo é usado para produzir eletricidade em regiões isoladas, tal como o Alasca.

A cogeração de calor e força é prática em comunidades compactas, onde o petróleo pode ser usado para o aquecimento, tal como acontece na Dartmouth College. A primeira usina criada por Edison produzia calor e eletricidade no ano de 1882, em Nova York.

Contudo, a necessidade de água dessalinizada suporta a cogeração de água potável e eletricidade em regiões áridas, tal como na Austrália, no oriente médio ou na África do Norte, onde o petróleo é produzido e prontamente disponível. A cogeração tem modificado o sistema de governo na Arábia Saudita e no Kuwait, onde cada qual tem uma organização governamental chamada de Ministério de Eletricidade e Água.

A dessalinização é um mercado crescente no mundo, produzindo 68 milhões de metros cúbicos por dia de água potável; projetado para crescer ainda mais, para 120 Mm$^3$ em 2020. A maior planta de dessalinização no mundo fica localizada nos Emirados Árabes, onde é produzido 1 Mm$^3$ por dia. Em Grand Cayman existem usinas de dessalinização, produzindo 34.000 m$^3$ por dia, operando com o uso do petróleo.

**A Energia Nuclear pode gerar muito mais eletricidade de maneira limpa e segura.**

A energia nuclear provê 14% da eletricidade gerada no mundo, com 454 reatores estabelecidos. A indústria nuclear tem mais de 15.000 reatores-ano de operação. Os reatores nucleares navais apresentam uma história similar. A energia nuclear é bem compreendida. Em 2012, 63 novos reatores estavam em construção e 163 estavam sendo planejados.

A eletricidade, provinda de reatores nucleares, não causa a liberação de gases que provocam o aquecimento global e não emitem materiais particulados (partículas finas suspensas no ar) nocivos e que causam muitas mortes.

A energia nuclear fornece o meio mais seguro de produzir eletricidade, mesmo considerando Chernobyl e Fukushima.

O combustível de urânio hoje existente é suficiente para manter os reatores operacionais, por décadas, na taxa de consumo atual, mas uma nova tecnologia de tório fornece uma fonte verdadeiramente longa de combustível.

Os lixos nucleares são perigosos, mas podem ser seguramente manipulados e isolados.

O custo da energia nuclear é menor do que o custo dos renováveis tais como eólico e solar, os quais são intermitentes e aleatórios.

Um novo combustível nuclear líquido significa energia ainda mais barata, colocando um fim nas emissões de $CO_2$. Este é o assunto para o resto deste livro.

# Capítulo 5 - Reator Líquido de Tório-Flúor

**Endereçamento de John Kennedy à Comissão de Energia Atômica:**

"O desenvolvimento da energia nuclear civil envolve os interesses nacionais e internacionais dos Estados Unidos. Neste momento, é particularmente importante que as nossas necessidades domésticase os prospectos para energia atômica sejam totalmente compreendidas tanto pelo governo quanto pela indústria atômica em desenvolvimento neste país, o qual está participando significantemente do desenvolvimento da tecnologia nuclear. Especificamente, devemos estender a base dos nossos recursos nacionais de energia para promover o crescimento econômico da nossa Nação. " 17 de março de 1962

**Carta do diretor da Comissão de Energia Atômica ao Presidente Kennedy:**

"Em contraste, as nossas reservas de urânio e tório contêm uma quantidade quase ilimitada **de energia latente** que pode ser explorada mediante o desenvolvimento de reatores reprodutores para converter os materiais férteis, urânio-238 e tório-232, em plutônio-239 e urânio-233, respectivamente. "

"Entre as soluções mais promissoras... está o uso de **combustíveis em forma líquida**, permitindo, assim, extração e reprocessamento contínuo de produtos de fissão...Atualmente, o método mais promissor é o uso de sais fundidos de urânio que podem ser circulados, ambos para os propósitos de reprocessamento e transporte de calor. "

"Enquanto isto, reprodutores de tório e urânio-233 serão, se vigorosamente desenvolvidos, sem dúvidas, algo economicamente viável... a pressão econômica inicial tende a favorecer o ciclo urânio e plutônio mesmo porque o plutônio será um produto imediato dos conversores que constituem a maior parte da energia inicial dos reatores instalados. " – 20 de novembro de 1962 (negritos adicionados)

**A tecnologia RTFL ainda preenche os planos de Kennedy.**

Temos ainda a oportunidade, perdida há mais de 50 anos, de desenvolver uma tecnologia barata, quase ilimitada, que utiliza o tório para gerar energia. A "quantidade quase ilimitada de energia latente", nos minerais de tório, pode prover a civilização com energia por milênios. O "combustível em forma líquida" é a tecnologia chave que, sem dúvidas, se tornará algo economicamente viável.

**Uma explosão supernova criou o urânio e o tório.**

Uma estrela relativamente próxima ao nosso Sol, queimou o seu combustível de hidrogênio, cerca de 5 bilhões de anos atrás, esfriando-se e, então, ao entrar em colapso pelas forças gravitacionais.

O colapso gravitacional comprime os átomos para formar novos elementos, que foram identificados e tabelados. A tabela periódica mostra os elementos urânio e tório.

# Tório: energia abundante e acessível

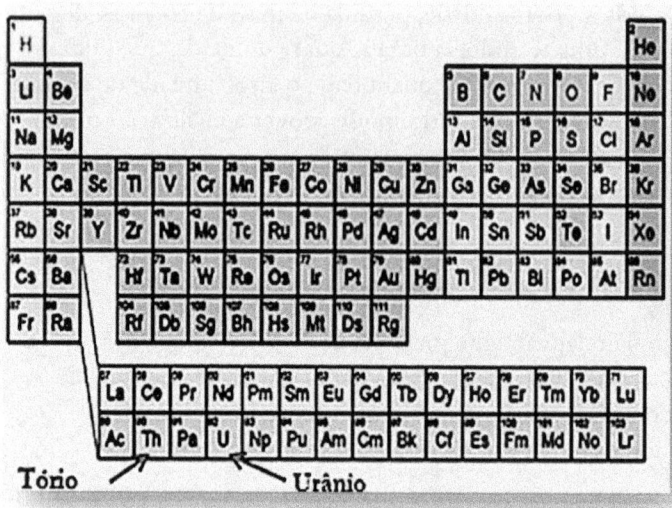

Tório

Urânio

A subsequente explosão de uma supernova causou a expansão desses elementos no espaço, que mais tarde foram capturados durante a coalescência do sistema solar, formando planetas, luas, etc.

A energia, que foi armazenada nos elementos pesados, como o tório e o urânio, por exemplo, pode ser liberada pela fissão nuclear.

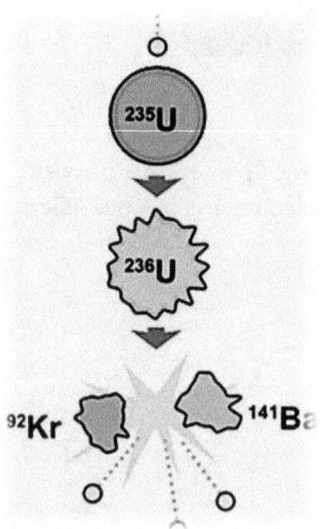

Neste exemplo, vide o esboço, um nêutron impinge sobre um átomo de urânio, formado por 235 prótons e nêutrons. O U-235 torna-se U-236, por um breve instante, e então se divide em críoton e bário e mais três nêutrons. A massa total resultante é de 166 MeV menos do que a massa do original U-235, mais os três nêutrons, liberando, imediatamente, 166 MeV de energia. Mais tarde, um total de cerca de 200 MeV será liberado quando, então, os produtos de cisão instáveis, Kr-92 e Ba-141, decaem.

200 MeV significa 200 milhões de eletro-volts. Um eletro-volt é a energia cinética obtida ou perdida por um elétron atravessando uma diferença de potencial de um volt. Por causa da equivalência de massa e energia, $E = mc^2$, o eletro-volt é também usado como uma unidade de massa.

Um eV é uma avaliação aproximada da energia química potencial de ligação molecular típica. Por exemplo, a energia liberada por molécula, durante a queima de metano ($CH_4$), é de 9,6 eV, ou cerca de 2 eV por átomo. A energia típica de 200 MeV, liberada pela fissão do U-235, é 100 milhões de vezes a mais por átomo do que a queima de metano.

## *Reatores de Água Pressurizada*

**Os reatores nucleares dos EUA, hoje em dia, usam combustível sólido.**

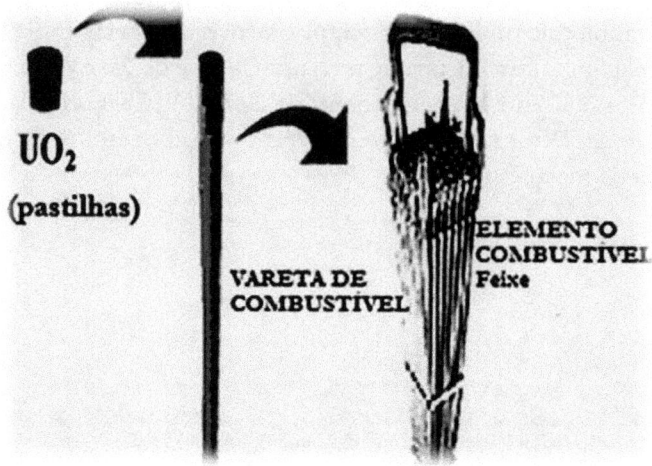

Pastilhas de dióxido de urânio, em barras de combustível e compostas por uma liga de zircônio, são agrupadas em feixes (ou elementos) de combustíveis. As pastilhas de 1 cm de diâmetro são seladas em tubos de zircônios de 4 centímetros de extensão. Os tubos são, então, agrupados e colocados no núcleo do reator. O zircônio absorve alguns elétrons. Esses feixes são colocados no vaso do reator na água sobre pressão de 160 atmosferas para manter o líquido a uma temperatura de 330º C. Essa água quente transfere calor do combustível fissionável para as turbinas de vapor, que acionam um gerador elétrico. Cerca de 25.000 dessas barras mantêm um reator por cerca de 5 anos.

O físico Alvin Weinberg inventou o reator de água pressurizada, PWR (do inglês Pressurized Water Reactor), em 1946, no mesmo ano em que Hyman Rickover foi para a Oak Ridge para estudar se um reator nuclear poderia ser usado para mover um submarino. Weinberg, então, convenceu Rickover que um PWR, compacto e simples, seria a melhor tecnologia para propulsionar uma nave, mesmo quando o próprio Weinberg pesquisava o uso do combustível líquido, diferente do PWR, para o futuro da sociedade.

Rickover, então, estabeleceu o uso da tecnologia PWR na marinha americana.

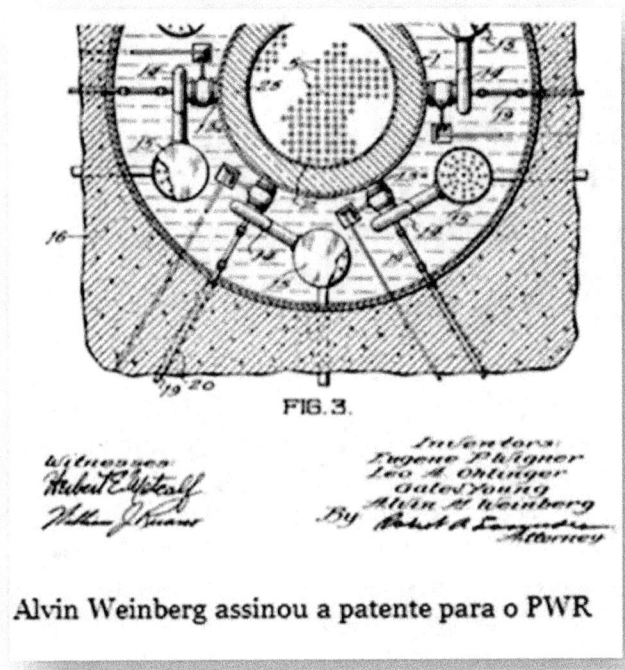

Alvin Weinberg assinou a patente para o PWR

Após o discurso do presidente Eisenhower, em 1953, Átomos para a Paz, Rickover ajudou a produzir o primeiro porta-aviões, utilizando PWR em Shippingport, PA, em 1957. O projeto levou 37 meses. O feito se expandiu para os outros reatores americanos, suplantando as outras tecnologias, incluindo os reatores de combustível líquido. A Westinghouse focalizou na venda do PWR. A GE desenvolveu um reator alternativo, utilizando menor pressão (60 atmosferas), em um reator de água fervente, BWR (na sigla em inglês, "Boiling Water Reactor"). O termo, LWR (Liquid Water Reactor), incorpora ambos, BWR e PWR.

# Tório: energia abundante e acessível

A fissão do urânio produz nêutrons de alta energia e rápidos. Múltiplas colisões de nêutrons com núcleos leves, tal como o hidrogênio, moderam a velocidade e a energia do nêutron e, assim, aumentam a probabilidade de que outro núcleo de U-235 seja fissionado. A fissão de alta energia aquece as barras de combustíveis, os quais aquecem a água, causam uma expansão do volume e reduzem a sua densidade e, com isso, reduzem o seu papel como moderador. Como foi dito, os nêutrons moderados são os que apresentam maior probabilidade de fissionar o núcleo. Quando a água se esfria, acontece o oposto e a taxa de fissão aumenta, porquanto, a moderação aumenta. Como sabemos, água mais fria é mais densa. Esse ciclo mantém o reator no ponto crítico e evita o descontrole da reação (runaway). Todos os reatores dos EUA possuem esse tipo inerente de estabilidade. A água serve como refrigerante, condutor térmico, estabilizador e moderador.

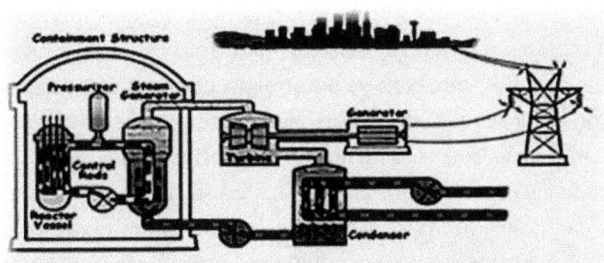

Reator de água pressurizada, c/permutador de calor do gerador de vapor

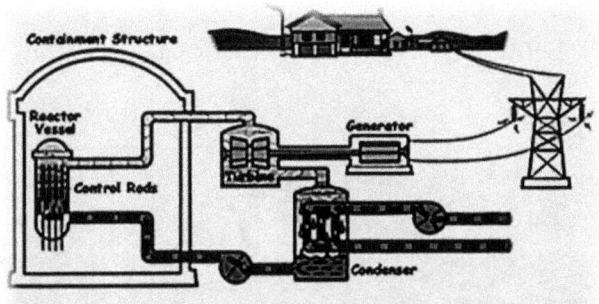

Reator de água em ebulição, c/vapor direto do vaso

## O combustível nuclear sólido limita a produção de energia.

As pastilhas de combustíveis contêm o dióxido de urânio, $UO_2$, com o urânio fissionável U-235, enriquecido a 3,5% ou mais, e o restante sendo o U-238. Após 5 anos de uso, o combustível deve ser trocado; apesar de que o restante ainda contém cerca de 2% de material físsil. O reator é, então, parado por 18 meses, mais ou menos, e um terço das faixas de combustível é trocado. Apesar de que o combustível novo não é muito perigoso, o combustível utilizado, no entanto, fica altamente radiativo por causa dos produtos resultantes da fissão. Durante o reabastecimento, as faixas (tubos montados em faixas) são cuidadosamente removidas por um guindaste, operado remotamente, e mantido debaixo da água, para evitar fusão e proteger o operador.

O combustível sólido limita a quantidade de material físsil, que pode ser colocado nas barras de combustíveis para serem consumidas.

Gases nobres, tais como o crípton e o xênon, se acumulam. Outros produtos da fissão, tal como samário (símbolo Sm e de número atômico igual a 62), também se acumulam e absorvem nêutrons, prevenindo uma reação em cadeia. As diferenças de temperatura exercem uma ação estressante sobre o combustível sólido, assim como a radiação que quebra as ligações covalentes do $UO_2$, e produtos da fissão que perturbam a estrutura cristalina sólida. Enquanto o combustível sólido dilata e distorce, os tubos revestidos de zircônio irradiado devem continuar a conter o material, e todos os produtos da fissão, enquanto ainda no reator e por muitos séculos, quando, depois, devem ir para os depósitos de lixo atômico. Isso limita a quantidade de U-235 que pode ser usado na barra de combustível, até cerca de 4%. A gravura seguinte ilustra o dano no combustível irradiado.

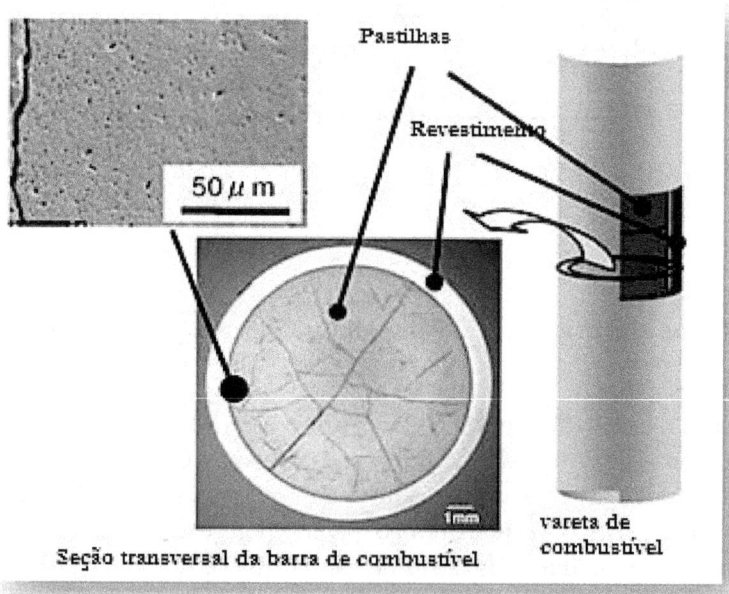

Pastilhas

Revestimento

50 $\mu$ m

1mm

vareta de combustível

Seção transversal da barra de combustível

**As barras de combustíveis desgastados possuem produtos radioativos transurânicos duradouros.**

Os transurânicos são elementos que pertencem à tabela periódica após o urânio (U). O combustível desgastado possui elementos radioativos duradouros tal como o plutônio Pu-239, transmutado quando o núcleo do U-238 absorve nêutrons. Uma porção do plutônio é fissionada, contribuindo por um terço da energia do reator. Todos os transurânicos criados poderiam vir a ser destruídos pelo fluxo de nêutrons, ou por fissão ou transmutação contínua, exceto se o combustível sólido seja removido muito antes disto.

A sobra do combustível consumido também possui os produtos físseis que rapidamente decaem, revertendo ao nível radioativo do mineral de urânio em poucos séculos. Portanto, o armazenamento do resíduo nuclear preocupa por causa da duração prolongada dos transurânicos, os quais poderiam ser consumidos se deixados soba influência do fluxo de nêutrons no reator.

## Reatores Nucleares de Combustível líquido

**Os transurânicos poderiam continuar queimando nos reatores.**

Absorção induzida por nêutrons e mudanças de elementos dos
elementos pela fissão

O combustível líquido não está sujeito às tensões estruturais que
acontecem no reator de combustível sólido. Em um reator de sal
fundido, os transurânicos (plutônio, amerício, cúrio, berquélio…)
podem simplesmente permanecer dissolvidos no combustível de sal
líquido. Nessa condição, os elementos podem absorver nêutrons e
tanto (1) entrar em fissão, liberando energia, ou (2) transmutar-se
em um elemento transurânico mais pesado, um isótopo, e ainda
sujeito a absorver mais nêutrons. Produtos da fissão, como o gás
xênon, podem borbulhar dentro do composto nuclear líquido e
cessar de absorver os nêutrons da reação em cadeia. Outros
produtos, tal como a prata, um metal nobre, podem se precipitar. O
restante pode permanecer no composto nuclear líquido até ser
transmutado ou quimicamente removido.

## Capitulo 5 - Reator Líquido de Tório-Flúor

O reator nuclear de combustível líquido supera as várias desvantagens do reator de combustível sólido. Quando o material físsil está contido em um líquido, não existe um acúmulo de calor, nem tensão induzida, nas pastilhas de $UO_2$ inseridas nas barras de zircônio. Não há zircônio para reagir com a água e liberar hidrogênio de alta temperatura durante uma falha no processo de resfriamento.

A capacidade de transferência de calor de um líquido fluindo, excede a dos sólidos. O material físsil circula, para dentro e para fora do vaso do reator, como necessário. Diferentemente do combustível sólido, que permanece por anos contido dentro do reator, o fluido, contendo o material físsil, serve também como agente de transferência de calor, eliminando, assim, dois estágios de transferência de calor que existe no LWR: (1), na interface das pastilhas de combustíveis com as barras de zircônio e (2), a interface das barras com a água pressurizada no LWR. O combustível líquido permite um processo químico ininterrupto, o qual seria mais difícil de se obter com um combustível sólido.

**Fermi estreou o primeiro reator nuclear de estado líquido.**

Enrico Fermi, físico italiano, criou o primeiro reator nuclear, usando uma pilha de grafite e urânio, na Universidade de Chicago. Fermi também começou o primeiro reator de combustível líquido no mundo, o qual usava sulfato de urânio dissolvido em água como combustível. Assim como no reator sólido, a água que modera a velocidade dos nêutrons expande quando o calor resultante da reação aumenta. Outro inerente problema, com um feedback negativo, surge porque uma porção do combustível, sulfato de urânio, se expande para fora do reator.

Um núcleo de hidrogênio, algumas vezes, absorve um nêutron, prevenindo que esse continue a reação em cadeia. Por isso, um reator, utilizando água, não atinge criticidade completa, a menos que seja enriquecido com urânio além do naturalmente encontrado, 0,7% de abundância isotópica do U-235. Um método de resolver esse problema é usar o deutério, uma forma de hidrogênio que já possui um nêutron extra, encontrado na água pesada, de fórmula $D_2O$, o qual absorve poucos nêutrons. Com isso, os reatores com água pesada podem usar a forma barata de urânio, sem precisar de enriquecimento.

# Tório: energia abundante e acessível

O reator nuclear com água, no Laboratório Nacional de Oak Ridge, forneceu força elétrica de 140kW para a rede durante mil horas. Durante essa operação, o reator removeu, com sucesso, o resultante da reação nuclear, o gás xênon. O controle natural da reação era efetivo, e o desligamento era feito por simplesmente fechar a válvula da turbina do gerador. Esse tipo de reator, porém, não era prático na geração de energia elétrica, visto que requeria temperaturas que excediam a $300^0$ C; a solução de sulfato de urânio possui uma instabilidade de duas fases.

Em 1940, cientistas do laboratório de Cavendish propuseram um reator nuclear de baixa potência, utilizando um pó de óxido de urânio misturado em água. Na década de 1970, cientistas da Holanda experimentaram um reator de 1 MW, utilizando água, que continha partículas de urânio e tório em suspensão. A empresa Babcock & Wilcox está, atualmente, desenvolvendo um reator de água de baixa potência para manufaturar o molibdênio (símbolo Mo), o qual decai em tecnécio-99 (símbolo Tc), usado na medicina nuclear.

## Los Alamos operou um reator de plutônio fundido.

Mais tarde, os laboratórios nacionais dos EUA experimentaram combustíveis de metal líquido. O bismuto derrete a uma temperatura menor do que $300^0$ C e possui seção eficaz baixa para absorver nêutrons. O laboratório de Brookhaven, na década de 50, projetou um reator de metal líquido com o bismuto e urânio em circulação. Esse tipo de combustível líquido tem a vantagem de usar um processo fácil de manipular o combustível e de controlar a criticidade inerente durante a expansão térmica. Contudo, por causa da dificuldade de controlar a corrosão, da baixa capacidade térmica do bismuto e dos requerimentos para enriquecer urânio, os reatores de metal líquido não puderam ser realizados.

Planejando para quando as fontes de U-235 no mundo se esgotarem, o laboratório de Los Alamos desenvolveu um reator de plutônio fundido. Ele tinha um núcleo de plutônio e ferro fundido a uma temperatura de $600^0$C, contido em dedais de tântalo (símbolo Ta) resfriado por sódio líquido. O reator de 1 MW operou no ano de 1961 até 1963.

## Capitulo 5 - Reator Líquido de Tório-Flúor

**Os cientistas do laboratório de Oak Ridge conceberam os reatores de sal fundido.**

Os cientistas do laboratório, Oak Ridge, propuseram a ideia de um reator de combustível fluídico, utilizando o $UF_4$, dissolvido em sais fundidos de flúor. Uma mistura de sais de LiF e $BeF_2$ se torna um fluido em temperaturas abaixo de 360°C. O Li-7 e o Be-9 (lítio e berílio), presentes no sal, mais um moderador de grafite, reduzem a energia cinética dos nêutrons, tornando-os mais efetivos para fissionar o urânio (nêutron lento). A reatividade é mais estável porque a expansão dos sais quentes dilui o moderador e, também, porque remove um pouco do combustível de urânio do núcleo crítico. O sal quente circula e transfere energia térmica para fora do reator. As fortes ligações iônicas dos sais de flúor permanecem estáveis sob radiação em altas temperaturas. Enquanto o gás de flúor é altamente corrosivo, os sais de flúor não são.

Durante a guerra fria, a força aérea dos EUA desejava ter bombardeiros que pudessem continuamente circular por sobre a União Soviética sem ter de reabastecer. Isso a levou a experimentar motores nucleares para impulsionar aeroplanos. A Oak Ridge construiu, em 1954, o primeiro reator de sal de flúor fundido que podia operar por 100 horas na temperatura de até 860°C – bem quente! O reator, que na sigla em inglês se chamava ARE (aircraft reactor experiment), apresentou uma reatividade inerente, estabilidade e capacidade paraajustar automaticamente a potência, sem precisar de barras de controle, conforme o permutador de calor de 2,5 MW do fluxo de ar variava. O vaso de metal e os condutores eram resistentes contra a corrosão.

Esse sucesso levou ao desenho de um reator compacto de 1,4 metros de diâmetro, contendo um núcleo de fluido de $UF_4$, dissolvido em um sal fundido contido em uma esfera metálica de berílio. Ele aquecia um líquido composto de sódio e potássio (NaK) para transferir 200 MW de potência térmica para as turbinas do jato. A esfera do reator gerava 200 MW(t) para aquecer o ar nos motores do jato. Esse projeto foi cancelado antes de ser testado porque um método mais eficiente de reabastecimento aéreo que permitia os bombardeiros a se manterem no ar por longos períodos de tempo foi desenvolvido. Os bombardeiros recebiam suporte dos misseis intercontinentais, situados nos submarinos e em terra.

# Tório: energia abundante e acessível

**O tório é um elemento moderadamente radioativo, e um possível combustível.**

O tório é interessante porque é um elemento mais abundante do que o urânio e pode ser transmutado em urânio em um reator nuclear. O tório é um metal pesado, apresentando uma cor prateada, tão abundante quanto o chumbo, ou quatro vezes mais abundante do que o urânio e 500 vezes mais abundante do que o isótopo físsil U-235. O tório não é muito radioativo porque decai muito lentamente, meia-vida de 14 bilhões de anos, mais ou menos a idade do Universo. Ele decai emitindo partículas alfa em uma sequência resultante de 10 elementos, finalizando no chumbo. Esse processo libera calor. O calor liberado pelo tório, no interior da Terra, é a fonte principal de energia geotérmica. O calor do tório mantém o estado líquido do núcleo de ferro no interior da Terra, onde as correntes de convenção geram o campo geomagnético. O campo magnético desvia as partículas provenientes do Sol, protegendo a vida e a atmosfera da Terra.

**O tório foi inicialmente utilizado como combustível sólido nos reatores.**

Como foi mencionado acima, tório pode se transmutar em urânio, em um reator nuclear, onde nêutrons podem causar uma fissão nuclear, ou serem absorvidos para criar um elemento novo. Em um reator atual de combustível sólido, uma porção do U-238 torna-se U-239. Este decai em neptúnio e, em seguida, em plutônio, via emissão beta. A emissão beta é, na verdade, a ejeção de um elétron ou um pósitron, o antielétron, pelo núcleo. O elemento resultante, o plutônio-239, é físsil, e parte dele é consumida no processo de geração de energia no reator. Próximo ao fim do ciclo de vida do combustível, no reator, LWR, cerca de 1/3 da energia do reator decorre do plutônio-239.

As colunas, na próxima tabela, representam os actinídeos, metais pesados, como tório, protactínio, urânio, neptúnio, plutônio e amerício, rotulados pelas suas respectivas abreviações e número atômico, ou seja, pelo número de prótons presentes no núcleo. As linhas correspondem aos isótopos de cada elemento, rotulados pelo número total de prótons e nêutrons, ou seja, o peso atômico. A seguinte ilustração mostra as mudanças que os elementos passam quando expostos aos nêutrons.

| nucleons | Th 90 | Pa 91 | U 92 | Np 93 | Pu 94 | Am 95 |
|---|---|---|---|---|---|---|
| 241 | | | | | | |
| 240 | | | | | | |
| 239 | | | ↑ → | → | ☼ | |
| 238 | | | ⬭ | | | fértil |
| 237 | | | | | | |
| 236 | | | | | | ☼ fissão |
| 235 | | | ☼ | | | |
| 234 | | | | | | decaimento beta → |
| 233 | | ↑ → | → ☼ | | | ↑ |
| 232 | ⬭ | | | | | absorção de nêutrons |

Semelhantemente ao processo de transmutação, que acontece com o urânio-238, se o tório é colocado em um reator, uma parte do Th-232 contido torna-se Th-233. Este, então, decai em protactínio, Pa-233 e, por sua vez, em U-233, via emissão beta. O U-233 é um material físsil. Relativamente, pouco plutônio é produzido no ciclo de tório porque, para tanto, necessita-se seis nêutrons a mais do que o requerido para o ciclo do urânio. O tório-232 e o urânio-238 são chamados de materiais férteis, porquanto eles podem se transformar em elementos físseis através da absorção de nêutrons e emissão beta.

A combinação de combustíveis, tório e urânio, foi testada no reator nuclear de Shippingport, entre os anos de 1970 e 1982. No fim do experimento, uma análise do processo demonstrou que o reator produziu cerca de 1% mais material físsil do que consumiu. Os alemães desenvolveram um reator de tório, construído entre 1983 e 1989, THTR-300, utilizando esferas do tamanho de uma bola de tênis e resfriado com o gás hélio. Alvin Radkowski fundou a companhia Thorium Power (hoje Lightbridge), e ele desenvolveu barras de combustíveis para usar o tório nos reatores existentes, mas o conceito não foi comercializado. O físico italiano, laureado com o prêmio Nobel, Carlo Rubbia, trabalhando no laboratório da CERN, em Genebra, desenvolveu o conceito de um reator de tório utilizando um acelerador. Desde 1996, a Índia vem operando um reator experimental, denominado Kamini, de 30 kW(t), com o U-

# Tório: energia abundante e acessível

233 sendo obtido por um reator de reprodução rápida, "fast breeder", de 40 MW(t), que produz U-233 quando o tório é irradiado. A estratégia nacional da Índia é produzir 30% da sua energia utilizando o tório por volta de 2050. A China e o Canada estão testando o tório em água pesada, em um reator CANDU, sigla para Canadian Deuterium Uranium.

Todos esses reatores utilizam o combustível sólido.

## O reator de sal fundido explora ainda melhor o potencial do tório.

Ainda em 1943, Eugene Wigner e Alvin Weinberg tinham desenvolvido o reator com água como o primeiro passo para o desenvolvimento de um reator de reprodução, "breeder reactor", utilizando combustível líquido de tório e urânio! Como diretor da Oak Ridge, Alvin Weinberg liderou o desenvolvimento do reator de tório-flúor líquido, convencido de que "o futuro inteiro da humanidade depende" desta "fonte inesgotável de energia".

O ciclo do combustível composto de tório e urânio, indicado abaixo, converte o tório-232 fértil em urânio-233, o qual fissiona e libera energia.

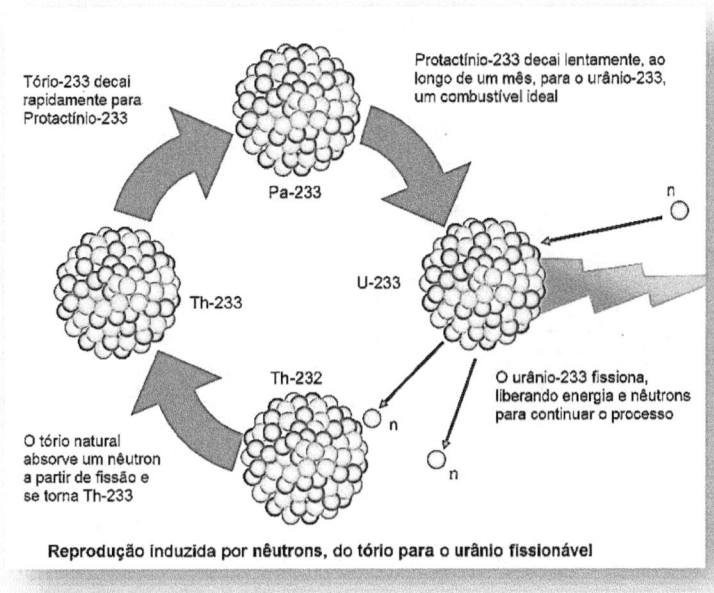

Reprodução induzida por nêutrons, do tório para o urânio fissionável

## O reator experimental de sal fundido da ORNL foi um sucesso.

O reator de sal fundido, na ORNL, surgiu a partir dos experimentos realizados em 1950 com o reator para o uso em aeroplanos. O MSRE, da sigla em inglês "molten salt reactor experiment", operou, com sucesso, durante 4 anos, até 1969. Inicialmente, os cientistas usaram o urânio enriquecido a 33% de U-235. Após seis meses de operação, o urânio foi removido do sal fundido através da exposição deste ao gás de flúor e convertido em UF6, gasoso, a partir do UF4. Os sais de flúor de U-233 foram, então, dissolvidos no sal reciclado e o MSRE demonstrou que o U-233 também era uma fonte viável de energia.

Para simplificar a engenharia e os testes, a etapa de reprodução do combinado Th-232/U-233 foi separada, sendo que o U-233 veio de outros reatores reprodutores de Th-232. Um circuito secundário de sal fundido era aquecido por um permutador de calor, concebido para manter materiais radioativos confinados ao circuito primário. Nenhum gerador de turbina foi anexado. A energia térmica foi dissipada para o ar através de outro permutador de calor, aquecido pelo circuito secundário (limpo) de sal fundido.

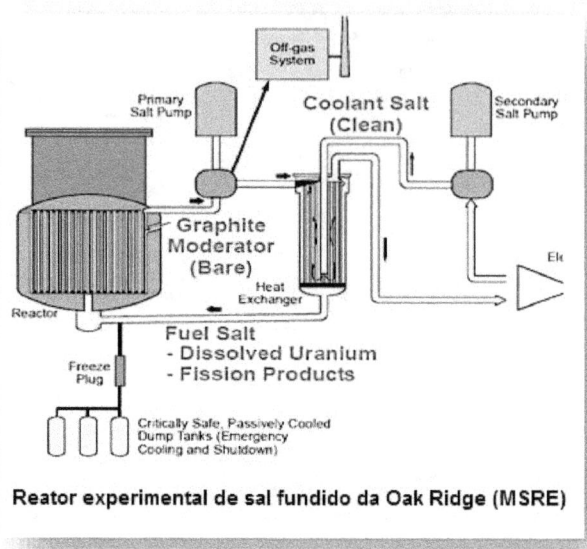

**Reator experimental de sal fundido da Oak Ridge (MSRE)**

O projeto do MSRE foi bem-sucedido. O produto da fissão, o gás xenônio, foi continuamente removido para evitar absorções de nêutrons indesejados. Um abastecimento em linha foi demonstrado ser possível. As estruturas de grafite e o material Hastelloy, resistente à corrosão, para os vasos, tubos e bombas mostraram ser adequado. O Oak Ridge desenvolveu um processo para a separação química de urânio, de tório, e produtos de fissão, nos fluidos de sais de flúor. Por exemplo, para o composto UF4 (em solução) + F2 (gás) → UF6 (gás), borbulhando o gás de flúor, através do sal fundido, poderia remover o urânio físsil produzido, deixando o fluoreto de tório para trás. O MSRE era um reator único de fluido de sal fundido.

O tório pode ser misturado com urânio num reator de um fluido ou em um reator de dois fluidos de sal fundido, com o urânio físsil e tório fértil separado, como ilustrado a seguir.

## O RTFL gera o seu próprio urânio físsil a partir do combustível de tório

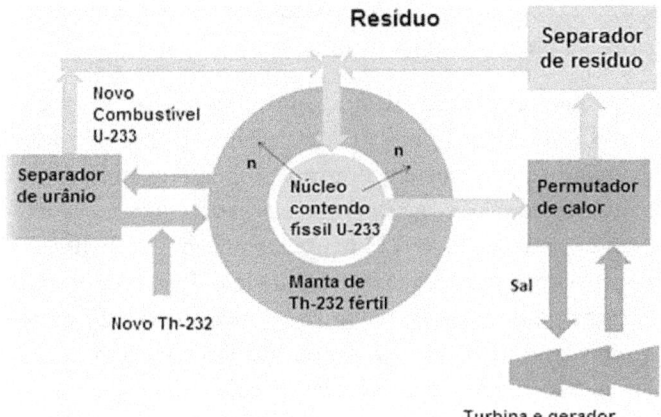

Conceito de um RTFL com dois fluidos

No conceito do RTFL acima, a reação em cadeia, no núcleo físsil, aquece o sal fundido, no qual está dissolvido. O sal fundido aquecido e radioativo flui através de um permutador de calor que transfere a energia térmica para um sal puro e não radioativo. Esse sal, por sua vez, flui para um sistema de conversão de energia para gerar eletricidade. Os produtos residuais da fissão do núcleo de sal são removidos. Alguns nêutrons, originados da fissão do U-233 entram na camada de cobertura (blanket) do núcleo, onde eles convertem o Th-232 em U-233. O U-233 é separado quimicamente e flui para dentro do núcleo do sal, para substituir o U-233, perdido na fissão. Mais Th-232 é adicionado para substituir o que é convertido em U-233. O sal fundido é uma mistura de fluoreto de berílio e fluoreto de lítio (LiF e $BeF_2$), denominado flibe (F3LiBe). Essa é uma mistura eutética, significando que o ponto de fusão (temperatura eutética) da mistura é inferior à do LiF ou do BeF2, considerados separadamente. O composto, LiF + $BeF_2$, funde a 360 ° C; o composto 2LiF + $BeF_2$ funde a 460 ° C e é menos viscoso. A mistura flibe é transparente.

Quando em operação, a reação de fissão aquece o sal fundido a uma temperatura de cerca de 700°C antes de sair do núcleo do reator, passando através de um permutador de calor, e retornando para o núcleo com uma temperatura de cerca de 560 ° C. O permutador de calor transfere a energia térmica para um fluxo de sal fundido que é não radioativo, de modo que o sistema de conversão de energia permanece sem ser afetado pela radiação, para facilitar a manutenção. Esse sal fundido a 620°C aquece um gás (hélio, $CO_2$ ou ar) que move um gerador de turbina.

O sal fundido não ferve a temperaturas inferiores a 1400°C, de modo que o RTFL opera à pressão atmosférica. Ao contrário de um LWR convencional, não existem isótopos radioativos pressurizados que podem ser conduzidos por vapores e escaparem para o meio ambiente em caso de acidente. Os nêutrons provindos de fissão são rápidos, com energias cinéticas perto de 1 MeV. Fissionar o U-233 requer nêutrons mais lentos e menos energéticos, com energias cinéticas por volta de 1 eV. Isto é, aproximadamente, o mesmo que o do movimento térmico das moléculas de sal fundido, de modo que eles são chamados de nêutrons térmicos. A desaceleração dos nêutrons é atingida através de colisões com os átomos leves de Li-7, Be-9, e F-19 no sal fundido, e C-12 em um moderador de grafite.

**Os sais fundidos do RTFL podem ser continuamente reprocessados.**

O fluido duplo de sal do núcleo do RTFL e da manta de cobertura (blanket) pode ser continuamente reprocessado com pequenos sistemas químicos integrados, a cada 10 dias ou mais. Assim, o reator tem apenas alguns dias de excesso de material físsil, e não vários anos como exigido pelo reator convencional LWR. Os produtos de fissão radioativa podem, similarmente, ser removidos do reator em dias, em vez de armazená-los durante anos em hastes de combustível de zircónio-cladeado como nos reatores LWR. Os Reatores de fluidos simples podem evitar processamento químico por muitos anos.

**O separador de urânio move novo U-233 para o núcleo de sal**

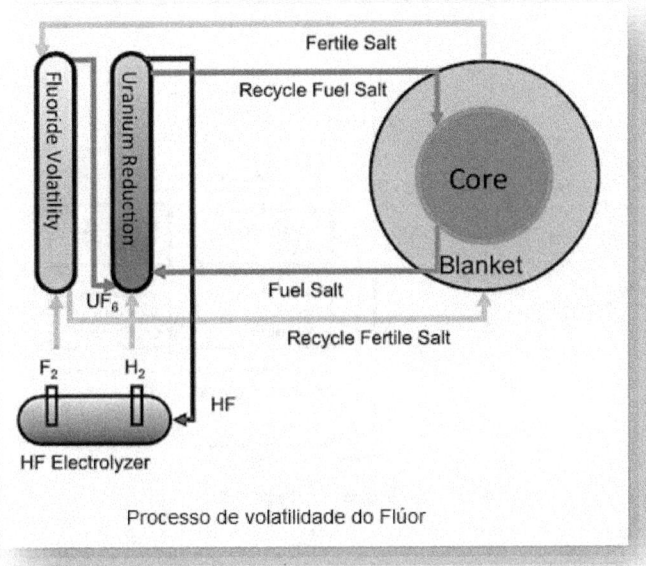

Processo de volatilidade do Flúor

A câmara de cobertura, contendo o sal recém-criado U-233, é exposto ao gás de flúor no vaso de volatilidade de fluoreto, convertendo o fluoreto de urânio dissolvido em hexafluoreto de urânio, assim, $UF_4 + F_2 \rightarrow UF_6$. Esse gás é, então, exposto ao gás hidrogênio, no recipiente de redução, produzindo o urânio U-233, na forma de combustível-sal solúvel, $UF_4$, assim, $UF_6 + H_2 \rightarrow UF_4 + 2HF$. O fluoreto de hidrogênio é separado por eletrólise e utilizado de novo.

## O separador de resíduos utiliza a química e as propriedades físicas.

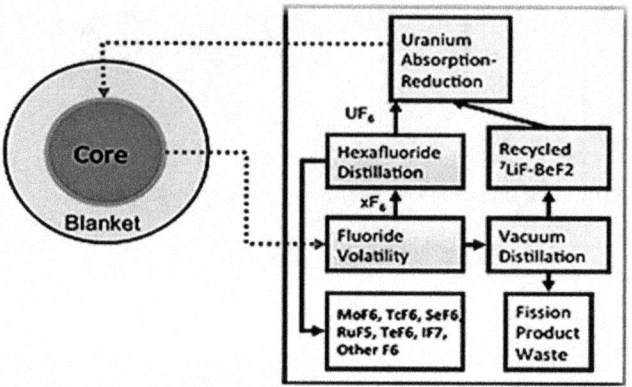

Conceito de separação de resíduos

O ORNL não construiu um separador contínuo de resíduos, tal como ilustrado acima. Além da volatilidade do fluoreto e de outros processos químicos, a destilação pode ser usada para separar fisicamente as moléculas com diferentes pontos de ebulição. A remoção de produtos de fissão do núcleo de sal fundido é complexa, devido à variedade de elementos químicos, que deve ser separada do flibe. Há uma necessidade considerável de engenharia para aperfeiçoar o processo.

## O RTFL apresenta uma segurança intrínseca.

Os convencionais LWR de hoje podem atingir um bom nível de segurança com medidas rigorosas, usando controles de falhas através de múltiplos e independentes sistemas redundantes, mas a segurança do RTFL é inerente e, por isso, pode manter os custos operacionais baixos.

**Pressão**: Os reatores de água leve, LWR, possuem vasos fortes, pressurizados a 160 atmosferas; eles têm grande cúpula de contenção para manter seguro todos os materiais radioativos ejetados por vapor, em caso de um acidente. Em contrapartida, um reator de sal fundido opera à pressão atmosférica, assim, os materiais radioativos não correm o risco de serem dispersos dessa forma.

**Estabilidade**: a geração de energia pelo reator é também inerentemente estável. Se a reatividade aumenta e gera mais calor, parte do sal fundido se expande para fora do núcleo crítico através de tubos onde as reações em cadeia não podem ser sustentadas. A quantidade reduzida de físsil U-233, no núcleo, reduz a reatividade e a geração de calor, mantendo-se o reator estável. Conforme a temperatura sobe, a taxa de fissão de nêutrons também diminui com o aumento da energia dos nêutrons e, dessa forma, mais nêutrons são absorvidos pelo U-238 ou Th-232, contribuindo, assim, para a estabilidade térmica do reator de sal fundido.

**Desligar**: Se uma linha de transmissão elétrica desconecta, de modo que o gerador elétrico e permutador de calor não pode remover o calor gerado, o sal fundido se expande para reduzir a potência, de forma estável.

**Backup de segurança:** O ORNL inventou uma válvula de congelamento – o sal mantido sólido por um ventilador. Se o sistema de controle perder energia ou a temperatura do sal fundido se elevar de alguma forma, a válvula derrete e o sal fundido flui para fora do reator, para um tanque de drenagem, onde a fissão nuclear é impossível de ocorrer.

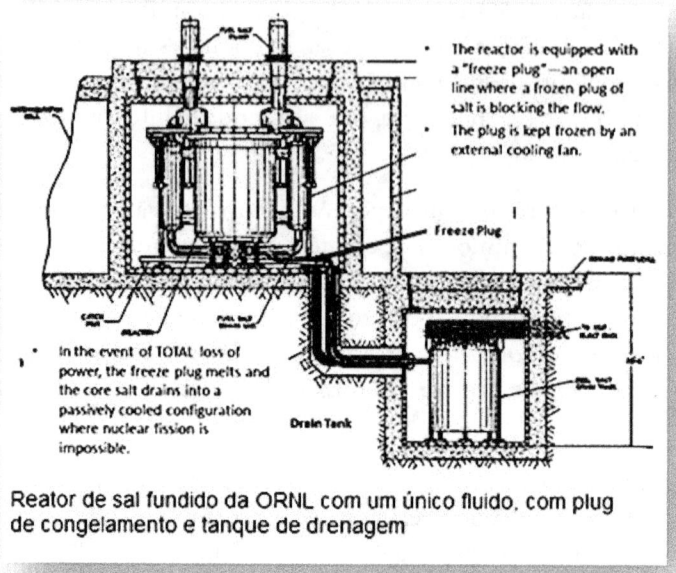

Reator de sal fundido da ORNL com um único fluido, com plug de congelamento e tanque de drenagem

**Derretimento Nuclear**: Um reator de sal fundido não pode atingir "meltdown" porque o núcleo já está fundido, pois é o seu estado normal de operação. Os sais são sólidos à temperatura ambiente, por isso, se qualquer recipiente do reator, bomba ou tubo se romper, os sais vazam e se solidificam.

### O RTFL é mais eficiente em alta temperatura.

A eficiência aumenta quando o calor flui através de uma maior diferença de temperatura. O limite é

$$\text{Eficiência} \leq (TH - TC) / TH$$

em que as temperaturas estão em graus Kelvin, $^0K$ acima do zero absoluto. A temperatura mais elevada do sal fundido, comparada com a da água pressurizada, contribui para o alto coeficiente de eficiência elétrica/térmica. O RTFL opera com segurança em altas temperaturas. O sal permanece líquido abaixo da temperatura de 1400°C; a estrutura de grafite do núcleo interno permanece íntegra mesmo com temperaturas acima disso. A capacidade térmica do sal fundido excede a da água no PWR ou mesmo a do sódio líquido nos LMFBRs, permitindo circuitos termais mais compactos e de baixo custo. Os componentes de níquel, Hastelloy-N, em um circuito de sal fundido para transferência de calor, são os mais qualificados para o uso em temperaturas de $750^0C$.

**O ciclo termodinâmico Brayton para a conversão de calor em trabalho é eficiente e compacto.**

A turbina de gás, utilizando o ciclo Brayton, circuito fechado, com triplo aquecimento, atinge 45% de eficiência na conversão de energia térmica em energia elétrica. Em uma usina nuclear típica, usando o ciclo Rankine, este valor atinge apenas 33%. O mesmo para uma usina de carvão. O fluido utilizado pode ser o gás hélio ou nitrogênio.

O calor rejeitado, no ciclo Brayton, em relação à potência, é de 1,2 (55/45) em vez de 2,0 no ciclo Rankine (67/33). Assim, os requisitos de refrigeração são quase a metade, reduzindo os custos de uma torre de resfriamento, para a evaporação da água ou para aquecer a água retirada de rios, de lagos ou do mar. A maquinaria para manter um ciclo compacto Brayton, um quarto da massa de uma máquina de vapor, indica uma redução no custo do reator.

A turbina supercrítica de $CO_2$ é outra tecnologia emergente que pode também levar a um sistema ainda mais compacto e menos caro para a conversão de energia nos RTFLs.

**A alta temperatura do RTFL permite o uso de ar seco para arrefecimento.**

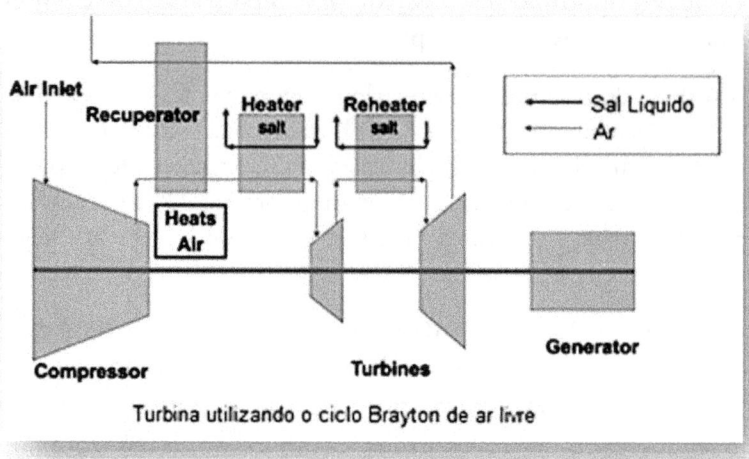

Turbina utilizando o ciclo Brayton de ar livre

O sal fundido a 700°C, no RTFL, pode ser usado para aquecer o ar comprimido em uma turbina similar a um motor a jato de uma aeronave, não aquecido pela queima do combustível, mas pelo calor provindo do sal fundido. Reatores refrigerados a ar serão práticos em regiões áridas ou onde a água é escassa. Na gravura acima, o recuperador, o aquecedor e o aquecedor secundário transferem calor do sal fundido do reator para o ar comprimido que então é usado para mover os geradores e turbinas. A eficiência elétrica/térmica de 40% é um pouco menor do que a de 45% na versão do ciclo triplo de reaquecimento fechado.

**A administração Nixon descontinuou o desenvolvimento do RTFL.**

Weinberg tinha inventado o PWR, usado pela Marinha, mas levantou preocupações sobre a sua segurança com relação ao reator de sal fundido, criando uma disputa com o vice-diretor da AEC, Milton Shaw. Shaw, um protegido de Rickover, de mentalidade exclusivista, baseava-se em procedimentos bem documentados e disciplina administrativa naval para gerenciar. O projeto da Oak Ridge foi cancelado, a administração Nixon decidiu financiar apenas o LMFBR, de combustível sólido (Reator reprodutor rápido, arrefecido por líquido de metal de sódio). Esse reator produzia plutônio-239 mais rapidamente do que o RTFL produzia urânio-233. Weinberg defendeu o projeto do tório, o RTFL, e argumentou contra a segurança relativa do LWR. Weinberg foi demitido, o financiamento foi cancelado, brevemente restaurado em 1974, e, finalmente, terminado em 1976.

O gerente do projeto da ORNL, Paul Haubenreich, então aposentado, relata: "Milton Shaw ...estava trabalhando para Rickover, a Marinha ainda estava perseguindo o reator refrigerado a sódio, que foi utilizado no submarino Seawolf, e o reator pressurizado de água, que foi utilizado no Náutilos. E, assim, no final dos anos 60, Shaw ainda tinha em mente que o reator refrigerado a sódio, que era o tipo de reator EBR-I (na sigla em inglês, Breeder Reactor Experimental I), em Idaho, ainda era viável, mas precisava de mais dinheiro para desenvolvê-lo, e, então, ele disse: 'bem, podemos obter algum dinheiro se fecharmos o programa de reator de sal fundido ", e, tanto quanto eu sei, isso foi ideia dele e o reator reprodutor rápido persistiu por muito tempo, como você sabe. "

Mais tarde, Weinberg disse: "Foi uma tecnologia de sucesso que foi abandonada, porque ela era muito diferente da ala principal de desenvolvimento".

Weinberg credita o conceito de dissolver o fluoreto de urânio em sais fundidos aos seus colegas Ray Briant, Ed Bettis e Vince Calkins. O desenvolvimento do reator de tório-flúor líquido exige uma profunda expertise em química, e a tecnologia do combustível líquido é alheio a muitos engenheiros hoje. Essa é a razão pela qual os RTFLs são chamados de reatores dos químicos.

Uma motivação para desenvolver os reatores, RTFL e LMFBR, foi a preocupação com as reservas de urânio. Subsequentemente, novas reservas minerais de urânio foram encontradas e o interesse por reatores de reprodução (breeder), tal como o RTFL, enfraqueceu. Devemos lembrar que o urânio-233 tem uma escassez de 0,7% e um processo de enriquecimento muito caro. Três reatores rápidos foram construídos nos laboratórios nacionais; a usina de Fermi em Detroit foi o primeiro reator comercial, seguido pela usina de Clinch River, o qual nunca entrou em funcionamento. Não existe qualquer LMFBR funcionando nos EUA.

# Tório: energia abundante e acessível

A expansão nuclear diminuiu após o acidente com o reator Three Miles Island em Chernobyl. Com os estoques atingindo valores baixos, os investimentos foram se enfraquecendo. O ativismo antinuclear foi capaz de paralisar ou interromper novas construções, aumentando os custos de financiamento. Desde 1980, as emissões globais de $CO_2$ pela queima de carvão aumentaram de 6,6 para 12 milhões de toneladas por ano.

# As Vantagens e a Flexibilidade dos Reatores de Tório-Flúor Líquido

## Os Reatores de Tório flúor líquido podem começar com o U-233, U-235 ou Pu-239

Um reator de tório de 100 MW requer 100 kg de material físsil para iniciar uma reação em cadeia e um fluxo de nêutrons para converter Th-232, fértil, em U-233, físsil. O urânio-233 pode dar a partida no RTFL, mas o isótopo não é encontrado na natureza, pois tem uma meia-vida de 159.000 anos apenas, muito curto comparado com o tempo de criação em uma supernova, aproximadamente, 5 bilhões de anos atrás. O governo americano possui mais de 500 kg de U-233, o qual poderia ser usado para principiar um novo experimento com o reator de tório-flúor líquido. Infelizmente, o departamento de energia dos EUA prefere destruir o ativo, diluindo-o com U-238 e enterrando o material a um custo muito alto.

É possível projetar um RTFL que utiliza o U-235, enriquecido a 20%, para iniciar a reação, pois esse combustível contém 80% de U-238. No início, ele produziria transurânicos radioativos de longa meia-vida, tal como o plutônio.

Com um desenho diferente do RTFL, o plutônio-239 pode ser outro possível gatilho nuclear, que pode ser obtido das barras de combustíveis consumidos no RTFL. Todos os transurânicos problemáticos (neptúnio, plutônio, amerício e califórnio) podem ser usados também para o mesmo propósito. O mundo inteiro possui 340.000 toneladas de sobras de combustível, contendo 3.400 toneladas de plutônio físsil, suficiente para dar a partida em um RTFL de 100 MW, a cada dia, pelos próximos 93 anos.

## Os reatores de sais fundidos rápidos podem converter os resíduos do LWR em U-233 para os RTFLs.

O benefício duplo de usar o RTFL seria fazer o U-233 a partir do plutônio e a partir das sobras do combustível consumido no PWR. Essa técnica pode tanto destruir os materiais radiotóxicos de longa vida-média em resíduos nucleares como ser usado para dar a partida em uma frota de RTFL.

Em 1944, os cientistas do Projeto Manhattan descobriram que o Pu-239, que eles criaram para produzir armas nucleares, também continha Pu-240, que espontaneamente fissiona, podendo causar uma detonação prematura da bomba. Para evitar isto, Wigner concebeu um reator que fissionava o plutônio, ao invés de urânio. Os nêutrons de fissão do plutônio podiam converter uma camada de Th-232 em U-233, para usar em armas nucleares. O reator não foi construído porque Robert Oppenheimer conseguiu construir o dispositivo esférico de implosão que comprime o plutônio, rápido o suficiente para gerar uma reação em cadeia, sem o fiasco da detonação prematura.

Podemos usar essa ideia de conversão hoje. Um reator de plutônio, para transmutar tório em urânio, pode ser um reator que utiliza cloreto líquido rápido (LCFR) – um primo do reator de tório flúor líquido. O LCFR é melhor para manter mais plutônio em solução, e é "rápido", portanto, mais nêutrons fissionam o plutônio do que são absorvidos por ele. Sais comuns, tais como NaCl e KCl, podem ser usados. Nêutrons em excesso podem transmutar uma camada de Th-232 em U-233, usado para iniciar o RTFL. Uma usina de 1 GW LCFR poderia gerar cerca de 1 tonelada de U-233 por ano.

O Departamento de Defesa dos EUA tem uma quantidade em excesso de plutônio para bombas, que deve ser eliminada. Os EUA e a Rússia acertaram, por tratado assinado, dispor de apenas 34 toneladas de plutônio, cada um, até 2014. O plano atual dos EUA é misturar o Pu-239 com $UO_2$ para fazer as hastes de combustível MOX (óxido misto) para o LWR. Esse projeto está atrasado e as empresas nucleares estão resistindo em queimar combustível MOX. Em vez disso, os LCFRs poderiam consumir esse plutônio em excesso.

**Os reatores de fusão, algum dia, poderão produzir U-233.**

Além da disponibilidade do plutônio, uma fonte de U-233, para ser usada no arranque de reatores, poderia vir, no futuro, de um reator híbrido de fissão-fusão, outro interesse de Ralph Moir. Tal reator poderia produzir 8 toneladas de U-233 a cada ano. Um reator reprodutivo de fusão, com uma camada de sal fundido, poderia fornecer o material físsil de arranque, U-233, para 2 ou 4 RTFLs, anualmente, de potência equivalente, ou poderia fornecer material suficiente para 19 DMSRs, de potência, também, equivalente. Discutiremos sobre o DMSR mais adiante. Tal urânio produzido por reações de fissão pode conter 5% de U 232, cujo decaimento produz subprodutos que tornam o urânio altamente resistente à proliferação, o que também discutiremos mais adiante.

**Uma mão cheia de tório pode suprir uma vida inteira de energia.**

Apenas 100 gramas de tório podem fornecer toda a energia que um ser humano precisa em toda a sua vida. O RTFL pode queimar 100% do tório utilizado, enquanto um LWR queima menos de 1% de urânio extraído. E, o tório é três vezes mais abundante.

Usando um RTFL, uma bola de tório, pesando uma tonelada, pode gerar 1GW de força por um ano, energia suficiente para operar uma cidade. O custo de energia seria menos do que US300.000.

**Empregando o RTFL, a energia gerada pelo tório seria quase inesgotável.**

A crosta terrestre contém cerca de 12 partes por milhão de tório, distribuído pelo mundo todo, com grandes reservas conhecidas nos

# Tório: energia abundante e acessível

EUA, Brasil, Austrália, Turquia e Índia. Os minérios de tório são insolúveis em água e permanecem onde depositados pela geologia. O tório é encontrado, frequentemente, com elementos quimicamente semelhantes, conhecidos como terras raras. A Associação Mundial Nuclear estima as reservas mundiais serem em torno de 2 milhões de toneladas. Atualmente, o tório é subproduto, considerado um incômodo da mineração da terra rara.

3.752t de tório no deserto dos EUA

268 mil toneladas de tório em Lemhi Pass

Em média, a crosta terrestre contém 26 gramas de tório por metro cúbico. Um reator de tório pode usar 26 g de tório para gerar mais de 250.000 kWh de eletricidade a um preço muito baixo.

Suponha que toda a energia, usada pelo mundo inteiro, venha a partir do uso do tório apenas. O mundo consome cerca de 500 quatrilhões por ano - cerca de 500 EJ (exajoules) = 500.000.000 GJ.

A energia que vem de tório em um RTFL é de 80 GJ/g, de modo que a demanda mundial seria de 500.000.000/80 g por ano, ou 6.250 toneladas/ano. A estimativa conservadora da Associação Nuclear Mundial, sobre a reserva de 2 milhões de toneladas de tório no mundo, sugere uma fonte suficiente para 300 anos.

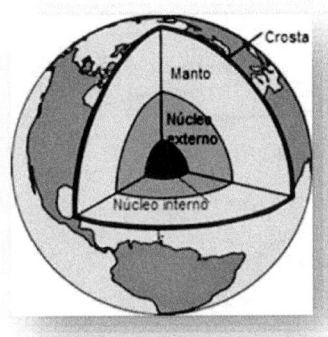

Após 300 anos, a humanidade poderia extrair o minério de tório distribuído em toda a crosta da Terra, que contém 12 partes por milhão. A obtenção de, por exemplo, 6.250 toneladas de tório exigiria a mineração de 500 milhões de toneladas de material por ano. Em comparação, a mineração de carvão no mundo inteiro é de 8.000 milhões de toneladas por ano, com reservas avaliadas em de cerca de 150 anos para o uso. A crosta continental da Terra contém mais de 4.000 gigas toneladas de tório, quase o suficiente para um milhão de anos de geração de energia.

**O RTFL produz <1% dos resíduos radiotóxicos de longa vida do LWR.**

O RTFL reduz os problemas de armazenamento dos resíduos nucleares, que, normalmente, levam milhões de anos para se dissiparem, para algumas centenas de anos apenas. A toxicidade dos resíduos nucleares surge de duas fontes: os produtos altamente radioativos de fissão, e os actinídeos de longa vida que surgem da absorção de nêutrons. Os reatores de tório e urânio produzem essencialmente os mesmos produtos de fissão com a radiotoxicidade caindo em 500 anos, para um nível abaixo até mesmo do urânio natural.

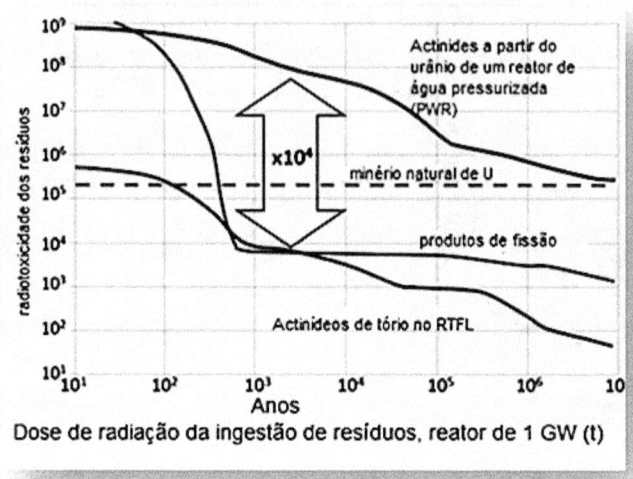

Dose de radiação da ingestão de resíduos, reator de 1 GW (t)

Ademais, o RFTL produz muito menos actinídeos transurânicos porque o Th-232 requer 7 nêutrons para fazer Pu-239, enquanto o U-238 requer apenas um nêutron. Depois de 300 anos, a radiação dos resíduos do RTFL seria 10.000 vezes menor do que a radiação dos resíduos do LWR. Os processos químicos de separação não são perfeitos, portanto, uma quantidade de 0,1% dos transurânicos pode escapar através do separador de resíduos. A radiotoxicidade dos resíduos do RTFL seria 1/1000 da radiotoxicidade dos resíduos do PWR, por exemplo. Com isso, os repositórios geológicos seriam bem menores.

**O RTFL de fluido único possui um sistema de encanamento mais simples.**

O RTFL, com fluido único, contém tanto o Th-232 quanto o U-233, dissolvidos no mesmo sal fundido. Não há uma camada reprodutiva separada.

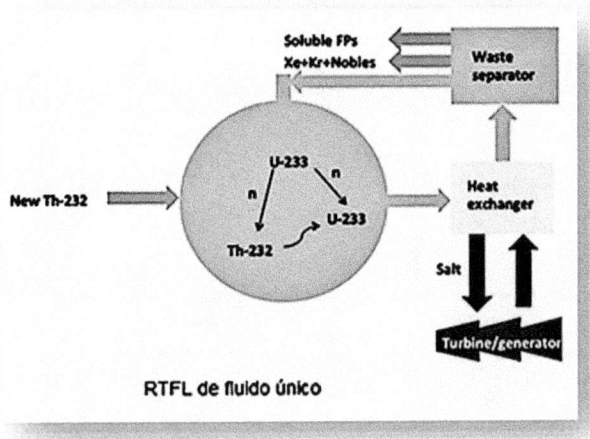

RTFL de fluido único

O diagrama ilustra alguns nêutrons, fissionando os átomos de U-233 e outros nêutrons sendo absorvidos pelo Th-232, que, eventualmente, decai em U-233. Não há necessidade de uma instalação externa de um processo químico para a separação de urânio. Os metais nobres e os gases nobres podem ser fisicamente removidos. A dificuldade está na concepção do separador de resíduos para os produtos de fissão que são quimicamente semelhantes ao tório. Se um separador de resíduos puder ser aperfeiçoado, talvez, com base, tanto nas propriedades físicas como químicas, então um reator de fluido único seria interessante.

Os reatores ARE e MSRE, da ORNL, foram de fluido único, mas não reproduziram urânio a partir do tório. Os reatores de sais fundidos (MSR, na sigla em inglês) podem ser concebidos para utilizarem uma ampla variedade de materiais combustíveis. O RTFL de dois fluidos utiliza tório através do ciclo de Th-232/U-233. Os reatores de sal fundido rápidos podem consumir plutônio e outros transurânicos residuais do LWR. O MSR desnaturado utiliza uma mistura de tório e urânio enriquecido.

### Reator Desnaturado de Sal Fundido (DMSR)

O reator desnaturado de sal fundido (DSMR, sigla em inglês) é um reator de fluido único. Urânio e tório são dissolvidos no sal fundido. O termo "desnaturado" significa que o U-235 é diluído com pelo menos 80% de U-238, de modo que o urânio é inadequado para bombas.

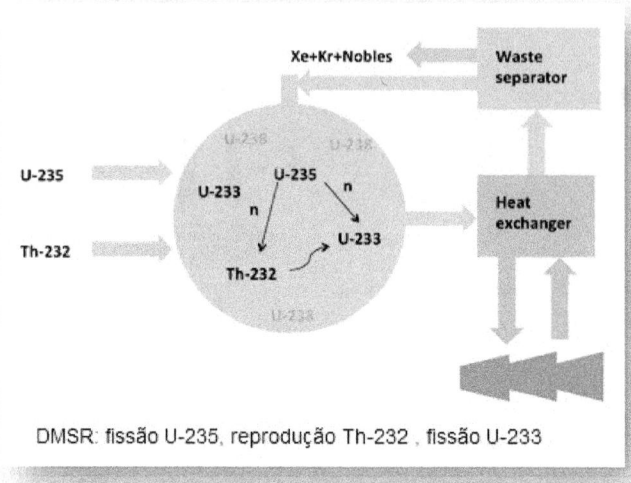

DMSR: fissão U-235, reprodução Th-232 , fissão U-233

O DMSR é iniciado com o U-235. Os nêutrons, resultantes da fissão, podem continuar a reação em cadeia através da interação com um núcleo de um átomo de urânio, ou podem ser absorvidos por um núcleo de Th-232 e, em seguida, decair (Pa-233 a) para o elemento U-233. Tudo isso acontece dentro do sal fundido. Dos produtos da fissão, os gases nobres e metais nobres, ou quase nobres, são removidos por processos físicos. Os restantes dos elementos de fissão tornam-se fluoretos, que permanecem dissolvidos no sal fundido durante até 30 anos.

**O Combustível do DMSR é um aditivo contendo 75% tório e 25% urânio.**

O núcleo de sal fundido do reator contém Th-232, U-233, U-235 e U-238. O elemento U-238, abundante na mistura, absorve suficientes nêutrons (tornando-se Pu-239) para que o processo não se torne autossustentável. Por conseguinte, mais U-235 deve ser continuamente adicionado ao núcleo de sal fundido, juntamente com o Th-232. O modelo de DMSR, concebido por Moir e Teller, tem uma taxa de conversão de 0,75, o que significa que 75% do material físsil é U-233, convertido a partir do Th-232 que foi suprido, e os outros 25% são a partir do U-235, que também deve ser adicionado de forma contínua. David LeBlanc e os modelos iniciais do ORNL propõem uma mistura de 80% de Th-232 e 20% de U-235.

## O sal combustível do DMSR pode ser reprocessado após 30 anos

O separador de resíduos do DMSR, utilizando a tecnologia de difusão de hélio, demonstrada no ORNL, remove alguns dos produtos de fissão não reativos, nomeadamente os gases nobres (xênon e crípton) que borbulham para fora do sal. Os dados, a seguir, foram extraídos do projeto do DMSR, realizado no ORNL, de 1 GW de capacidade. Os dados mostram um inventário de alguns isótopos, no início e 30 anos mais tarde.

| Material físsil e fértil do DMSR | | |
|---|---|---|
| Isótopo | Início, kg | Final, kg |
| Th-232 | 110.000 | 92.900 |
| U-233 | 0 | 1.910 |
| U-235 | 3450 | 1250 |
| U-238 | 14000 | 28600 |
| Pu-239 | 0 | 231 |
| Outro Plutônio | 0 | 505 |

A maioria dos produtos da fissão torna-se sais de fluoreto e permanece dissolvida no sal fundido. Sem um tratamento químico, o DMSR acumula fluoretos de produtos radioativos de fissão no sal fundido, perdurando por 30 anos.

No entanto, o sal pode ser reprocessado numa instalação química, para extrair o valioso urânio a ser reutilizado. Após então, o que é deixado no sal são os produtos de fissão dissolvidos, plutônio, e outros actinídeos. Possivelmente, o também valioso sal flibe pode ser extraído para a reutilização. Os actinídeos restantes e os produtos de fissão serão preparados para serem estocados. O flibe recuperado e o urânio podem ser utilizados para reiniciar o DMSR, com adição de urânio de enriquecimento baixo (LEU, na sigla em inglês) e tório.

Alternativamente, o reprocessamento pode ser evitado e o sal, incluindo tório, urânio e transurânicos na composição , pode ser estocado como resíduo. O DMSR pode ser recarregado com um novo flibe, tório e urânio de enriquecimento baixo e operado por outro ciclo do combustível.

**A eletricidade, produzida pelo DMSR, seria mais barata do que a produzida por carvão.**

Em comparação com o RTFL de dois fluidos, o DMSR tem apenas um único fluido de sal fundido, ambos contendo materiais físseis e férteis, e, assim, o DMSR deve ter um custo de capital mais baixo ainda.

Ao contrário do RTFL, que funciona inteiramente com o abundante tório, o DMSR exige algum uso de combustível físsil U-235, mais oneroso, porém usa apenas 1/4 do U-235 de um LWR comum. O preço atual do urânio é cerca de US$100/kg, mas a um preço mais elevado, como por exemplo $1000/kg, torna-se econômico separar o $UO_2$ dissolvido em água do mar, que apresenta ter 3 mg/tonelada desse composto. Nesse valor para o urânio, o DMSR forneceria eletricidade a um custo de US$0,5 centavos/kWh.

**O DMSR pode reciclar o combustível usado do LWR.**

Per Peterson Berkeley, da Universidade da Califórnia, pensa que o DMSR também fornece uma tecnologia simples, de baixo custo, para reciclar o combustível usado pelo LWR. A haste de combustível, incluindo o seu revestimento de zircônio, pode ser convertida em um sal de fluoreto através do uso de fluoreto de hidrogênio (HF). O zircônio se tornaria parte do composto salino fundido, $ZrF_4$-NaF, como foi usado inicialmente pelo ORNL. O processo volátil do fluoreto pode remover o urânio, deixando o plutônio e outros actinídeos como combustível para o DMSR.

Se for projetado para usar dois fluidos, tal DMSR pode reproduzir Th-232 em U-233, que pode, por sua vez, ser usado para iniciar um RTFL de dois fluidos, operando completamente com tório.

O processo mais simples de lidar com o combustível usado pelo DMSR seria descarregar o sal esgotado como lixo e recarregar um sal fresco, procedente do combustível usado pelo LWR.

**O Reator Desnaturado de Sal Fundido será o primeiro a ser comercializado.**

O DMSR, provavelmente, será o primeiro reator de tório a entrar no mercado, pelas seguintes razões:

1.  O DMSR tem um processamento mínimo de combustível, exigindo apenas a remoção do gás nobre xênon e de placas de metais nobres.

2.  Nenhuma camada estrutural de limitação é necessária entre o sal de combustível físsil e uma camada de sal fértil como no RTFL.

3.  Exige menos investimento em Pesquisa e Desenvolvimento (P&D) antes da comercialização .

4.  O P&D sobre o reprocessamento do sal, no fim do seu ciclo, pode ocorrer, em paralelo, durante 30 anos de operação comercial do DMSR.

5.  O urânio de baixo enriquecimento (LEU, na sigla em inglês) usado no DMSR, é compatível com os requisitos atuais de licenciamentos.

6.  Utilizando apenas um quarto da quantidade de urânio do LWR, o combustível do DMSR estará disponível por séculos.

7.  O DMSR é altamente resistente à proliferação, mais do que qualquer outra tecnologia nuclear.

8.  O DMSR é menos dispendioso do que o RTFL, pois tem menos componentes.

9.  O DMSR pode tornar a energia mais barata, mais cedo, do que a do carvão, alcançar os benefícios também mais cedo.

O uso do DMSR, ao invés do RTFL de dois fluidos, renuncia seguintes aos benefícios:

- O material físsil não precisa de ser transportado para ou do RTFL após a partida;
- O RTFL, usando 100% tório, elimina a necessidade ou o pretexto para enriquecer o urânio;
- A disponibilidade de tório no mundo inteiro gera uma segurança energética para todas as nações;
- O tório, como combustível, durará por milhares de anos.

# *Reator de sal fundido resfriado por um leito de seixos esféricos*

**PB-AHTR é um reator de combustível sólido.**

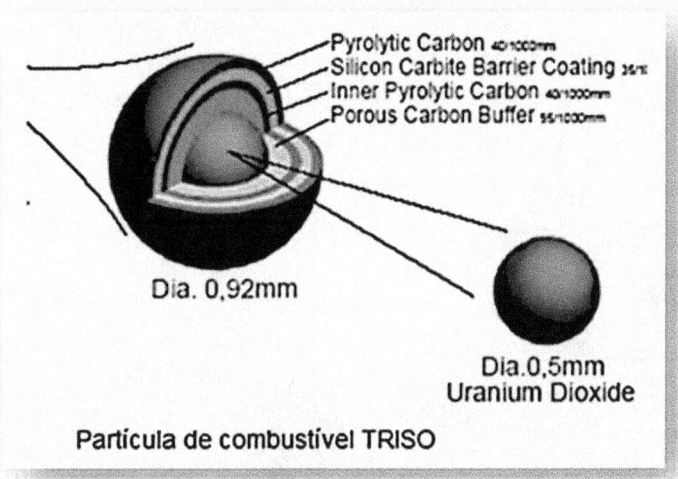

Partícula de combustível TRISO

O reator avançado de leito de esferas (ou também, seixos) de alta temperatura (PB-AHTR, na sigla em inglês), usa um combustível sólido. Contudo, esse combustível é, em formato esférico, diferente da barra de combustível, usado no LWR. Um leito com essas esferas forma uma massa crítica que gera calor, conduzido por um arrefecedor de sal fundido. As esferas contêm milhares de partículas de urânio do tamanho de partículas de areia.

# Tório: energia abundante e acessível

Essas partículas de urânio, revestidas com três camadas de barreira impermeável, são a tecnologia chave que contém tanto o combustível como os produtos de fissão. A camada porosa amortecedora de carbono fornece moderação e um lugar para reter os gases resultantes da fissão. As três camadas impermeáveis sucessivas fornecem uma tripla contenção redundante para todos os materiais radioativos. As três camadas redundantes (carbono pirolítico, carboneto de silício e, novamente, carbono pirolítico) mantêm a sua integridade estrutural a temperaturas superiores a 1600 °C. Essas partículas, chamadas TRISO (combustíveis tri isotrópicos), possuem três camadas de isolamento.

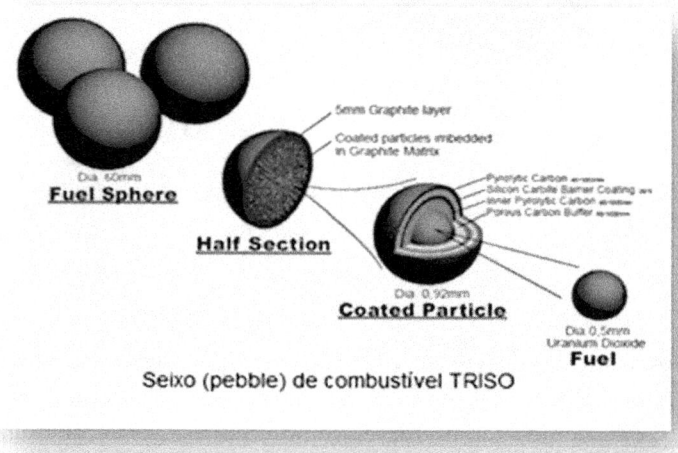

Seixo (pebble) de combustível TRISO

Mais de 10000 partículas de TRISO são incorporadas em uma esfera do tamanho de uma bola de bilhar.

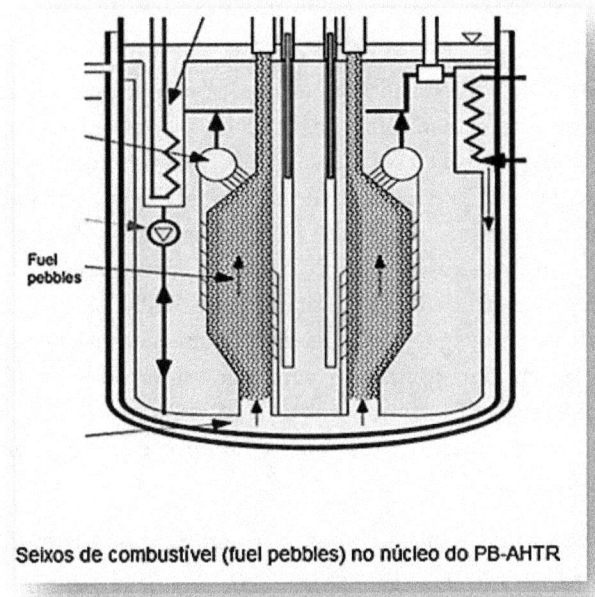

**Seixos de combustível (fuel pebbles) no núcleo do PB-AHTR**

Milhares dessas esferas de combustível, chamadas TRISO, formam o leito de esferas que alcançam uma massa crítica do urânio.

As esferas de combustível são agrupadas compactamente em um recipiente longo de formato toroidal. Uma seção transversal é mostrada na figura. As esferas são arrefecidas pelo sal fundido, que flui através de um permutador isolado de calor, representado por uma linha em ziguezague na parte direita superior. O sal fundido, então, flui para um sistema conversor de energia para gerar eletricidade.

As esferas fluem para cima, mas bem lentamente, poucos números, a cada hora. Elas são examinadas por um sistema automático que mede o conteúdo do combustível útil remanescente. O combustível usado é, então, separado para ser eliminado e substituído por novas esferas de combustível. As esferas não são agrupadas muito proximamente, porque elas se reposicionam de uma forma randômica, enquanto fluem para cima. As esferas tendem a manter suas posições relativas enquanto sobem, permitindo camadas cilíndricas de refletores ou esferas de combustível de tório. A lubricidade do sal fundido ajuda a manter as esferas em suas posições relativas.

O plano inicial para o PB-AHTR é de usar o combustível de óxido de urânio. O fluxo organizado das esferas pode permitir a inserção controlada de uma camada auxiliar de TRISO, contendo esferas de tório. Como em um RTFL, o tório-232 absorve um nêutron, tornando-se Th-233, o qual emite uma partícula beta e decai em Pa-233, o qual, por sua vez, decai em U-233, com meia-vida de 27 dias. O Pa-233 é um forte absorvedor de nêutrons, diminuindo, portanto, a produção de U-233. Em um PB-AHTR, o fluxo das esferas pode permitir que as esferas de tório, recentemente irradiadas, se mantenham fora do centro do reator onde Pa-233 não pode absorver mais nêutrons. Após o decaimento do Pa-233 para o U-233, as esferas podem ser retomadas para posterior reprodução, ou como combustível.

As esferas são fortes e duras, em um formato apropriado para a eliminação como lixo. O reprocessamento seria muito mais difícil do que para as barras de combustível do LWR, por causa do requerimento de esmagar as esferas e as partículas TRISO.

## O PB-AHTR tem muitas das vantagens do RTFL.

O PB-AHTR também é arrefecido por sal fundido em alta temperatura, com alta capacidade térmica, o que significa que pode ser compacto, resultando em custo de capital menor, o que contribui para a redução do custo da eletricidade. A alta temperatura, de até 900 °C, permite uma eficiência elevada dos sistemas de conversão de energia, utilizando o ciclo Brayton com hélio ou $CO_2$ supercrítico. O alto ponto de ebulição do sal fundido, 1400 °C, fornece uma grande margem de segurança em caso de superaquecimento. O arrefecimento com ar seco é possível. O reator também funciona à pressão atmosférica, reduzindo o potencial de um acidente, no qual poderia ejetar os materiais radioativos para fora.

As vantagens do PB-AHTR são que a forma de combustível TRISO é bem entendida e que esse processo já foi usado em outros tipos de reatores nucleares, isto é, em reatores de alta temperatura de leito de esferas, resfriado por hélio. A Alemanha operou um reator de leito de esferas, de 15 MW(e), utilizando urânio, por 15 anos e, além disso, construiu e operou um reator abastecido por tório de 300

MW, o THTR-300, por seis anos. A China operou, para avaliação, um reator de leito de esferas de 10 MW HTR-10, na Universidade de Tsinghua, e agora está construindo o primeiro de vários desses reatores de 250 MW para comercialização. Os EUA têm recursos para fabricar combustível TRISO.

O combustível do PB-AHTR não é dissolvido no sal fundido, mas mantido separado em partículas TRISO. Não existem os produtos de fissão no sal, que poderia interagir com os materiais do recipiente, na tubagem e nas bombas, o que simplifica as exigências de materiais. O PB-AHTR pode ser desenvolvido mais rapidamente do que o RTFL.

Nos EUA, o projeto do PB-AHTR está avançando ativamente na UC Berkeley, no MIT, e na Universidade de Wisconsin, com um apoio financeiro modesto do governo de US $ 7 milhões ao longo de 3 anos. Grande parte dos resultados da pesquisa é diretamente aplicável ao RTFL e ao DMSR. O sal fundido é aquecido a mais de 700°C de temperatura, em ambos os reatores. Isso permitiria o compartilhamento de tecnologia desenvolvida para os sistemas de conversão de energia de alta temperatura, como o ciclo Brayton fechado de hélio ou turbinas a gás de nitrogênio, turbinas de ciclo Brayton de ar aberto, ou turbinas de $CO_2$ supercrítico.

# Energia mais barata que a do carvão

**O RTFL vai fornecer energia bem barata.**

A taxa sobre o carbono visa incentivar fontes de energia que não emitem $CO_2$, mas esse procedimento não tem sido eficaz. Os países em desenvolvimento não vão concordar com as taxas de carbono, renunciando às vantagens de utilizar fontes de energia mais baratas, como a do carvão. Alternativamente, uma fonte de energia mais barata do que o carvão, por exemplo, dissuadiria todas as nações a queimar carvão, sem precisar impor tarifas ou taxas que podem reduzir a produtividade econômica de algumas nações. A energia elétrica mais barata também pode ajudar as nações em desenvolvimento a alcançarem níveis modestos de prosperidade e estilos de vida, incluindo taxas de natalidade sustentáveis.

As decisões sobre a geração de eletricidade, com o uso do carvão versus a energia nuclear, são feitas no momento da construção de uma nova usina. Os modelos, mostrados no capítulo 4, "fontes de energia", de custos para novas construções de usinas de energia elétrica, estão resumidos na tabela seguinte.

**Os custos de eletricidade a partir de fontes alternativas, centavos/kWh**

|  | Carvão | Gás | Eólico | Solar | Biomassa |
|---|---|---|---|---|---|
| Recuperação de custos de capital | 2,8 | 1,0 | 24,4 | 22,5 | 4,0 |
| Combustível | 1,8 | 2,8 | 0 | 0 | 4,7 |
| Operações | 1,0 | 1,0 | 1,0 | 1,0 | 1,0 |
| **Total** | 5,6 | 4,8 | 25,4 | 23,5 | 9,7 |

Examinando a tabela derivada no Capítulo 4, fica óbvio que a energia eólica, solar e de biomassa não vão competir com o preço da energia elétrica, gerada a partir de combustíveis fósseis, como carvão e gás natural. A tabela também sugere que os geradores CCGT de gás natural substituirão parcialmente as usinas de carvão, por causa da vantagem econômica do gás, da redução da poluição das reduções nas emissões de $CO_2$. Os incentivos econômicos para a geração de energia elétrica favorecerem os combustíveis fósseis, emissores de $CO_2$ em muitos países.

Então, como podem os reatores de tório flúor líquido produzir energia mais barata do que qualquer outra fonte?

O custo avaliado do Reator de Sal Fundido pode ser por volta de US$2/watt.

**Custo (em dólar) das propostas de 7 reatores de sal fundido**

| Estimativa | Ano | $/watt | 2012 $/watt |
|---|---|---|---|
| Sargent & Lundy | 1962 | 0,65 | 4,95 |
| Sargent & Lundy ORNL TM1060 | 1965 | 0,15 | 1,09 |
| Reator de Kasten, MOSEL | 1965 | 0,21 | 1,53 |
| ORNL-3996 | 1966 | 0,24 | 1,70 |
| McNeese et al, ORNL-5018 | 1974 | 0,72 | 3,36 |
| Engel et al, ORNL TM7207 | 1978 | 0,66 | 2,33 |
| Moir | 2000 | 1,58 | 2,11 |

A tabela acima mostra sete avaliações de custos independentes para construir reatores experimentais de sal fundido. A coluna de dólar por watt mostra o custo da pesquisa, do desenvolvimento, da construção e doteste do proposto reator experimental, dividido pela energia produzida. A última coluna apresenta o valor ajustado para a inflação de 2012. Isso nos mostra que o valor de 2 dólares por watt é um objetivo razoável para um reator comercialmente produzido, sem arcar com os custos de P&D. Projetos mais atualizados podem fornecer avaliações mais acuradas.

Seguem-se razões adicionais que indicam por que o RTFL pode produzir energia mais barata do que uma usina de carvão.

### O RTFL compacto opera na pressão atmosférica.

Todos os materiais radioativos no RTFL estão sobre pressão atmosférica. Não existe uma necessidade de manter uma alta pressão no reator, encanamentos, válvulas e contêineres. Isso reduz o custo por materiais do tipo Hastelloy e também simplifica a engenharia de segurança, pois não existem substâncias radioativas sob alta pressão, que poderiam vazar violentamente para fora do reator, em caso de acidente.

Isso nos leva a um reator mais compacto e mais simples, reduzindo os custos e o volume do reator. A gênese do RTFL foi um reator pequeno e leve o suficiente para ser localizado na asa de um avião. Os motores a jato dos aeroplanos são um exemplo de sistema compacto, usando o ciclo de Brayton para a conversão de energia.

### A estabilidade térmica inerente reduz o custo do controle.

Quando o flibe se aquece e se expande, a densidade do material físsil é reduzida e a reação em cadeia diminui. A elevação das temperaturas também aumenta a absorção de nêutrons e reduz a probabilidade de fissão, retardando a reação. As barras de controle de absorção de nêutrons não são necessárias, reduzindo também os custos. A válvula de segurança simplesmente derrete em altas temperaturas ou durante as falhas de controle, despejando o sal de combustível em tanques especiais onde a reação em cadeia cessa.

### Os sistemas de remoção de calor de decaimento são passivos.

Quando um reator cessa a fissão, os produtos continuam a decair e o calor gerado necessita ser removido. Como o RTFL opera a temperaturas mais elevadas do que LWR, e porque o líquido flibe conduz e possui uma convecção de calor eficiente, a transferência de calor é mais rápida. O sal fundido não ferve a temperaturas abaixo de 1400 °C. Por isso, existe uma grande margem de segurança.

## A alta temperatura do RTFL resulta em uma operação mais eficiente

A alta temperatura, resultante de 700°C, permite a conversão de energia com eficiência de 45% no ciclo Brayton. Compare a eficiência com o LWR que fica por volta de 33%. Além disso, o calor rejeitado, dissipado pelo sistema de resfriamento do reator, é também reduzido em 39%, considerando a mesma potência elétrica, reduzindo, assim, os custos de construção de torres de refrigeração ou, alternativamente, permitindo o resfriamento com ar seco.

## A grande capacidade térmica do sal fundido reduz o volume do reator.

A elevada capacidade térmica do sal fundido excede a da água, em um PWR, ou mesmo a do sódio líquido, em um LMFBR, permitindo, assim, uma geometria e ciclos de transferência térmica compacta que tornam o reator mais compacto, requerendo menos materiais tal como o Hastelloy N ou aço inoxidável SAE 316, portanto, reduzindo custos.

## Novos sistemas de conversão de energia são menores.

Dois novos sistemas de conversão de energia são candidatos para serem usados em um RTFL. A massa da turbina de ciclo fechado de triplo-aquecimento Brayton é menor do que uma turbina de vapor de capacidade similar, por um fator de 4. A tecnologia da turbina Brayton de ciclo aberto foi desenvolvida, com grande metodologia, para a indústria aeronáutica. A turbina GE90 de US\$24 milhões proporciona 83 MW – por apenas US\$0,29/W. Depois de ser aperfeiçoada, os custos da turbina Brayton de hélio, de ciclo fechado, devem também cair em relação às enormes turbinas a vapor, utilizadas nas LWRs. A nova turbina supercrítica de $CO_2$ é ainda menor, e exige mais pesquisa de engenharia para ser aperfeiçoada.

## Os custos de eliminação de detritos radioativos são menores

O RTFL produz menos de 1% dos isótopos transurânicos radioativos produzidos por um LWR. A produção de calor, por estes resíduos nucleares, é a causa principal do alto custo de armazenagem nos sítios geológicos, tal como a montanha de Yucca.

### Reatores compactos (modulares) podem ser produzidos em massa.

A comercialização da tecnologia leva à redução de custos, à medida que o número de unidades aumenta. Os benefícios da experiência surgem com a especialização do trabalho, novos processos, padronização de produtos, novas tecnologias e redesenho do produto. Os economistas observam que a duplicação do número de unidades produzidas reduz o custo para uma percentagem, denominada de taxa de aprendizagem, em que novas informações são recebidas e usadas para ajustar as escolhas estratégicas, avaliada,

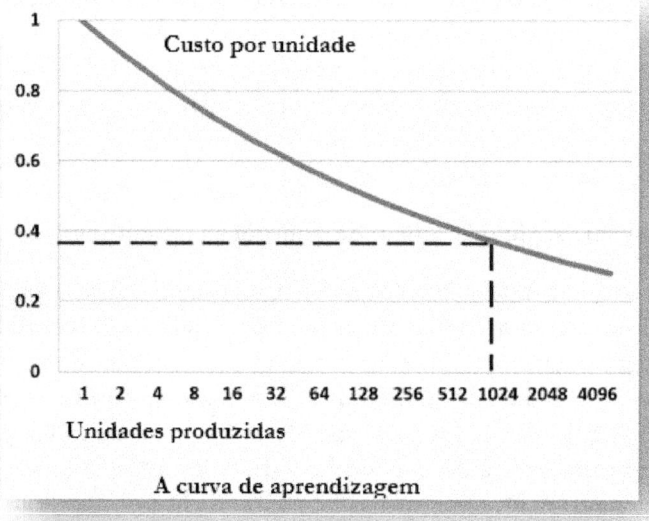

A curva de aprendizagem

na indústria aeronáutica, como sendo de 20%. A lei de Moore, hoje, na indústria de computadores, ilustra uma taxa de aprendizagem de 50%. Na publicação de "O Futuro Econômico da Energia Nuclear", pela Universidade de Chicago, os economistas mais conservadores estimam uma taxa de aprendizagem de 10% para os reatores nucleares.

Na ilustração acima, o custo do reator 1024 seria de cerca de 35% do custo do primeiro RTFL comercial. Alguns engenheiros defendem a economia de escala para justificar grandes reatores, mas essa análise mostra que 100 unidades de MW teriam um custo de 30% de vantagem sobre 1000 unidades de MW, por causa da experiência de produção que fica em torno de 10 vezes mais.

Linha de produção do Boeing 737

A Boeing manufaturou 477 aviões em 2011, a um custo de até US$330 milhões dólares cada. A Boeing, com capacidade de fabricação diária de unidades de US$200 milhões, é um modelo para a produção de RTFL. A fabricação de avião apresenta muitos dos mesmos problemas críticos, como na fabricação de reatores nucleares: a segurança dos empregados, a confiabilidade, a resistência dos materiais, a corrosão, a conformidade regulatória, a documentação, o controle de projeto, o gerenciamento da cadeia de suprimentos e os custos, entre outros.

Os reatores de 100 MW, custando US$200 milhões cada, podem ser igualmente produzidos em fábricas. A fabricação de uma maior quantidade de pequenos reatores atravessa a curva de aprendizagem mais rapidamente. A produção de um reator por dia, durante três anos, geraria uma experiência de produção de 1094, reduzindo os custos em 65%.

O controle de documentação, integrado com a fabricação, reduz custos e aumenta a precisão. Novas técnicas de fabricação são possíveis com o uso do CAM (da sigla em inglês, Computer Aided Manufacturing, ou fabricação assistida por computador), convertendo automaticamente os projetos em instruções para as ferramentas automáticas e robôs industriais. O uso do CAM pode variar a fabricação de peças e de processos para a produção de uma variedade de unidades em uma linha de produção. Na fotografia da Boeing, acima, observa-se que as pontas das asas não são idênticas em todas as unidades.

## Pesquisa contínua resultará em reatores menos dispendiosos.

A redução de custo é uma estimativa, considerando a pesquisa atual de engenharia. Um permutador de calor de placa fina, compacto, pode reduzir estoques de fluidos, tamanho e custo. Os possíveis novos materiais incluem fibras de carbono, impregnadas com silício e ligas de níquel de temperatura mais elevada. Operando a 950°C, o reator pode aumentar a eficiência da conversão térmica/elétrica para além dos 50%. Essas temperaturas elevadas podem aumentar a eficiência da dissociação da água para criar hidrogênio e, assim, reduzir os custos dos combustíveis sintéticos, tais como o metanol ou o éter dimetílico, que podem substituir a gasolina ou o óleo diesel.

## As quantidades iniciais de materiais físseis e os custos são baixos.

Um RTFL de 100 MW requer por volta de 100 kg de material físsil, como o U-233 e U-235, para dar a arrancada. A partir de então, é alimentado por tório, ou uma combinação de urânio e tório, que foram enriquecidos em um DMSR. Um LWR ou LMFBR requer 5 vezes isso, somando-se os custos de capital.

## O Tório é abundante e barato.

Uma tonelada de tório pode energizar um RTFL de 1.000 megawatts por um ano, o suficiente para uma cidade. Apenas 500 toneladas podem suprir toda a necessidade energética dos EUA por um ano.

## Os custos do urânio enriquecido são baixos.

A expansão mundial de reatores LWR aumenta a demanda por urânio e, também, pelos serviços de enriquecimento, quando a conversão do minério natural, contendo 0,7% de urânio-235 para 4%, ocorre. Alguns RTFL podem requerer urânio enriquecido para dar a partida. Reatores, como o DMSR, podem requerer abastecimento constante de urânio enriquecido, mas 25% menos do que o LWR.

**O custo da fabricação de combustível é baixo.**

Ao contrário do LWR, não existe o alto custo de produção dos tubos de zircônio de alta qualidade para conter as esferas de $UO_2$, e os produtos físseis resultantes, que perduram por séculos. Diferente dos reatores de leito de esferas, que usam as partículas TRISO de combustível, não existe um custo de ter milhões dessas partículas de $UO_2$ para reter os produtos da fissão dentro das três camadas redundantes. Os combustíveis supridos ao RTFL podem ser cristais sólidos de $UF_4$ ou $UF_6$ gasoso, que já são passos intermediários na produção de $UO_2$ usados no LWR.

**As novas tecnologias de sistema de controle podem reduzir os custos trabalhistas.**

O número necessário de profissionais para operar um LWR, atualmente, é maior do que para outras formas de produção de energia. As usinas nucleares operam no período de 24 por 7, e cada turno, por exemplo, emprega seis pessoas: quatro para os quatro turnos de trabalho por semana, uma de férias e licença médica, e uma para o tempo de treinamento, logo, os custos trabalhistas acumulam. Em minhas visitas às usinas nucleares, observei que existem mais de 1.000 funcionários por cada GW de potência, acrescentando cerca de 1 centavo de dólar/kWh aos custos de eletricidade.

Os sistemas de informação e tecnologias de sistemas de controle têm melhorado muito desde que o LWR foi projetado na década de 1970. A técnica de software, para a segurança crítica, permite uma redução na mão de obra na operação de aeronaves, helicópteros e de trânsito rápido. A redução do controle direto do operador de reatores também pode evitar erros, tal como aconteceu com o reator de Chernobyl. Os custos de se manter uma guarda de segurança devem ser proporcionais à possível ameaça de danos, bem menor com um RTFL não pressurizado. Até mesmo os ICBMs americanos em silos de mísseis eram guardados por vigilância eletrônica remota.

## Os custos com as linhas de transmissão são reduzidos com vários RTFLs distribuídos.

Grande parte dos custos, associados com usinas de vários GW, é para as linhas de transmissão, para transportar energia a centenas de quilômetros de distância. Poucas linhas de transmissão são necessárias, quando as fontes de energia de 100MW, tais como os RTFLs, estão localizadas perto de cidades e centros industriais. Nos EUA, os custos das linhas de transmissão, do tipo HVDC, custam por volta de US$621 por metro, de modo que os custos de transmissão de energia através de mais de 1609 quilômetros, ficam em cerca de 1 centavo de dólar/kWh.

## O objetivo do programa deve ser uma energia mais barata.

A produção de um RTFL de 100 MW, por dia, poderia eliminar, progressivamente, todas as usinas a carvão em todo o mundo, em 38 anos, o que colocaria um fim nas emissões de 10 bilhões de toneladas de $CO_2$ de usinas de carvão, mundialmente.

Os baixos custos do RTFL são cruciais para a estratégia de substituição do carvão como fonte de energia. A energia elétrica menos cara teria um impacto na redução de $CO_2$, pois as nações seriam dissuadidas de queimar carvão. Isso também ajudaria as nações em desenvolvimento a melhorar a qualidade de vida e fomentar a prosperidade econômica. Portanto, manter os custos de energia, gerada pelos RTFLs, é crucial para alcançar os benefícios sociais, econômicos e ambientais.

## Os desafios na redução dos custos podem ser sobrepujados na fase de P&D.

Existem vários desafios na redução de custos para o desenvolvimento RTFL. Empresas com bolsos profundos podem desenvolver energia nuclear avançada, como evidenciado pelo investimento de Bill Gates, estimados em US$16 bilhões, no projeto LMFBR (Liquid Metal Fast Breeder Reactors, na sigla em inglês), através da empresa Terrapower. Existe, do mesmo modo, uma oportunidade para investimentos governamentais ou filantrópicos substanciais em RTFL, mantendo, assim, os custos finais de produção baixos, amortizando os custos de riscos em P&D. O investimento público direto em P&D de energia é uma política muito mais eficaz do que as alternativas de subsídios à produção de energia que ocorrem atualmente.

## *A Engenharia de Desenvolvimento do RTFL*

A comercialização do RTFL, ou do DMSR, é um problema
múltiplo de engenharia. Não existe um grande empecilho. O ORNL
já demonstrou a funcionalidade dos reatores e os processos
químicos de separação são conhecidos. Um processo de engenharia
é requerido para trazer cada tecnologia do laboratório para o
projeto-piloto e daí para a comercialização. Abaixo, apresentamos
uma amostra dos componentes maiores de um reator de sal
fundido.

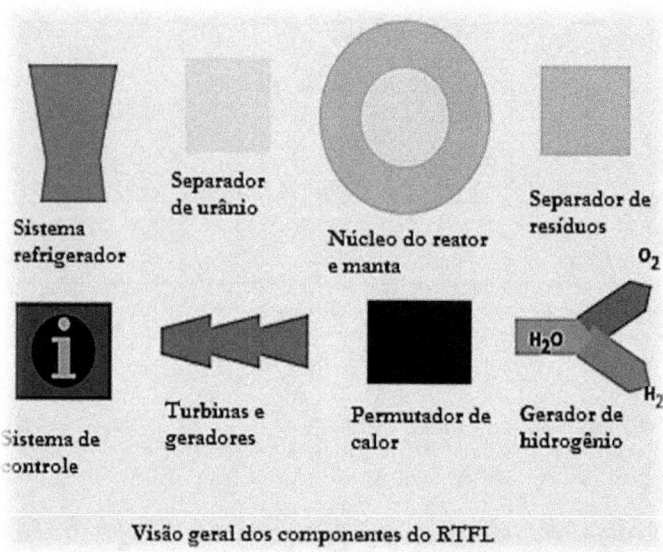

Visão geral dos componentes do RTFL

O núcleo do reator é a parte principal onde se processa a fissão do
U-233 e a geração de calor. A camada de cobertura contém o Th-
232 que se converte em U-233, através da absorção de nêutrons.

O separador de urânio e o separador de resíduos devem processar
lenta e seguramente o sal fundido dentro do ambiente de alta
radiação da célula de contenção elementar.

Um permutador de calor, na célula de contenção, deve transferir a
energia térmica do sal de combustível para o sal fundido não
radioativo, aos módulos situados no exterior da célula de contenção.

A tecnologia dos geradores de eletricidade já está pronta. As turbinas de Brayton com ciclo aberto já estão bem desenvolvidas nos aeroplanos e nas usinas de gás natural, mas a tecnologia das turbinas de ciclo fechado de hélio ainda não foi demonstrada nas usinas de energia. As turbinas de $CO_2$ supercrítico são apenas funcionais nos laboratórios.

A refrigeração a ar, para o sistema de conversão de energia da turbina, pode eliminar o consumo de água, mas é uma tecnologia incomum para as usinas geradoras.

Novos sistemas de controle, utilizando computadores, vão tornar os reatores mais seguros e menos caro, reduzindo os custos de trabalho e o potencial para erro humano. A engenharia de sistemas de software de segurança crítica está bem desenvolvida nas indústrias tais como a aeronáutica, o transporte ferroviário, medicina e transportes espaciais.

A geração de hidrogênio, por dissociação da água, é um desafio de engenharia para a produção de combustível sintético para os veículos.

## O plano necessário para se desenvolver um RTFL

A lista de tarefas, a seguir, é extensiva. Uma usina nuclear comercial atual é extremamente sofisticada e complexa. O desenvolvimento, a concepção e a implantação de um RTFL requerem um investimento amplo no talento humano. É um desafio próprio para a engenharia moderna, em realção a métodos e novos materiais. O custo do desenvolvimento não vem dos materiais de construção, mas sim do capital humano empregado na engenharia. Contudo, muitas das despesas com o desenvolvimento de engenharia não precisam ser repetidas uma vez que o RTFL estiver comercialmente em produção.

Qual seria o melhor investimento de natureza ambiental? Seria o de investir em capital humano, em vez de indústrias extrativas. Superar o desafio das alterações climáticas. Reduzir a poluição. Melhorar a prosperidade global. Conservar os recursos.

### Construir um banco de dados de referência à tecnologia do RTFL.

Muito do que se sabe sobre o reator de sal fundido tem décadas de idade. O conhecimento atual está espalhado em muitas publicações, correntes de e-mail e blogues de discussão. Existe uma dúzia de centros de excelência em tecnologia sobre o sal fundido, com dados físicos, computacionais e analíticos, que vão desde o Instituto Nacional de Padrões e Tecnologia, dos EUA, até o Instituto dos Transurânicos em Karlsruhe, Alemanha.

### Desenvolver um programa, orçamento e cronograma

O Oak Ridge National Laboratories desenvolveu um tutorial bem completo sobre a tecnologia e um programa de atuação em 1974. O documento, chamado de ORNL-5018, ou Plano de Programa de Desenvolvimento de Reatores Reprodutores de Sal Fundido, constitui um excelente ponto de partida. Ele pode ser atualizado para levar em consideração os novos conhecimentos de materiais, a experiência com reatores rápidos regeneradores, a experiência com reatores de gás de refrigeração de alta temperatura e os custos

atuais. O ORNL publicou uma revisão final (TM-6415) sobre o
RTFL e o DMSR em 1979, descrevendo o trabalho a ser realizado.

## Criar uma economia apropriada de nêutrons

A figura abaixo mostra um diagrama hipotético da economia de
nêutrons, para um RTFL de dois fluidos. O ponto de partida é
obter uma média de 252 nêutrons a cada 100 eventos de fissão. O
RTFL utiliza nêutrons para continuar a reação de fissão do U-233 e
converter o Th-232 em U-233, mas perde nêutrons na absorção
improdutiva pela grafite, o sal, e Pa-233, e produtos de fissão.

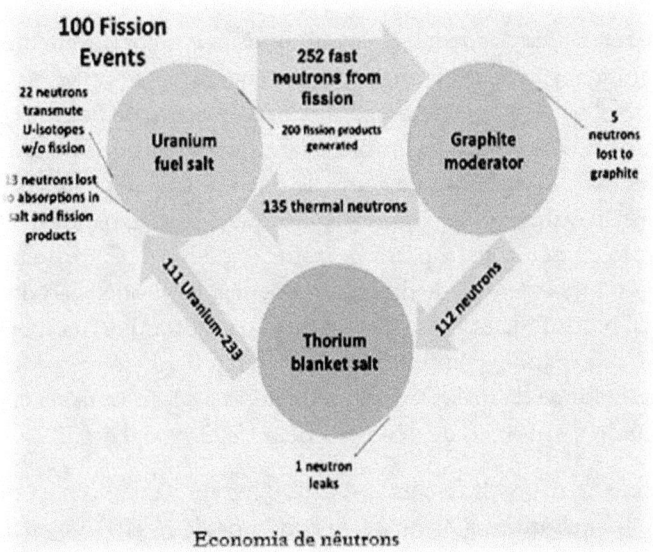

Economia de nêutrons

O diagrama acima mostra 111 átomos de U-233, criados para cada
100 átomos fissionados. Uma efetiva economia de nêutrons
produziria tantos átomos de U-233 como a RTFL (nêutrons)
consome; tal reator é denominado um isobreeder.

O nêutron absorvido cria urânio em três etapas:

$$Th\text{-}232 \rightarrow Th\text{-}233 \rightarrow PA\text{-}233 \rightarrow U\text{-}233$$

Os modelos do ORNL incluíam a separação e o isolamento do
elemento Pa-233 porque este absorve os nêutrons de maneira
improdutiva, sem resultados, mas isso não é o caso do isobreeder.
De fato, o elemento Pa-233 torna-se U-232, o que aumenta a

resistência à proliferação de armas nucleares. As absorções de nêutrons pelo U-233, ocasionalmente, levam à produção de alguns elementos transurânicos, mas esses são eventualmente fissionados com uma economia de nêutrons adequada.

As opções de economia de nêutrons interagem com os seguintes modelos de MSR (reatores de sal fundido, na sigla em inglês): RTFL de dois fluidos, RTFL de um fluido, ou DMSR. Para o DMSR a economia de nêutrons não permite um processo como isobreeder, resultando no comprometimento de matérias físseis externas como o U-235 ou Pu-239.

### Controle de reatividade e potência útil.

Uma característica dos reatores de sal fundido é o coeficiente de temperatura negativa, o que significa que, quando a temperatura do combustível sobe, a taxa de fissão diminui. Isso é mais bem alcançado através do uso das propriedades imutáveis dos materiais físicos, em vez de sistemas de controle que são sujeitos a falhas. No LWR, isso acontece, pois, como a água aquecida se expande, a moderação de nêutrons, a partir de colisões de hidrogênio, atenua; lembrando que a densidade da água influencia na moderação de nêutrons. No RTFL, isso acontece porque o sal fundido, contendo o U-233, se expande, comprimindo o material físsil, através dos tubos, para longe da massa crítica; reduzindo a seção transversal e aumentando a absorção de nêutrons pelo U-238 e o Th-232.

O controle de reatividade para o RTFL deve ser validado para uma gama de temperaturas e misturas de produtos de fissão. As barras de controle redundantes, para absorver nêutrons, podem ser adicionadas, se bem que não são necessárias para controlar o excesso de reatividade, tal como no LWR, que contém provimento do combustível físsil U-235 por vários anos. Se a rede elétrica se desconecta de uma usina operacional, as turbinas de conversão de energia não podem converter calor em eletricidade. Por isso, a temperatura do sal fundido de um RTFL vai subir e a reatividade irá diminuir.

Isso fornece uma oportunidade para o RTFL ser inerentemente capaz de responder às flutuações de demanda de energia (em inglês, load-following). As usinas LWR de hoje podem mudar a potência, contudo, vagarosamente, utilizando controles manuais. Essa capacidade de responder a uma demanda menor de energia é operacionalmente flexível, mas não é economicamente atrativo, já que o lucro diminui com a queda da produção. Porém, os custos operacionais do RTFL continuam praticamente inalterados.

Outra proposta, valendo-se de um esquema tipo load-following, seria operar o RTFL com capacidade máxima e armazenar o excesso de calor em grandes tanques externos de sal fundido, com isolamento térmico, para, mais tarde, convertê-lo em energia elétrica, quando a demanda exigir. Isso tem sido feito com a energia solar concentrada. Ainda outro esquema seria usar o excesso de calor disponível para o aquecimento de óleo de xisto, para converter o querogênio fóssil (parte insolúvel de matéria orgânica que se forma por ações geológicas) em óleo. Outro conceito seria usar o excesso de calor e energia para a dessalinização da água do mar e armazenar água doce.

### O controle químico do sal fundido

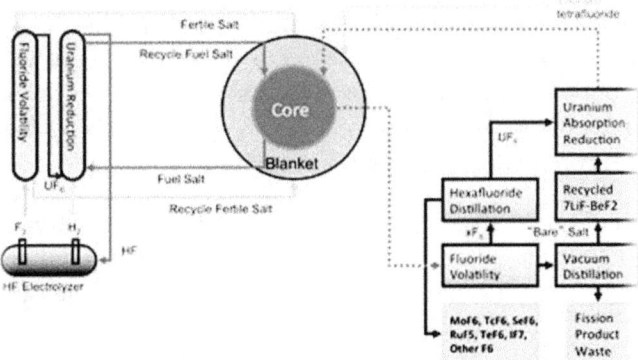

Processamento químico do sal fundido

Administrar a química do sal fundido é importante para as operações do RTFL. Existe uma boa razão, pela qual o RTFL é conhecido, como "o reator do químico". O esquema, mostrado acima, de um reator de dois fluidos mostra, no lado esquerdo, o processo para separar urânio da camada de cobertura e, no lado direito, a separação mais complexa dos produtos de fissão do sal combustível.

O urânio tem vários estados de valência em que cada um pode formar um composto, exemplos: $UF_4$ e $UF_6$. O processo de fluoração, $UF_4 + F_2 \rightarrow UF_6$, muda o sal de urânio dissolvido no gás urânio hexafluoreto. O tório tem apenas o estado de valência +4, portanto, fica intocável. O processo de redução do hidrogênio, então, fica assim, $UF_6 + H_2 \rightarrow UF_4 + 2HF$. A administração dos íons de flúor no sal é importante para manter o controle da corrosão. O eletrolisador torna o HF em $H_2$ e $F_2$.

O separador do produto de fissão, no lado direito do diagrama, é mais desafiante porque existem mais elementos que surgem dos produtos fissionáveis. A maioria dos produtos de fissão vai combinar com o flúor, dissolvendo-se no sal fundido. Os fluoretos de telúrio são os responsáveis por pequenas fendas de corrosão que foram descobertas durante a análise do primeiro MSR experimental da ORNL. As técnicas de separação incluem a química e a destilação, dependendo dos pontos de ebulição de diferentes compostos.

O RTFL, de fluido único, apresenta uma química mais complicada porque o tório é, quimicamente, similar aos vários produtos resultantes da fissão. Alternativamente, os fluoretos dos produtos de fissão podem ser deixados dissolvidos no sal fundido, entretanto, requerem reprocessamento ou substituição após 30 anos. O DMSR (reator de sal fundido desnaturado) opera dessa maneira.

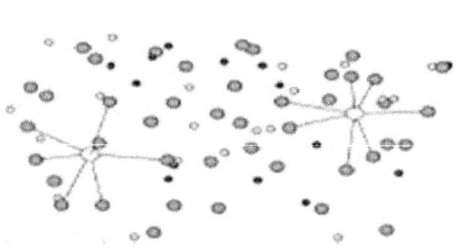

A química virtual é uma nova ferramenta disponível, graças aos computadores de alta velocidade, usada por Paul Madden no Queens College, por exemplo. A química teórica e os supercomputadores podem modelar e predizer as propriedades de líquidos, tais como a capacidade calórica e a viscosidade do flibe.

## Remoção de elementos nobres produzidos pela fissão

Os gases nobres, produzidos pela fissão, são o xênon e o crípton. Os metais, produzidos pela fissão, que não formam fluoretos de sal, são os metais nobres e semi-nobres, tais como molibdênio, rutênio, prata, estanho, telúrio e, às vezes, o nióbio.

O xénon-135 resulta de 6% das fissões de urânio ou de plutônio. O xênon-135 é um absorvedor prolífico de nêutrons, interrompendo a reação em cadeia em um reator como o RTFL, com um pouco de material físsil em excesso. No entanto, o Xe-135 tem uma meia-vida por volta de 9 horas, decaindo para o césio, colocando um fim na absorção de nêutrons e permitindo que um reator, que está em estado interrompido, se reinicie. Esse comportamento, "on-off", intrigou os pioneiros nucleares. A inabilidade de administrar o aumento de reatividade, quando do decaimento nuclear do xênon, contribuiu para o acidente do Chernobyl.

O xênon, como gás nobre, não forma fluoretos e não se dissolve no sal fundido, permanecendo, dessemodo, como bolhas de gases. O ORNL descobriu como remover o gás ao injetar uma corrente de pequenas bolhas de gás hélio no sal. O processo é chamado de espargimento (também, espalhamento). O gás crípton também é removido, da mesma maneira como as partículas de metais nobres, resultantes da fissão. Esse processo de espargimento reduz as perdas de nêutrons, devido à absorção de nêutrons pelo xênon, para menos de 0,5%.

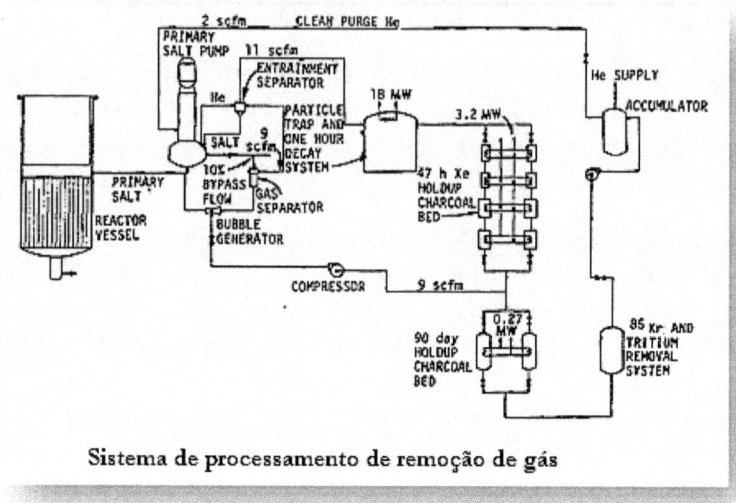

Sistema de processamento de remoção de gás

O espargimento do hélio e a remoção do gás terão de fazer parte de qualquer projeto de MSR, incluindo o RTFL de dois fluidos, o RTFL de um fluido e o DMSR. Algumas partículas de metais nobres e semi-nobres(Nb, Mo, Ru, Sb e Te) resultantespodem ser parcialmente removidos pelo espargimento por hélio e podem se depositar na superfície de metais adsorventes, formando uma crosta.

O RONL encontrou esses metais nos canos e nas bombas de Hastelloy, nas estruturas de grafite e nas regiões limítrofes entre gases e líquidos. O projetista do RTFL necessita pensar em um meio de capturar ou de encrostar os metais nobres. O chapeamento, utilizando o metal nobre, é um processo que tem sido utilizado para controlar a corrosão nos LWRs. O físico Ralph Moir sugere, também, pesquisar o uso de separação centrífuga.

**A grafite, irradiada por nêutrons, expande-se e, depois, se contrai.**

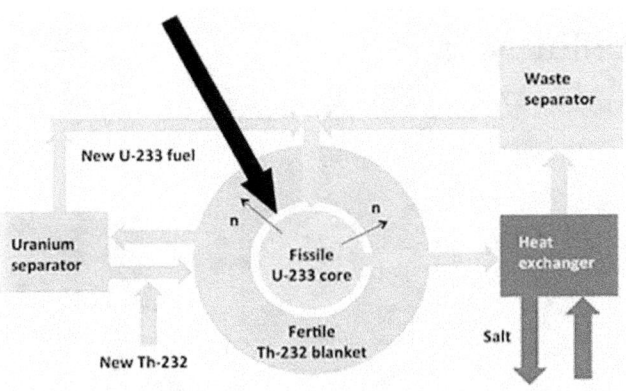

New U-233 fuel

Waste separator

Uranium separator

Fissile U-233 core

Heat exchanger

Fertile Th-232 blanket

New Th-232

Salt

Material estrutural de grafite

A grafite, uma forma de carbono, é usada nos reatores de sal fundido. Ela modera nêutrons, por causa do seu peso atômico e, também, reflete os nêutrons. Uma forma de grafite, de alta pureza, é usada como material estrutural, por exemplo, na região de separação entre o sal físsil combustível e a camada de cobertura de sal fértil. A irradiação neutrônica da grafite causa uma expansão do volume e, depois, com mais radiação, causa a contração. Isso faz o desenho mecânico do reator ser mais difícil. O RTFL deve ser projetado com a capacidade de poder trocar a grafite a cada 10 anos. Outros desenhos propostos não usam a grafite como material estrutural, mas como um moderador de nêutrons, em uma forma que permite ser trocado facilmente, se necessário. Os reatores de nêutrons rápidos não usam a grafite.

**Os metais devem suportar calor, irradiação e corrosão.**

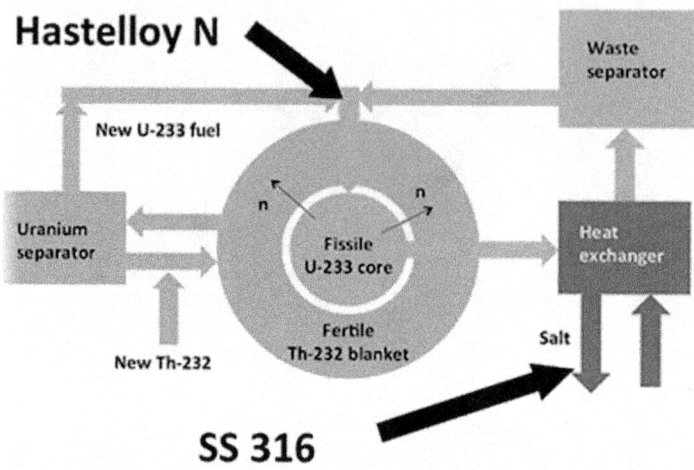

Aplicações de ligas metálicas

Os componentes de um RTFL, na sua maioria, podem ser compostos de metal, usados em vasos, canos, tubos e bombas. Metais padrões, tal como o aço inoxidável, inox 316, podem ser usados para muitos propósitos. O Hastelloy N é uma liga de níquel utilizada em aplicações nucleares devido a sua resistência à corrosão, à erosão e à temperatura elevada. Trata-se de uma liga de níquel, molibdênio, crômio, ferro, silício, magnésio, manganês, cobalto e outros metais. As propriedades desses metais, que podem durar por 60 ou mais anos, devem ser confirmadas, testadas e validadas.

**Compostos de carbono podem substituir materiais metálicos.**

Com metais, assim como o Hastelloy N, o reator de sal fundido pode operar a temperaturas de até cerca de 760 °C. Uma temperatura próxima de 1000 °C resultaria em uma eficiência maior na conversão térmica/elétrica. O que pode ser usado para a dissociação termoquímica da água, para obter hidrogênio, com uma eficiência térmica/química de 50%. Outras aplicações do calor elevado incluem a conversão, in situ, de óleo de xisto em óleo combustível, gás liquefeito, óleo diesel e gasolina.

Os novos materiais compostos de carbono já substituem os metais em aeronaves modernas, diminuindo o peso e aumentando a eficiência do combustível. As fibras de carbono reforçado, (C/C), podem tolerar temperaturas de até 2000 °C. A fibra de carbono, reforçada com carboneto de silício, (C/SiC), outro material que pode ser usado, suporta altas temperaturas, e mostra ser de elevada resistência. Incorporando esses materiais no RTFL não só exige investimentos em P&D, mas, além disso, a validação de que o material possa sobreviver o tempo de vida do reator, em um ambiente de alta radiação e alta temperatura, enquanto em contato com sais fundidos, contendo fluoretos dissolvidos de tório, urânio e produtos de fissão. O carbono é um moderador de nêutrons.

**Os permutadores de calor isolam os fluidos, com queda de temperatura.**

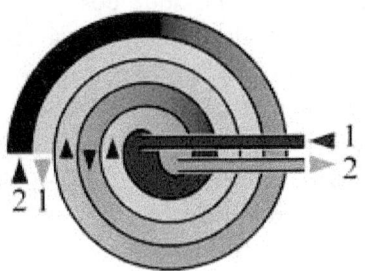 

Configurações dos Permutadores de Calor

As concepções, do RTFL e do DMSR, apresentam dois permutadores de calor. O primeiro isola o sal combustível radioativo do sal secundário, usado para transferir calor, para fora da célula radioativa quente. No sistema de conversão de energia, o sal limpo transfere calor para um gás, que pode ser vapor, ar ou hélio, para acionar uma turbina geradora.

Os permutadores de calor, tipicamente, possuem muitos tubos ou canais, para aumentar a área de superfície que isola os dois fluidos e, assim sendo, aumenta a taxa de fluxo de calor. O gerador a vapor, de um PWR, usa a transferência de calor da água para outro sistema que também usa água, isolando, dessa forma, a substância radioativa do sistema de vapor que movimenta os geradores, simplificando a manutenção.

O desafio da engenharia é manter o permutador de calor pequeno, minimizando a espessura da parede que separa os dois fluidos. Com isso minimiza a resistência à transferência de calor e maximiza a área de superfície das paredes, que separam os fluidos, de modo que mais calor possa fluir. Tudo isso deve acontecer tanto em um sistema com altas temperaturas, ou com mudanças de temperatura, ou com radiação ionizante, exposto aos sais fundidos que contêm urânio e fluoretos.

### O lítio-6 deve, primeiramente, ser removido do sal fundido flibe.

O sal fundido do RTFL pode ser uma mistura de fluoreto de lítio, (LiF), e fluoreto de berílio ($BeF_2$), formando uma mistura eutética com temperatura de fusão de $460^0C$, mais baixa do que a dos componentes isolados. O lítio é composto de dois isótopos estáveis, lítio-6 (7%) e lítio-7 (93%). Infelizmente, o Li-6 absorve nêutrons em excesso, arruinando a economia de nêutrons, tornando a reação em cadeia impossível. A reação é n+Li-6→ H-3 + He-4. Portanto, o RTFL precisa usar o lítio com o isótopo Li-6 removido. O Li-6 absorve nêutrons tão intensamente que o lítio precisa ser enriquecido, para ter Li-7 na proporção de 99,999%.

Comercialmente, o Li-6 tem sido separado usando mercúrio, porquanto o Li-6 tem uma maior afinidade química pelo mercúrio, do que o Li-7. Infelizmente, a separação com mercúrio contamina o meio ambiente, sendo descontinuado nos EUA. Existe, agora, uma carência de Li-7, o qual é usado como hidróxido de lítio, para controlar o pH e a corrosão no LWR. Outras possibilidades tecnológicas seriam o uso de destilação a vácuo, ou separação de isótopos por lasers. A GE Sílex anunciou o uso de laser para a separação de isótopos, um processo que será experimentado com o lítio.

**O trítio deve ser continuamente removido.**

O trítio ($H_3$) é um isótopo de hidrogênio, com dois nêutrons extras . O isótopo trítio é instável, com uma meia-vida de 12,32 anos, decaindo para o $He_3$, com a emissão de um elétron de 6keV de energia. Esse elétron de baixa energia pode ser bloqueado por uma folha de apenas 6 mm de espessura, ou pela epiderme morta da pele humana. O trítio é potencialmente perigoso para a saúde se for ingerido, porque o mesmo, como uma forma de hidrogênio, pode combinar-se com oxigênio, formando água, e tornar-se parte de uma célula onde, então, pode decair e danificar a mesma. Contudo, a meia-vida biológica do trítio no corpo humano é menos do que 10 anos, por causa do ciclo contínuo da água no corpo. Portanto, apenas uma pequena fração, $10/(365 \times 12)$, da quantidade de trítio ingerida, pode decair internamente.

Um RTFL produz trítio a partir do $^6Li$ pelo processo n + $^6Li \rightarrow ^3H + ^4He$. Apesar da remoção da maioria do $^6Li$, este é continuamente produzido pela reação $n + ^7Li \rightarrow ^6Li + n + n$. O trítio também vem da reação $n + ^7Li \rightarrow ^4He + ^3H + n$. Um RTFL de 100 MW geraria 25 mg de trítio por dia e produziria 8,88E+12 Bq, becquerel, de radiação, portanto, o trítio deve ser removido e sequestrado, para onde ele posse decair sem causar danos.

Algum trítio pode ser removido do sal combustível pelo processo de espargimento, o mesmo usado para remover xênon dos produtos de fissão, como foi discutido anteriormente. As moléculas de trítio podem ser desassociadas em átomos, sobre a superfície de um metal, especialmente a temperaturas elevadas. O átomo de trítio pode compartilhar os seus elétrons com os elétrons livres no metal, gerando o tríton, ($^3H^+$), um íon de trítio, que passa entre os átomos de metais e através de materiais, tal como o permutador primário de calor. Consequentemente, o ciclo secundário de sal também conterá trítio e outro método de sua remoção pode ser desenvolvido. O trítio pode também migrar através do permutador secundário de calor, que aquece o gás que movimenta as turbinas. Se o ciclo de Brayton é usado em um ciclo fechado, então, o acúmulo de trítio lá pode não ser tão importante, pois apenas uma quantidade pequena escaparia através do ciclo de arrefecimento a gás.

Para reduzir a produção de trítio, algumas alternativas ao sal fundido flibe podem ser consideradas. A irradiação com nêutrons do lítio no flibe gera trítio, o qual é difícil de controlar. O berílio é tóxico. Lítio e berílio são muito caros, mas os outros sais, que podem ser considerados, são o NaF e o $ZrF_4$.

### Selecione uma turbina de conversão de energia de alta temperatura.

Os projetistas do RTFL vão querer se beneficiar da alta conversão térmica/elétrica, que é possível à temperatura de 700 °C do sal fundido. Por exemplo, o ciclo Brayton de tríplice reaquecimento (vide a figura) usa um circuito fechado de gás hélio, que está expandido em série em três turbinas (T) em alta, média e baixa pressão.

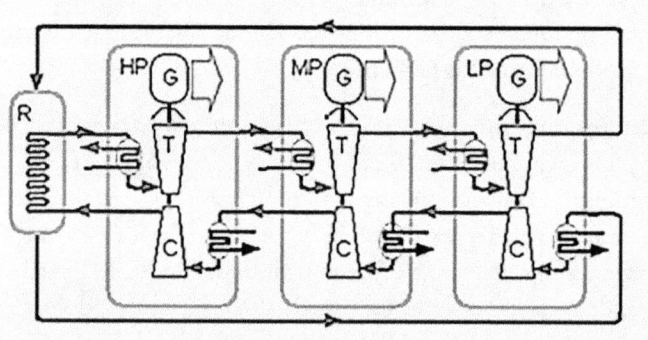

**Reaquecimento triplo fechado da turbina a gás de ciclo Brayton**

O gás é aquecido três vezes pelo sal fundido, enquanto este transfere energia térmica para as turbinas HP, MO e LP. As turbinas movimentam os geradores (G) e os compressores (C). Existem 7 permutadores de calor nesse diagrama, um desenho extraordinário de engenharia termodinâmica. Tal esquema de conversão de energia não foi demonstrado em escala de uma usina nuclear. O projeto do reator de leito de esferas, da África do Sul, estava sendo desenvolvido, usando turbinas Rolls Royce e Mitsubishi, mas, infelizmente, a obra foi suspensa por falta de fundos.

Comparado às turbinas de vapor, usadas hoje, nas usinas de força LWR, a alta temperatura e a alta eficiência significam que o calor rejeitado é quase a metade. Para as usinas resfriadas à água, isso significa menos aquecimento de rios e lagos. Para as instalações nucleares, com torres de resfriamento, que lembram uma taça, isso reduz a perda de água por evaporação.

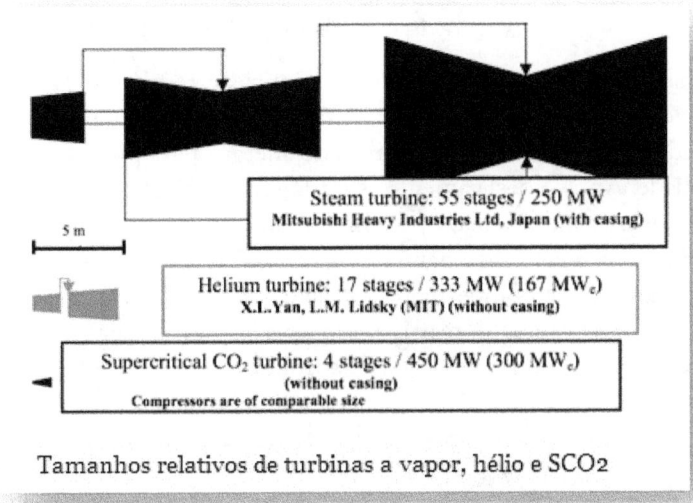

Tamanhos relativos de turbinas a vapor, hélio e SCO2

Outro ciclo avançado de conversão de energia usa $CO_2$ supercrítico, ($SCO_2$), ao invés de gás, no circuito fechado, agindo, assim, como um motor a jato, rodando em um líquido quente. Uma turbina de 300 MW(e) SCO2 teria apenas um metro de diâmetro.

A ilustração acima, originalmente exibida em um artigo por Dostal, Driscoll e Hejzlar do MIT, mostra que a turbina $SCO_2$ pode ser ainda mais compacta.

As turbinas a vapor são uma tecnologia de conversão de energia de baixo risco de desenvolvimento, pois já são bem desenvolvidas e comercializadas para a indústria de energia, pela GE e Siemens. Por exemplo, a Siemens, hoje, vende turbinas a vapor de 620ºC, com eficiência de conversão de 46%, e estará testando turbinas de 700ºC, com eficiência de 51%, em 2015.

## Implementar um sistema de dissipação passiva de calor

Com as lições aprendidas nos incidentes da Three Mile Island e Fukushima, todos os futuros reatores nucleares terão um sistema passivo de remoção de calor. Quando uma usina em operação é desligada pela interrupção da reação em cadeia, os produtos de fissão instáveis existentes continuam a decair e liberar calor. Um minuto após o desligamento, o reator continua a gerar 4% do total do calor de quando estava em operação. Após um dia, a energia térmica gerada cai para 0,5%, mas ainda precisa ser dispersada.

Em uma operação normal, o decaimento nuclear, resultante da fissão e dos produtos da fissão, produz energia térmica, que é absorvida pelas turbinas de conversão de energia, para produzir eletricidade. Após o desligamento (shutdown), esse sistema de transferência de energia não opera mais e outro meio de dissipar o calor deve entrar em funcionamento. Em um LWR atual, isso é realizado através de bombeamento de água, através dos sistemas auxiliares de resfriamento, mas isso requer energia para ser efetivado, o que faltou no caso de Fukushima.

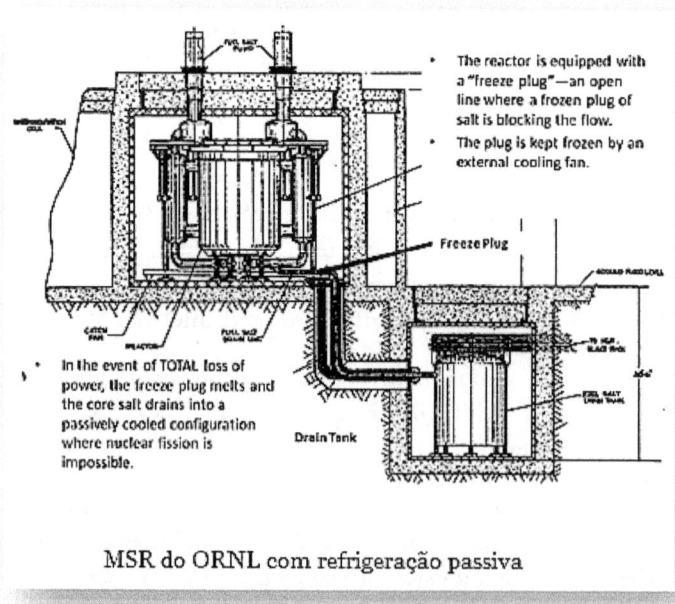

MSR do ORNL com refrigeração passiva

O RTFL e o DMSR terão um sistema passivo para remover o calor gerado pelo decaimento, usando convecção e condução térmica.

O esquema do projeto do ORNL, visto acima, ilustra um tanque de drenagem de sal fundido, na parte de baixo à direita, para reter o combustível em caso de superaquecimento, ou shutdown. O processo de resfriamento usa o ar. A temperatura do sal fundido pode chegar a 1400ºC, sem ferver, portanto, auxiliando a resfriar o sal fundido em alta temperatura. Em um MSR, é mais simples esfriar as barras de controle, do que em um LWR, por exemplo, os quais devem se manter acima de 800ºC, para evitar danos. À temperatura de 1200ºC, os óxidos de zircônio liberam o gás hidrogênio.

**Projetar uma usina segura e de fácil manutenção**

Os projetos atuais de pequenos reatores modulares, empregam vasos e equipamento radioativo associado, localizados no subterrâneo. Isso fornece proteção contra terroristas. A localização subterrânea também fornece proteção contra radiação, em caso de acidentes.

A manutenção da unidade de processamento de sal e do sistema de gás requer uma manipulação remota dentro das células quentes, que protegem o pessoal da radiação. Nesse projeto, deveria ser possível substituir qualquer componente. Os engenheiros nucleares sabem como implementar um sistema de segurança contra terremotos. O design do RTFL deve acomodar um armazenamento dos produtos de fissão, que são removidos do sal fundido. O design do DMSR deixa os produtos de fissão no próprio sal.

**Desenvolver um sistema de preservação de materiais nucleares**

A implantação de um RTFL, ou DMSR não facilitará a proliferação de armas nucleares porque é muito difícil e caro, para uma nação em desenvolvimento, tentar alterar a tecnologia para obter materiais utilizados na construção de bombas. O enriquecimento de urânio via centrifugação, ou produção de plutônio de reatores com propósito especiais, moderados por carbono ou água pesada, são usados pelo Paquistão, Coréia do Norte e Índia.

# Tório: energia abundante e acessível

Salvaguardas aplicáveis a todos os reatores em atividade ajudam a prevenir o mau uso dos materiais nucleares por nações ou organizações terroristas, por criminosos e mesmo pelo pessoal que opera o reator. As medidas de prevenção são, basicamente, manter um sistema de contabilidade e controle de todos os inventários e transferências de matérias nucleares. Os materiais nucleares incluiriam todos os isótopos físseis e isótopos férteis, que podem ser transmutados em material físsil. As salvaguardas de proteção também se aplicam aos produtos de fissão, que podem ser utilizados como contaminantes. Os regulamentos de prevenção são definidos pelos países, individualmente, como os EUA e o Brasil, com a orientação da Agência Internacional de Energia Atômica (AIEA).

Assim, os designs do RTFL e do DMSR devem levar em consideração sistemas remotos de medição e monitoramento, incluindo vídeo e sistema digital, além de auditoria aleatória. As medidas de segurança e prevenção devem ser rigorosas. As medidas de segurança e controle ainda não foram desenvolvidas para os reatores de combustível líquido, portanto, esta é uma área que exigirá atenção pelos órgãos reguladores. O U-233 do RTFL deve ser designado como material nuclear especial, com regras mais austeras de segurança do que para os DMSRs, ou mesmo os LWRs.

Uma medida de segurança adicional, que foi proposta para o RTFL, seria usar um sistema de controle remoto, para inserir o U-238 no núcleo do reator, que contém o U-233, arruinando, dessa forma, o material para o uso em armas.

### Separar e imobilizar os resíduos nucleares

A tabela de isótopos radioativos, resultantes de fissão nuclear, a seguir, disponível na Wikipédia, é uma fonte maravilhosa de informação.

As linhas mostram isótopos com meias-vidas similares. As colunas da esquerda são os actinídeos transurânicos, com cada coluna mostrando os elementos das quatro cadeias independentes de decaimento alfa ($He^{2+}$). Os isótopos, nas colunas da direita, possuem rendimentos similares, resultantes da fissão. Os produtos de fissão, com meia vida menor do que 10 anos, não são mostrados. O RTFL produz poucos dos actinídeos, na parte esquerda da tabela. Na parte direita, os produtos de longa vida radioativa, que nos interessam, são o tecnécio-99, estanho -126, selênio -79, zircónio -93, césio -135, paládio -107 e iodo -129.

Para explorar os componentes do combustível usado, quando os isótopos radioativos decaem com o tempo, conheça o programa desenvolvido por Kirk Sorensen em Java, no website da "Energy from Thorium":

http://www.energyfromthorium.com/javaws/SpentFuelExplorer.jnlp

Muito da ansiedade do público, hoje em dia, a respeito dos reatores nucleares, surge dos planos indeterminados sobre a gestão dos resíduos nucleares. As barras sólidas desgastadas de combustíveis contêm produtos radioativos resultantes da fissão de elementos transurânicos e, além disso, 20 vezes mais U-233, aumentando a massa e volume do material a ser isolado. A estratégia de deposição mais favorável, de longo termo, parece ser o isolamento completo das barras de combustíveis no subsolo. A França reprocessa essas barras , retirando os combustíveis uteis, U-235 e Pu-239, e dissolvendo os produtos de fissão em vidro sólido, para serem isolados para sempre.

A aceitação pública, de um reator de tório, exige um plano para manipular os resíduos radioativos. Isso começa na usina. Os produtos de fissão, exceto os elementos nobres, seriam os fluoretos. Moir e Teller recomendaram dissolvê-los em uma substncia chamada de fluorapatita ou apatita fluoretada, $Ca_5(PO_4)_3F$, um mineral encontrado na África, capaz de imobilizar, por bilhões de anos, os produtos de fissão de antigos reatores nucleares naturais.

Os resíduos radioativos não podem ser dispensados como vapor, partículas ou líquidos. Darryl Siemer tem experimentado, vidros que podem armazenar os produtos de fluoretos retirados dos RTFLs. Possíveis materiais de vidro são: borossilicato (alcalino + borato + sílica), escolhido para ser usado na montanha Yucca, aluminofosfato (alcalino + $Al2O3$ + fosfato), escolhido pela Rússia, ou fosfato de ferro (alcalino + $Fe2O3$ + fosfato). A Siemer considera que os vidros de fosfato de ferro podem armazenar os produtos, se os fluoretos forem convertidos em nitratos pelo processo de ebulição, em uma solução diluída de ácido nítrico e capturando os gases resultantes. Os produtos do RTFL, imobilizados por esse processo, ocupariam cerca de 9 metros cúbicos por GW-ano de operação.

## Integrar o processo de licenciamento com o processo de design

Órgãos reguladores, tal como a Comissão Reguladora Nuclear (NCR, na sigla em inglês), tem a obrigação proteger o público e assegurar que esta proteção seja adequada. O sucesso comercial do RTFL requer não apenas uma licença, mas também uma constante interação entre os reguladores e os engenheiros projetistas.

Nos EUA, o NCR possui muita perícia na gestão de segurança dos LWRs. Esse mesmo órgão regulador possui longa experiência em tecnologia de inovação, interagindo com os projetistas dos LMFBRs e reatores de alta temperatura, resfriados a gases. O pessoal da NRC precisará desenvolver uma perícia profunda sobre a segurança do RTFL. A organização tem-se envolvido em estabelecer um processo neutro de licença, que ainda precisa ter continuidade.

## Administrar para o sucesso

Um projeto complexo, e bilionário, tal como o RTFL, requer administradores experientes e motivados. O defensor do RTFL, Joe Bonometti, teve uma experiência semelhante na NASA e fornece, a todos, este conselho: "Administre a tecnologia, mas satisfaça o público". Educar e motivar, cada novo membro, a respeito do RTFL, este foi outro conselho: "Os críticos disseram que isto não poderia ser feito: o voo do mais pesado que o ar, o pouso na Lua, voar mais rápido do que o som, um avião stealth, o preço do terabyte custar relativamente barato." Cativar, com um toque de mágica, o uso do combustível nuclear na forma líquida e escolher um time pequeno, inteligente e habilidoso é essencial. A seguir, os conselhos de Bonometti:

1- Coletar dados básicos extensivos para capacitar o julgamento dos resultados.

2 - Edificar expertise no manuseio de fluidos, filtragem, armazenamento e suporte de tecnologia.

3 - Compreender, utilizar e validar software de segurança crítica, tanto para as operações como para o design.

4 - Ter um monitoramento redundante separado e um sistema de diagnóstico, além de um sistema de monitoramento do funcionamento.

5 - Manter um modelo ativo, em ampla escala térmica/mecânica, de funcionamento do sistema e um centro de modelagem para recriar anormalidades.

6 -Administrar reduções de riscos, abordando os problemas difíceis com antecedência. Incluir sensores de diagnóstico, circuito e imagens, com acesso a todos os componentes.

7 - Desenvolver uma relação duradoura entre os fornecedores e a base tecnológica.

8 - Nunca adiar a correção de um defeito.

9 - Nunca tolerar um mistério inexplicável em qualquer resultado de um teste.

**Manter as prioridades de custo**

Muitas decisões sobre o design serão feitas durante o desenvolvimento do RTFL. Por exemplo, os engenheiros projetistas devem levar em consideração a segurança, a manutenção, a longevidade, a resistência à proliferação, a administração dos resíduos e o custo. O baixo custo do capital investido e do custo operacional da eletricidade pode ser alcançado, se o impacto do custo for considerado em cada decisão do projeto.

Após ter os requerimentos estabelecidos, o projeto não deve ser sobrecarregado com requerimentos antagonistas adicionais, tais como mais proteção para radiação, maior proteção para acidentes aéreos, mais resistentes a terremotos, mais rotas de evacuação ou mais impostos. O projeto deve se antecipar e defender-se contra liminares, atrasos regulatórios e processos judiciais que, aparentemente, protegem o público e o meio ambiente, mas que, na verdade, são meios para aumentar os custos. O ponto de inflexão para o custo do RTFL é a característica de ser mais barato do que carvão ou gás. O grupo da Fundação Weinberg apelidou o RTFL de "pot, pipe and a pump" (pote, tubo e uma bomba), o reator 3P. Mantenha o design simples, mantenha os custos baixos.

**Projetos curtos custam menos e têm um risco de cancelamento menor.**

Recomendo um projeto de alta prioridade, um programa de 5 anos para completar os protótipos para o RTFL e o DMSR, mais simples. Isso pode tomar 5 anos adicionais para a indústria privada começar a participar e ajudar na comercialização. Os engenheiros nucleares e os reguladores governamentais, na indústria, atualmente, diriam que um projeto desses é muito agressivo. Contudo, muitos projetos foram realizados rapidamente, e alguns mais rapidamente ainda, em um tempo quando o engenheiro não tinha os recursos do computador e as aplicações de software, materiais, e os conhecimentos atuais de termodinâmica e química nuclear. O almirante Hyman Rickover desenvolveu o primeiro reator em 5 anos, entre 1949 e 1954, e o instalou no submarino Nautilus. A primeira usina terrestre foi construída na região de Shippingport, Pensilvânia, em 39 meses apenas.

## Os protagonistas

As preocupações elevadas do público a respeito dos resíduos atômicos, emissão global de dióxido de carbono e custos da energia nuclear têm levado os cientistas e engenheiros a rever a tecnologia do sal fundido, negligenciada nos anos 70. O RTFL pode gerar energia sem produzir gás carbono, com baixa produção de resíduos nucleares, com baixo custo e com o benefício maior de consumir os resíduos de combustível dos LWRs.

Muitas das iniciativas, para o desenvolvimento dos RTFLs, estão ativas mundo afora. A França promove trabalhos teóricos por cerca de duas dúzias de cientistas no Instituto Grenoble de Tecnologia e outros lugares. A República Checa promove pesquisa de laboratório no processamento de combustível em Rez, em um instituto de pesquisa nucleares, perto de Praga. O projeto do reator de sal fundido da FUJI está ativo no Japão. A Rússia está modelando e testando componentes de um reator de sal fundido, projetado para consumir plutônio e actinídeos dos combustíveis residuais dos PWRs. Estudos sobre os reatores de sal fundido também acontecem no Canada e na Universidade de Delft na Holanda. O investimento de P&D, nessa área, nos EUA, tem sido insignificante, contudo.

## *Os Estados Unidos*

**Os cientistas dos EUA renovaram o interesse pelo RTFL, no século 21.**

Em 2004, Ralph Moir, cientista do Lawrence Livermore, e Edward Teller, um veterano do projeto Manhattan e criador da bomba de hidrogênio, fez um apelo ao governo para a construção de um protótipo de um reator de sal fundido, utilizando o tório, mas isso nunca recebeu atenção e fundos.

O Oak Ridge havia documentado, meticulosamente, as suas pesquisas concernentes ao reator de sal fundido. No ano de 2002, os documentos foram escaneados e enviados para a NASA, que investigava uma usina para ser usada em uma missão tripulada a Júpiter. Em 2006, um estudante de pós-graduação, Kirk Sorensen, indexou e postou esses documentos no site da Energy From Thorium. Um grupo da comunidade mundial de pesquisadores, cientistas e engenheiros cooperou, propondo ideias e projetos online e recebendo revisões analíticas dentro de horas. Os membros do grupo postam links, assinalando para novas pesquisas nos EUA, Canadá, França, Rússia, Holanda, República Tcheca, GB e Japão. O Google tem dado suporte ao fórum, produzindo cinco vídeos apresentando o RTFL, agora, disponível no YouTube como palestras de tecnologia do Google (tech talks).

O investimento dos EUA na pesquisa de um reator de sal fundido é quase nulo, com exceção de que em 2012, o MIT, a UC Berkeley e a Universidade de Wisconsin receberam cerca de US$ 7 milhões, por um período de três anos para estudar a tecnologia dos reatores de sal fundido e de combustível sólido. Em contraste ao modesto investimento na pesquisa nos EUA, a França, a República Tcheca, a Rússia e a Holanda, e alguns outros países, investem e amparam a pesquisa sobre o MSR.

## Os EUA estão destruindo o seu valioso estoque de U-233.

O U-233, no núcleo do reator, é importante para o desenvolvimento de tese do RTFL. Com uma meia vida de apenas 160.000 anos, esse isótopo não é encontrado na Natureza. Os EUA possuem aproximadamente 1000 quilos do insubstituível U-233, que está sendo desperdiçado e destruído com uma mistura de U-238 e enterrado para sempre, a um custo de US511 milhões. Esse dinheiro seria mais bem empregado no desenvolvimento do RTFL, com o uso do U-233.

Várias pessoas calculam que, com um apoio adequado aos laboratórios nacionais, um protótipo poderia estar funcionando em 5 anos, ao custo de US\$1 bilhão. Esse custo de desenvolvimento foi avaliado pelo Fórum Internacional de IV Geração e pelo documento de Moir-Teller. Isso pode levar ainda uns outros 5 anos para a participação da indústria privada, até atingir a produção em massa. Se essa agenda parece agressiva, lembre-se de que o reator, PWR, Shippingport em 1957, foi construído em 39 meses e o de Oak Ridge, por Weinberg, foi construído em apenas 9 meses!

A Comissão Reguladora Nuclear (NRC, na sigla em inglês) necessitaria fundos para treinar trabalhadores qualificados para essa nova tecnologia. Atualmente, a NRC é uma pedra no caminho no desenvolvimento de novas tecnologias nucleares avançadas, tal como o reator de sal fundido. Mesmo sendo a energia algo tão crucial para os EUA, o orçamento público do Congresso dos Estados Unidos para a NCR foi de apenas 129 milhões de dólares, em 2012. Ela recebeu, ainda, 910 milhões de dólares, em tributos estabelecidos para as indústrias nucleares. Qualquer empresa, buscando uma licença junto ao órgão da NRC, deve estar preparada para pagar acima de US\$250/hora para cada empregado da empresa, o que pode resultar em centenas de milhões de dólares, e ainda aturar com as incertezas de um órgão controlado por comissários politicamente indicados.

Uma vez que o RTFL estiver desenvolvido, a indústria nuclear e as empresas de fornecimento poderão também ser atingidas por tecnologia disruptiva, que altera o processo inteiro de mineração, enriquecimento, fabricação de barras de combustíveis e reabastecimento.

## Os laboratórios nacionais dos EUA são capazes de desenvolver o RTFL.

Nos EUA, existem muitos laboratórios empregando milhares de cientistas e engenheiros, com recursos materiais, para desenvolver um reator de sal fundido. Os EUA possuem os recursos nesses laboratórios, mas não existe uma missão, uma direção ou quaisquer investimentos.

Significativamente, os laboratórios nacionais ainda detêm o direito de autorregular o desenvolvimento de reatores nucleares de pesquisa. As empresas fornecedoras de eletricidade, contudo, ainda necessitam licenciar os reatores junto ao NRC. O longo processo de licenciamento, junto ao NRC, poderia, então, ocorrer em paralelo com o desenvolvimento do RTFL nos laboratórios nacionais.

O Laboratório Nacional do Oak Ridge (ORNL), no Tennessee, construiu 13 reatores nucleares, incluindo dois reatores de sal fundido. O ORNL mantém laços estreitos com o departamento de engenharia nuclear da Universidade do Tennessee (UT). A UT opera o HFIR (reator de isótopos de alto fluxo), usado para testar materiais, e o NCSS (centro nacional de ciências da computação) colhe os computadores mais poderosos do mundo para realizar pesquisas não classificadas em muitas áreas, podendo incluir os projetos sobre reatores de sal fundido. No ano de 2011, os cientistas do ORNL sediaram conferências, publicando estudos sobre os reatores rápidos de sal fundido e, também, reatores de combustível sólido, resfriados por sal.

O Laboratório Nacional de Argonne surgiu dos trabalhos pioneiros de Fermi, na Universidade de Chicago. O Argonne construiu mais de 28 reatores entre os anos de 1940 e 2004. Mais recentemente, os cientistas do laboratório Argonne projetaram um reator rápido integral, mais precisamente, um reator reprodutor rápido resfriado por metal líquido, que queima o U-238, mais abundante, através do ciclo urânio-plutônio. A história é contada por Charles Till e Yoon Il Chang no livro "Plentiful Energy: The story of the integral fast reactor".

O Laboratório de Energia Atômica de Bettis e o Laboratório de Energia Atômica de Knolls trabalham exclusivamente com reatores nucleares navais para propulsão. Conjuntamente, eles desenvolveram 20 diferentes tipos de reatores para os submarinos e 8 tipos de reatores para os porta-aviões, entre outros.

O Laboratório Nacional de Idaho está desenvolvendo lentamente o NGNP (da sigla em inglês, next generation power plant), um reator de alta temperatura, resfriado a gás. Eles também operam o ATR (na sigla em inglês, advanced test reactor) usado para testar a vida útil de materiais submetidos a fluxos de nêutrons de alta velocidade. Mais de 50 reatores foram construídos no local, incluindo o protótipo para o submarino Nautilus.

O laboratório Nacional de Lawrence Livermore conduz pesquisas e desenvolvimento de reatores de fusão, assim como pesquisas sobre reatores de sal fundido. Os físicos, Edward Teller, Ralph Moir e Robert Steinhaus trabalharam lá.

O Laboratório Nacional de Los Alamos trabalhou, no passado, em projetos de reatores tal como o reator nuclear de plutônio fundido. Hoje em dia, o laboratório está focado nos projetos militares e em armamentos.

O Laboratório Nacional de Sandia está envolvido, principalmente, em atividades militares classificados, mas apoia pesquisas não classificadas tal como o Liberdade Verde (Green Freedom) para fazer gasolina a partir de ar e água usando energia nuclear.

O Laboratório Nacional de Savannah River, uma vez, operou cinco reatores nucleares. Atualmente, o laboratório trabalha em um projeto que produz óxidos mixos (MOX), para produzir as barras de combustíveis usados nos LWRs, a partir do superávit de plutônio e U-238. O laboratório também sedia a construção de três reatores modulares (SMR) para serem usados comercialmente com a participação de empresas particulares.

Em síntese, os EUA possuem a capacidade, mas não a vontade, nem a liderança, nem mesmo investimento, para desenvolver um reator nuclear avançado, tal como os reatores de combustível líquido. Como os benefícios são globais, outras nações estão liderando o desenvolvimento de tal tecnologia, o que vem acontecendo na China e na França.

### O Departamento de Energia dos EUA desconsiderou o potencial do RTFL.

O então secretário de energia dos Estados Unidos, Stephen Chu, expressou um criticismo histórico da tecnologia, em uma carta à senadora de New Hampshire, Jeanne Shaheen, respondendo questões durante o momento de posse dele.

"Uma grande desvantagem da tecnologia do MSR é o efeito corrosivo do sal fundido nas estruturas dos materiais usados no vaso do reator e nos permutadores de calor; este problema resulta na necessidade de desenvolver materiais estruturais avançados, resistentes à corrosão e incrementar o sistema de controle da química dos refrigeradores. "

Contudo, o problema de corrosão do vaso do MSRE pelos produtos de fissão foi analisado pelo ORNL e soluções já foram desenvolvidas.

"Do ponto de vista de não-proliferação, os reatores de tório apresentam um conjunto inusitado de desafios, pois eles convertem o tório-232 em urânio-233, o que é quase tão eficiente quanto o plutônio-239 para ser usado como material de bombas."

A resistência à proliferação é atribuída à contaminação do U-232 com o U-233. Entretanto, o DMSR é ainda mais resistente à proliferação.

O secretário Chu também reconheceu, contudo, que:

"Algumas características potenciais de um MSR incluem um menor tamanho do reator, em comparação aos reatores de água leve, por causa da capacidade de remoção dos sais fundidos de calor elevado e da capacidade de simplificar o processo de fabricação de combustível, uma vez que o combustível seria dissolvido no sal fundido."

**A Flibe Energy está se preparando para desenvolver o RTFL para os militares dos EUA.**

Flibe é o nome curto para o sal fundido de LiF, misturado com $BeF_2$ – uma das tecnologias chave do RTFL (RTFL). Baseada em Alabama, a empresa Flibe Energy foi fundada em 2011, por Kirk Sorensen, um ex-funcionário da NASA que estava pesquisando o RTFL para uma usina lunar de energia, quando, então, ele percebeu seu potencial na Terra. Sorensen também dirige o blog, Energy from Thorium, onde grande parte do interesse inicial sobre o RTFL foi despertado.

Os militares americanos têm necessidade de usinas robustas de energia em regiões remotas, assim como fontes independentes de energia no continente americano, para as suas bases. O RTFL pode ser configurado em formato modular, permitindo rápido transporte e instalação. Os militares americanos têm uma autoridade regulatória independente, separada da comissão nuclear NRC, permitindo, assim, a pesquisa e o desenvolvimento de tecnologia nuclear, sem os atrasos e os custos gerados pelo sistema regulatório da NRC. O longo processo de licenciamento da NRC, dessa nova tecnologia do RTFL, pode proceder em paralelo com o desenvolvimento militar, permitindo, assim, eventualmente, o benefício ao setor público privado.

A Flibe propõe construir uma usina piloto, na área de Huntsville, Alabama, para ser operada sobre regulamento militar. O primeiro reator para demonstração terá uma capacidade de 40MW (e), com a projeção de funcionar por 10 anos. O próximo passo será a construção de um reator de capacidade entre 240-400 MW (e) para uso comercial, no entanto, Sorensen afirma que a tecnologia pode permitir uma escalada de 1 MW para 1 GW.

A empresa está levantando fundos de centenas de milhões de dólares, objetivando o desenvolvimento de um reator RTFL, para o uso privado, por volta do ano de 2016. O autor deste livro, Robert Hargraves, é um conselheiro voluntário da Flibe Energy.

**A Transatomic Power oferece um reator de sal fundido com a capacidade de queimar resíduos.**

Mark Massie e Leslie Dewan são candidatos ao doutorado pelo departamento de engenharia nuclear no MIT. Com a assistência dos orientadores do MIT e ORLN, eles fundaram a empresa Transatomic Power, que oferece o conceito de um reator denominado de reator de sal fundido aniquilador de resíduos, na sigla em inglês: WAMSR.

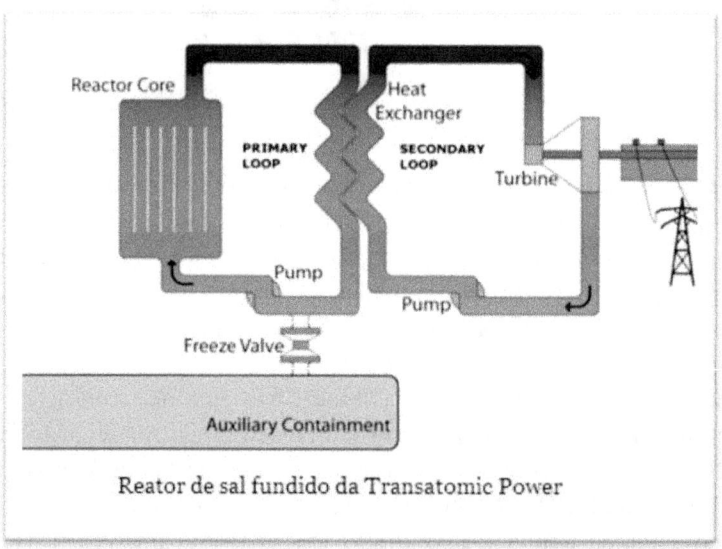

Reator de sal fundido da Transatomic Power

Uma frota de tais reatores, com capacidade de 200 MW (e) cada, poderia consumir 98% das 270 mil toneladas de barras de combustíveis consumidos existentes e munir o mundo com energia pelos próximos 72 anos. A tecnologia do WAMSR possui um sistema, pelo qual um sal fundido de 650 ºC passa através de um permutador de calor, produzindo vapor que, então, movimenta os geradores convencionais de energia. O WAMSR não utiliza tório, mas o U-238 é abundante, nas 270 mil toneladas de combustível consumido que existe, contendo 95% do U-238. Existe uma quantidade, aproximadamente, dez vezes maior de U-238, resultante do enriquecimento do urânio. A Transatomic Power recebeu um financiamento de $763.000 no ano de 2012.

**A empresa Thorenco fornece um reator RTFL de nêutrons rápidos.**

O fundador da Thorenco, Rusty Holdren, apresentou um desenho de um modelo piloto do RTFL durante a conferência da organização americana, Thorium Energy Alliance, no ano de 2012. Esse tipo de reator utiliza uma piscina, na qual o calor gerado pela fissão do U-233, no núcleo, é transferido para uma grande quantidade de sal fundido, circulando na piscina.

Um segundo permutador de calor, no cimo da piscina, transfere o calor para o vapor, ou outro gás, que então é utilizado para movimentar uma usina geradora.

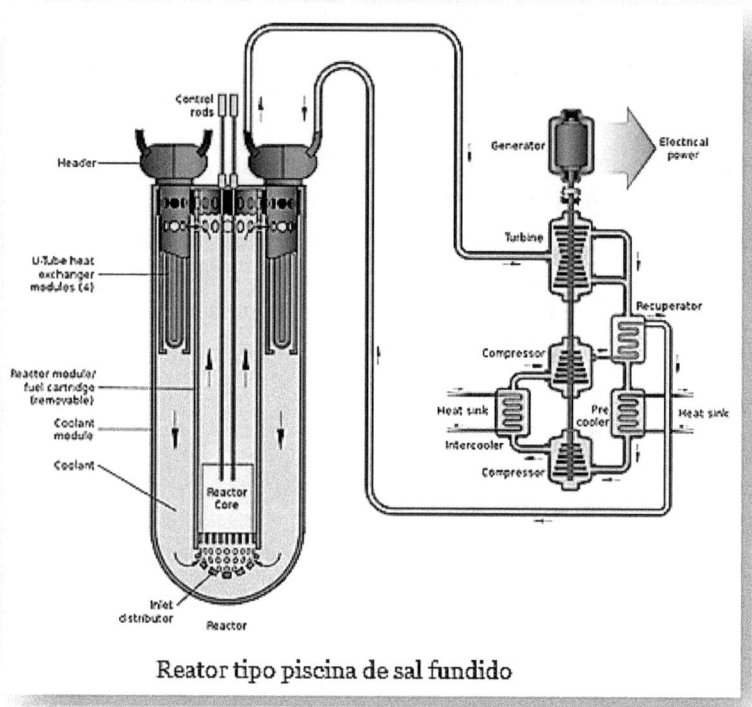

Reator tipo piscina de sal fundido

Holdren inventou um núcleo em um formato de favo de mel, contendo o sal fundido combustível, entretanto, este não circula no sistema. O sal combustível é resfriado, então, por outros sais fundidos (não combustíveis), que circulam na piscina, por convecção e através dos canais hexagonais. Tubos hexagonais de metal, tipo Hastelloy, separam o sal combustível do sal refrigerante. Por causa da absorção do nêutron pelo níquel, no Hastelloy, o material estrutural pode precisar ser restituído frequentemente.

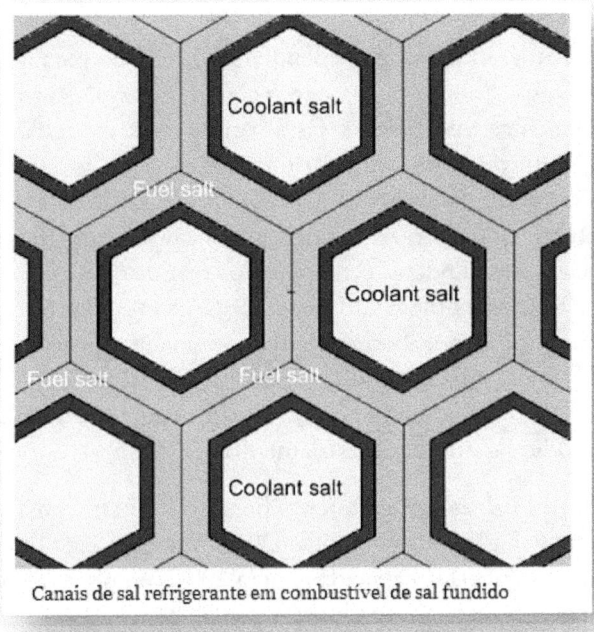

Canais de sal refrigerante em combustível de sal fundido

O sal refrigerante é composto de 57% NaF e 43% $BeF_2$. A composição do sal combustível, em um estudo, foi de 7% $UF_4$, 53% NaF e 33% $BeF_2$. Somente o berílio modera melhor o nêutron, portanto, as seções transversais são menores do que com os nêutrons térmicos. Isso requer uma quantidade maior de urânio do que um RTFL com moderador de grafite.

O reator de 40 MW(t) operaria por 10 anos, com uma carga de 1.600 kg de urânio 233 e 9.000 kg de tório 232. Durante a década, o reator produziria 100 kg de U-233, mas consumindo 141 kg do mesmo e, dessa forma, reduziria o estoque inicial de U-233 de 1.600 kg para 1.559 kg. Assim como outros conceitos de reatores de tório, esse reator produz uma quantidade insignificante de plutônio e outros elementos transurânicos e apresenta uma resistência importante à produção de armas nucleares, devido ao fato de que o U-232 produz uma quantidade altíssima de radiação gama, 2,6 MeV.

## *China*

A China procura reduzir a sua dependência de carvão para a geração de energia. Desde 2006, a China tem fechado muitas das usinas de carvão, ineficientes e poluidoras. Essas usinas, com capacidade total de 71 GW, liberavam 165 milhões de toneladas de $CO_2$ por ano. A China está expandindo agressivamente sua capacidade de gerar energia elétrica, usando várias tecnologias avançadas de geração de energia nuclear. Incluindo a tecnologia dos reatores de água leve, usada nos EUA, a tecnologia do reator de CANDU, que usa água pesada como moderador, desenvolvida no Canadá, o reator de tecnologia alemã, conhecido como reator de leito de esferas, arrefecido a gás, de alta temperatura e, finalmente, o reator russo que utiliza sódio líquido para resfriamento.

A China tem 14 usinas nucleares em operação e 25 em construção, para serem concluídas por volta de 2020, com capacidade de 60 GW(e) e incrementa esta capacidade para 200 GW, por volta de 2030. Em comparação, a usina hidrelétrica de Three Gorges gera 18 GW.

**A China baseia a sua expansão nuclear em reatores LWR de III geração.**

Mas, a China também possui reatores com tecnologia doméstica, desenvolvidos pela Corporação Nacional Nuclear da China, do tipo LWR. A China também tem contrato com a Areva para construir quatro reatores EPR (do acrônimo inglês, European Pressurized Water) de tecnologia europeia, dois dos quais estão em construção na província de Guangdong, para fornecer 1,66 GW, construção quase pronta em 2015. A China adquiriu os direitos de propriedade intelectual dessa tecnologia avançada, com a intenção de se tornar autossuficiente em tecnologia nuclear e, também, um exportador.

**A China está construindo reatores nucleares de leito de esferas.**

A tecnologia do PBR (no acrônimo em inglês, Pebble Bed Reactor) foi primeiramente desenvolvida na Alemanha, onde o THTR-300 abastecido com tório operou de 1980 até 1989. Um ponto atrativo do PBR é a segurança inerente. Operando em altas temperaturas, o U-238 absorve mais nêutrons, o suficiente para cessar a reação em cadeia de fissão. Um sistema passivo de ventilação remove o calor de decaimento nuclear.

O primeiro reator PBR, na China, tornou-se operacional na Universidade de Tsinghua, em 2003, fundamentado na tecnologia alemã AVR dos anos 60. A China comprou os componentes AVR e remontou o reator, resfriado por hélio. A rede australiana de televisão gravou a operação do reator na China. Na época, o professor Zhang Zuoyi descreveu o evento, quando, então, o reator foi desligado de propósito para mostrar, na televisão, como o sistema de segurança intrínseco do reator funciona. Durante o desligamento, a temperatura aumentou, acarretando a absorção dos nêutrons pelo U-238, o suficiente para cessar a reação em cadeia e, consequentemente, o reator foi passivamente resfriado por convecção.

Reatores de leito de seixos planejados em Rongcheng

A China está, agora, construindo um reator para demonstração, com capacidade de 190 MW cada, em Rongcheng, e, caso o projeto seja bem-sucedido, abrangerá um total de 19 reatores PBR, com capacidade total de 3.600 MW.

**A Rússia está vendendo dois reatores rápidos para a China.**

A China experimentou reatores de nêutrons rápidos no Instituto de Energia Atômica da China. Um reator experimental de 20 GW(e), sódio-refrigerado, tipo piscina, entrou em operação no ano de 2011. O projeto, que custou 350 milhões de dólares, tinha o objetivo de acumular experiência operacional com os reatores rápidos e servir de um centro para irradiar combustíveis e matérias com nêutrons de alta energia.

Na Rússia, um reator de nêutrons rápidos, BN-600, refrigerado por sódio, entrou em operação em 1980 e, agora, a Rússia está construindo um reator BN-880, uma versão mais atualizada do reator, com capacidade de 880 GW. A vantagem dos reatores de nêutrons rápidos é que eles podem consumir U-238 fértil, sendo 100 vezes mais disponível do que o U-235, usado nos reatores padrões LWR . A China e a Rússia concordaram em construir unidades BN-880 em Sanming.

A China importa 95% do mineral de urânio, mas possui 8,9 milhões de toneladas de tório, associadas com as reservas de terra rara. A China está testando o uso de tório no seu reator CANDU e em outros tipos de reatores.

**A China possui um projeto para desenvolver o RTFL.**

Em janeiro de 2011, a academia chinesa de ciências anunciou o lançamento do seu projeto para desenvolver um reator de tório de sal fundido. O vice-presidente da academia chinesa, Dr. Jiang Mianheng, deixou a posição acadêmica para liderar o projeto do RTFL.

Após a publicação, em julho de 2010, sobre o RTFL, na revista mensal, American Scientist, Jiang liderou uma delegação em uma visita ao ORNL, onde foi concebido o primeiro reator de sal fundido. Após o acontecimento, o time chinês recebeu apoio e investimentos da Academia para iniciar o desenvolvimento do projeto. O ORNL compartilhou as informações sobre a tecnologia com 1894 visitantes chineses, em 2011, e, mesmo assim, a China planeja adquirir e controlar a propriedade intelectual do RTFL.

Academia Chinesa de Ciências

O trabalho de desenvolvimento está sendo realizado no Instituto Shanghai de Física Aplicada, onde o pesquisador, Wen Wei Po, anunciou oficialmente o projeto, em janeiro de 2011, no artigo escrito por Wen Hui Bao e publicado no fórum da Energy from Thorium. O plano de P&D inclui também o ciclo Brayton de conversão, produção de hidrogênio e a síntese do metanol a partir do $CO_2$ e $H_2$.

Em 2012, o projeto TMSR (na sigla em inglês, Thorium molten salt reactor) empregava 432 pessoas, e irá empregar mais especialistas no futuro. O projeto está dividido em quatro estágios, começando os dois primeiros de uma vez:

1) Instalação de um sistema crítico em 2015, sem produção de energia;

2) 2 MW(t) de 660°C, PB-AHTR e MSR por volta de 2020;

3) 10 MW(e) MSR, em 2020;

4) 100 MW(e) MSR, em 2030;

Incognitamente, a China havia investigado os princípios técnicos do reator de sal fundido, com relação aos experimentos do ORNL, que foram realizados entre os anos 1965 e 1968. Os cientistas chineses construíram um reator experimental, utilizando sais secos de fluoretos de lítio e berílio, contendo sais de U-235 e tório. O reator atingiu o estado crítico nos anos de 1970.

No final de 2010, Dr. Xu Hongjie, principal pesquisador do Instituto de Física Aplicada de Changai, descreveu o avanço realizado no uso dos sais de fluoreto fundido, com uma consistência semelhante à lava, como combustível nuclear. Ele informou que o sal fundido do reator foi escolhido entre as seis concepções propostas pelo fórum internacional de reatores de geração IV (Generation IV International Forum). Na concepção, o RSF (MSR em inglês) usa um combustível líquido, é relativamente menor, tem uma estrutura simples, opera à baixa pressão atmosférica, pode consumir vários tipos de combustíveis e gera uma porção minúscula (1/1000) do lixo atômico produzido pelas tecnologias atuais.

A academia chinesa de ciências e o Instituto de Changai estão colaborando com a universidade de Berkeley, o MIT e a universidade de Wisconsin, especialmente, em relação à segurança e ao licenciamento. Um dos dois reatores de 2 MW, para pesquisa, está sendo planejado para usar um reator de leito de esferas, resfriado por um sal fundido, semelhante ao desenho do PB-AHTR, concebido na universidade de Berkeley. A China já possui a capacidade de manufaturar combustíveis TRISO de esferas.

## *França*

### Cientistas em Grenoble estão projetando reatores de tório que utilizam nêutrons rápidos.

Apesar de a França não estar construindo um reator de sal fundido, cientistas do laboratório nacional, em Grenoble, estão investigando os reatores e o tório desde os anos 90. Estudos iniciais consideraram o uso de reatores de sal fundido para queimar plutônio e outros actinídeos. O reator reprodutor (breeder) também se tornou o foco da investigação.

Publicações correntes de pesquisa mencionam um reator rápido de sal fundido, sem o uso de grafite e sem moderação, com uma cobertura de tório. Tal reator rápido requer mais material físsil para o nêutron rápido interagir com o núcleo antes de sair do núcleo (core) do reator.

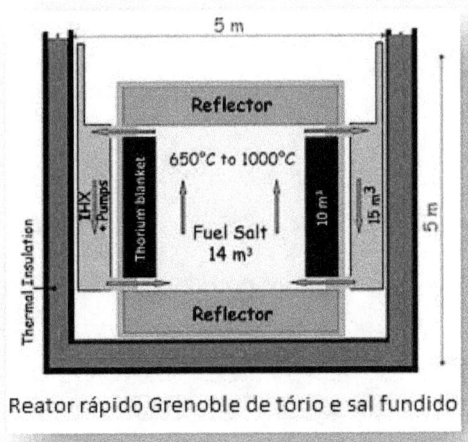

Reator rápido Grenoble de tório e sal fundido

O sal do reator é composto de 78% LiF com $^{233}UF_3$ e $^{232}ThF_4$ dissolvidos. O $U_{233}$ físsil pode ser substituído pelo $U_{235}$, ou $Pu_{239}$, ou ainda por uma mistura de transurânicos encontrados no combustível consumido do reator de água leve. Um reator de 1000 MW (e) pode produzir 95 quilos de $U_{233}$ por ano que pode, então, ser utilizado para iniciar a reação em outros reatores. O reator rápido de sal fundido (RRSF) requer um inventário grande de 3.400

quilos de $U_{233}$ para capturar nêutrons rápidos. O núcleo cilíndrico do reator, de 2,3 por 2,3 metros, contém $28m^3$ de sal fundido, sendo o resto canos, bombas e outros componentes, pode reprocessar somente 40 litros de sal por dia.

A França é um membro do projeto EVOL (avaliação e viabilidade do sistema de combustível do reator rápido líquido) europeu junto com a Holanda, Alemanha, Itália, Reino Unido, República Tcheca, Hungria e Rússia.

## Outros Países Considerando o Reator de Sal Fundido

### A República Tcheca e a Austrália também podem desenvolver o RTFL.

A República Tcheca tem patrocinado a pesquisa e o desenvolvimento de reatores de sal fundido, por anos. Jan Uhlir é o chefe da pesquisa sobre tório no Instituto de Pesquisa Nuclear de Rez, perto da cidade de Praga.

Circuito de teste de sal fundido em Rez

O instituto possui experiência teórica e experimental na química dos fluoretos de actinídeos, transmutação dos actinídeos pela destruição de transurânicos e na conversão de tório, $Th_{232}$, em urânio, $U_{233}$. O laboratório está conduzindo pesquisa e desenvolvimento limitados, na área da tecnologia dos reatores de sal fundido, especialmente na área do ciclo de combustíveis, material estrutural de liga de níquel, e alguns outros estudos.

# Tório: energia abundante e acessível

A Austrália e a República Tcheca estabeleceram, em 2011, um acordo de colaboração na pesquisa sobre um reator piloto de tório com capacidade de 60MW, em Praga. Essa parceria emprega dezenas de cientistas e engenheiros, com um custo inicial de 300 milhões de dólares.

**Empreendedores canadenses estão examinando as oportunidades de tório.**

Thorium Power, do Canadá, afirma que possui um design para um reator de tório de sal fundido. A empresa diz que está em processo de licenciamento preliminar para construir uma unidade de 10 MW no Chile, visando dessalinização, e uma unidade de 25 MW, na Indonésia.

Thorium One tentou comercializar combustíveis sólidos de tório para o LWR e para os reatores CANDU. As barras de combustível iriam incorporar um material físsil de plutônio com o tório, com tecnologia similar ao combustível MOX, fabricado na França. Em vez de combustíveis sólidos, a Thorium One está, agora, considerando a tecnologia de combustível líquido do MSR.

Os engenheiros nucleares do Canadá não estão vinculados à tecnologia LWR, pois eles desenvolveram a tecnologia do reator CANDU, que emprega tubos facilmente fabricados em vez de um vaso maciço de reator com um moderador de água pesada. Com o despojamento da AECL do Canadá, os profissionais de talento estão disponíveis para novos empreendimentos em MSRs.

O Canadá é o maior fornecedor de petróleo dos EUA. Nas areias betuminosas de Alberta, é extraído o óleo, mas isso levanta preocupações ambientais sobre as liberações de $CO_2$ adicionais, por esse método de extração. A geração de calor de um DMSR, ou RTFL, pode fornecer vapor para a recuperação, in situ, dos 175 bilhões de barris de reservas. Vários reatores pequenos e modulares, bem distribuídos, são adequados porque o calor nuclear só pode ser eficientemente transportado por cerca de 10 km. Um MSR, configurado para fornecer calor gerado pelo processo, não precisa de uma turbina cara de conversão de energia de ciclo Brayton ou do tipo $SCO_2$, economizando, dessa forma, 30-40% do custo de uma usina de energia elétrica. David LeBlanc, da Ottawa Valley Research Associates, e Penumbra Energy de Calgary estão atraindo o interesse das empresas de energia e engenharia.

A comissão canadense de segurança nuclear pode ser mais favorável para esse tipo de tecnologia avançada do que a NRC dos EUA. Por exemplo, os regulamentos para a libertação de trítio são mais brandos, permitindo sua utilização nos reatores CANDU no Canadá, em contraste com os EUA, onde existem restrições enormes.

**Dr. Kazuo Furukawa fundou a empresa IThEMS para**

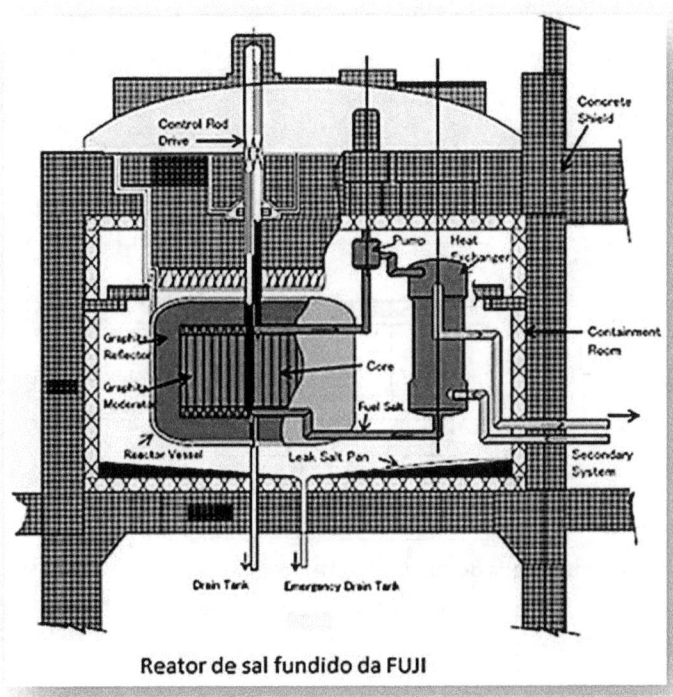

Reator de sal fundido da FUJI

Dr. Kazuo Furukawa liderou a pesquisa japonesa em tecnologia do reator de sal fundido até sua morte em 2011. Em 2010, ele estabeleceu a IThEMS, uma empresa que planejava construir um MSR utilizando o tório, no Japão.

O plano inicial foi o de levantar US$300 milhões para desenvolver um reator de 10 MW(e), um MiniFUJI MSR no prazo de 6 anos. Os custos de produção foram estimados em US$30 milhões (US $ 3/W). O projeto seguinte, FUJI de 200 MW(e), foi concebido para um único reator de sal fundido fluídico, com tório presente no sal de combustível. O custo projetado de produção de energia foi de 6,1 centavos/kWh. O projeto teve dificuldades para levantar o investimento e, após a morte do Dr. Furukawa, ele foi interrompido.

A grafite ocupa 90% do volume do recipiente do reator. A temperatura do sal de combustível é de cerca de 600°C. O ciclo do reator Th/U é um "near breeder", exigindo adição regular de material físsil suplementar. O projeto do reator acomodaria qualquer material físsil, incluindo U-233, U- 235, Pu-239, etc. O sal de combustível é formado por 7LiF - BEF$_2$ - ThF$_4$ - UF$_4$. N.

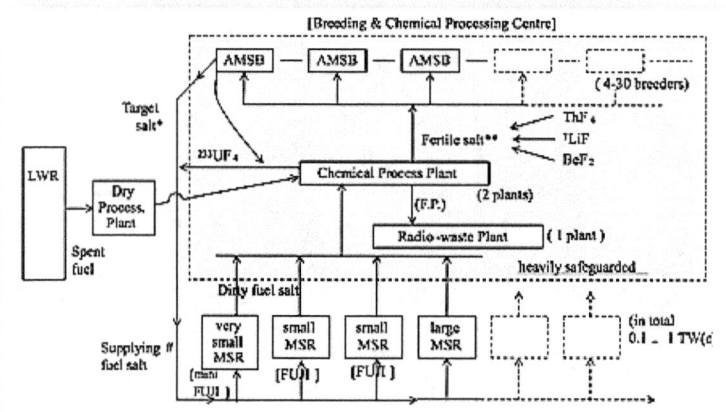

Reprodução centralizada de combustível e sistema distribuído MSR da FUJI

Para fornecer a composição necessária do U-233, o desenho incluiria um sistema regenerativo central, altamente protegido, de U-233, utilizando reatores de sal fundido regenerador, AMSB (na sigla em inglês). O reator AMSB, projetado, de 1.000 MeV, utiliza um acelerador de prótons de 300 miliamperes. Pode produzir 400 kg/ano de U-233 a partir do Th-232 fértil, com o sal fundido como alvo. O inventário inicial do reator de 200 MW(e), FUJI, é de 800 kg, portanto cada AMSB poderia auxiliar na produção de outro reator FUJI, e a cada dois anos.

Takashi Kamei continua participando na pesquisa e no desenvolvimento dos reatores FUJI MSR, um desenho que usa plutônio resultante do combustível irradiado no LWR, em vez de U-233, para o material físsil de inicialização. O processo está resumido na tabela abaixo, obtido de um artigo, por ele publicado, em dezembro de 2011, no jornal de Segurança Nuclear e Simulação. O reprocessamento de combustível ocorre em um ciclo de 7,5 anos, ao longo da vida do reator, de 30 anos.

Kamei, que tem escrito artigos japoneses e livros sobre o assunto, diz que a Chubu Electric Power Company está considerando reatores de tório para o futuro da energia nuclear. Chubu, agora, opera três usinas de energia nuclear, LWR, na região central do Japão.

**MSR da FUJI 200 MW (e)**

|  | FUJI-PU2 | FUJI-U3 |
|---|---|---|
| Th- inventário inicial | 31,3 t | 56,3 t |
| Pu- inventário inicial | 5,78 t |  |
| Pu- Adições/30 anos | 1,16 t |  |
| U-233-inventário inicial |  | 1,132 t |
| U-233-Adições/30 anos |  | 0,344 t |
| U-233- Inventário final | 0,295 t | 1,505 t |
| Transurânicos no final | 0,285 t | 0,005 t |
| Relação de conversão | 0,92 | 1,01 |

## *Os Competidores*

Este livro promove reatores de sal fundido alimentados a tório, como o RTFL e o DMSR, pois eles apresentam o potencial de produzir energia mais barata. As usinas de queima de carvão são as maiores fontes singulares de emissões de $CO_2$ e de fuligem. A tese do livro é que RTFL pode fornecer uma solução de mercado para nossas crises ambientais globais superando, economicamente, as usinas de queima de carvão. O RTFL é capaz de produzir energia de baixo custo, porque o combustível é barato e o custo de capital é relativamente baixo, devido a sua forma compacta e, por operar à temperatura elevada, com baixa pressão e segurança inerente.

No entanto, vários outros projetos avançados de energia nuclear podem ser candidatos para essa meta de energia mais barata do que o carvão. Um mundo sustentável necessita de uma solução desse tipo, mesmo se não for o RTFL. Muitos defensores de outras tecnologias não consideram que a prioridade de uma energia mais barata do que o carvão seja o foco. Tal objetivo deve ser considerado em todas as etapas de projeto e desenvolvimento para todas as tecnologias, incluindo o RTFL. Esta seção discutirá formas de tecnologias nucleares avançadas, além do tório, que estão sendo investigadas em todo o mundo.

Segue uma exposição sobre outras tecnologias candidatas, potencialmente, a serem mais baratas: Próxima Geração de Usinas Nucleares (PGUN)

## NGNP

### O Departamento de Energia dos EUA nomeia a próxima geração de energia nuclear.

A PGUN (próxima geração de usinas nucleares, ou NGNP, na sigla em inglês, Next Generation Nuclear Plants) é a tecnologia escolhida pelo Departamento de Energia dos EUA para a energia nuclear avançada. O projeto foi, inicialmente, orçado em US$50 milhões, em 2012. O objetivo é o de desenvolver uma fonte de calor de alta temperatura, não só para a produção de energia elétrica mais eficiente, mas também para a dissociação de hidrogênio e para a geração de calor industrial. A tecnologia é baseada no conceito do TRISO, combustíveis compactos. O núcleo do reator é arrefecido por gás de hélio de alta pressão, usando um permutador de calor externo para transferir a energia térmica para o vapor.

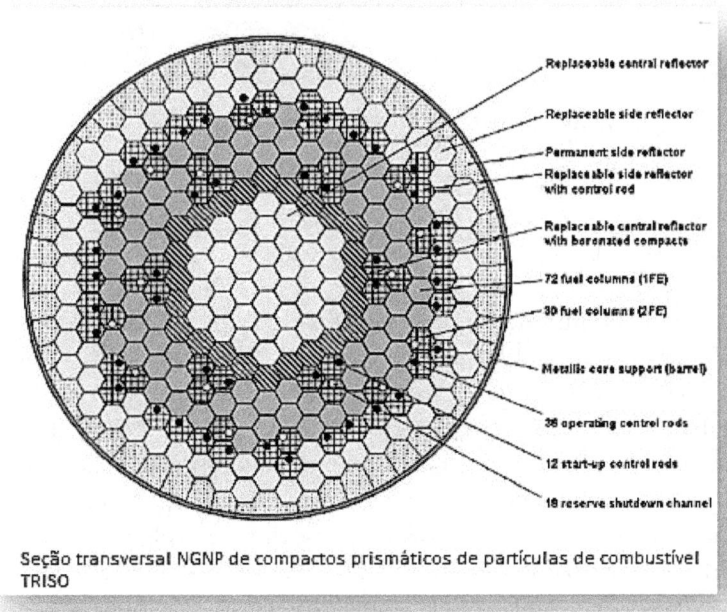

Seção transversal NGNP de compactos prismáticos de partículas de combustível TRISO

O esboço, vide figura, da seção transversal de um núcleo prismático, exibe um anel de combustível compactado, em formato hexagonal, circundando os refletores centrais de nêutrons, com mais refletores exteriores protegendo o vaso do reator.

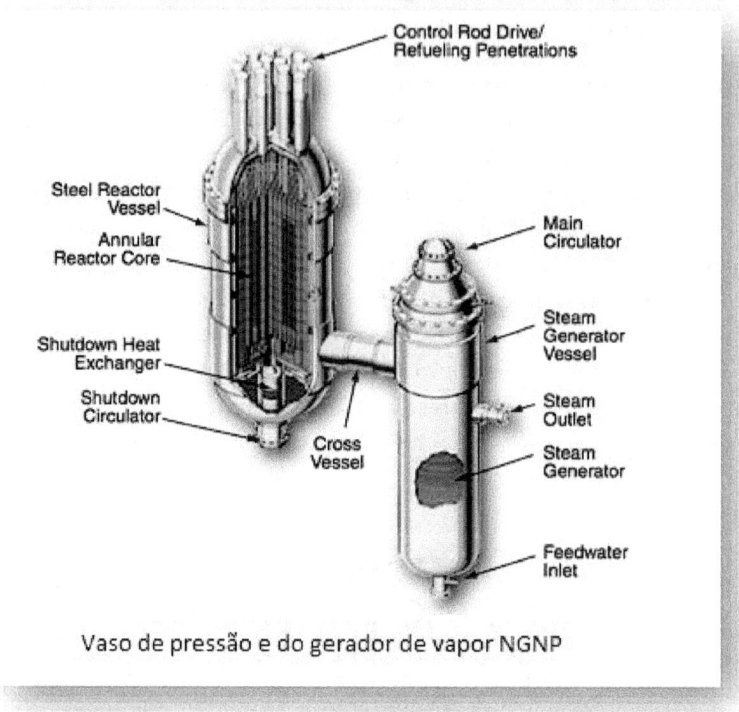

Vaso de pressão e do gerador de vapor NGNP

O Ato de Política de Energia, de 2005, aprovou 1,5 bilhões de dólares para PGEN, com orçamento final por volta de US$4 bilhões. O Ato financia o Laboratório Nacional de Idaho para trabalhar na PGEN e requer a partilha de custos com a indústria privada, de modo que a PGEN foi criada, compreendendo uma dúzia de empresas como a Areva, a Westinghouse, a Dow Chemical e a Entergy, entre outras. A Aliança escolheu o projeto Areva Antares, com o combustível TRISO prismático e um ciclo de conversão de energia convencional de geração de vapor.

Em 2012, o L.N. de Idaho (LNI) publicou um plano de projeto de 59 páginas, com cerca de 2.000 passos a serem seguidos, com a operação inicial para 2021. O LNI estimou os custos de capital do projeto na faixa de $2/W(t) para usinas de energia de mais de 600

MW(t) de capacidade. A aliança do projeto espera que os custos das usinas, no futuro, sejam mais competitivos com o gás natural, com valores de US$6-9/MBTU, 2-3 centavos por kWh(t). A adição de uma turbina a vapor de 33% de eficiência e um gerador de US$1/watt,poderiam, conceptualmente, gerar eletricidade a um custo próximo de 7-10 centavos/kWh (e), apesar de não ser um custo bem menor do que a eletricidade a carvão a 5,6 cêntimos por kWh.

Os reatores de leito de cascalho de alta temperatura, usando combustível TRISO, resfriado a gás hélio, foram operados com sucesso na Alemanha e na China. Estes usaram combustível TRISO em seixos circulatórios em vez dos compactos prismáticos de grafite fixos, selecionadas para o PGEN. A África do Sul tentou construir um reator de leito de cascalho, mas o projeto foi desativado em 2010, por falta de fundos.

## *Westinghouse AP1000*

**O projeto AP1000 surgiu da experiência da Westinghouse com os PWR.**

A Toshiba-Westinghouse AP -1000 1.1 GW PWR é um possível candidato para fornecer energia mais barata do que o carvão. Enquanto projetos como o RTFL são disruptivos para a indústria, o AP1000 resulta da evolução gradual de décadas de experiência na construção e operação de reatores de água pressurizada. A mudança evolutiva é especialmente importante em um setor tal como a energia nuclear, com prazos muito longos e de atrasos regulatórios. Muitas indústrias foram bem sucedidas mesmo enfrentando competidores e tecnologias disruptivas. Damos dois exemplos a seguir.

Unidades de discos magnéticos, ameaçados pelo disco óptico e as memórias de estado sólido, foram profetizados a se tornarem obsoletos desde 1956. No entanto, os discos rígidos magnéticos sobreviveram e melhoraram o desempenho drasticamente. Os preços ao consumidor são menos de US$0,10 por gigabyte; custos industriais ainda mais baixos tornam serviços, tais como o Google, possíveis.

Os motores de pistão evoluíram com sucesso, por um longo período de tempo, mesmo quando havia turbinas, motores Wankel e motores elétricos.

**Os avanços em computação e engenharia permitem novos conceitos**

O desenvolvimento de um reator nuclear moderno faz uso extensivo de desenho assistido por computador (CAD) e técnicas de engenharia que não estavam disponíveis, em 1970, aos projetistas de reatores. Os computadores atuais são milhões de vezes mais poderosos do que os dos anos 70 e são interligados por fibras ópticas e pela internet. Sistemas de gerenciamento de bancos de dados e métodos de busca, hoje em dia, armazenam e recuperaram informações de forma mais confiável e rápida.

Alguns avanços de engenharia incluem CAD-3D, acoplado à análise estática e dinâmica de elementos finitos, com software como Fluent,

MATLAB, AutoCAD, Catia e Pro/E. Isso permite a exploração virtual de tensões térmicas e deformações, o fluxo de fluido viscoso, condutividade térmica, condutividade elétrica e fluxo de nêutrons. Novas técnicas de gerenciamento de sistemas de engenharia incluem sistemas como a gestão da qualidade total, conceito Six Sigma da GE, ISO 9000, projeto e controle de processos de produção, planejamento de recursos de fabricação (MRP) e sistemas de gestão em escala empresarial, como SAP. Uma avaliação probabilística de risco (PRA), amplamente utilizado pela NASA, agora quantifica e gerencia a segurança de projetos de usinas de energia nuclear, onde a metodologia P.R.A está começando a substituir o vago conceito de orientação regulamentar de segurança,onde for razoavelmente possível".

**Westinghouse construiu os primeiros PWRs.**

Em 1893, no World Fair, George Westinghouse demonstrou uma nova invenção de Nicola Tesla – distribuição de energia elétrica em corrente alternada – plantando as sementes de uma nova empresa, a Westinghouse Electric Company, localizada na área de Pittsburg. A empresa é, agora, propriedade da Toshiba e de seus sócios minoritários, incluindo o grupo Shaw. A Westinghouse construiu o primeiro motor atômico, o que impulsionou o submarino Nautilus, em 1953. A Westinghouse também construiu a primeira usina nuclear dos EUA, em Shippingport, PA, em 1957. Metade do mundo utiliza a tecnologia Westinghouse de reator de água pressurizada. Em 2011, a Westinghouse recebeu o certificado da Comissão Reguladora Nuclear para o AP1000 e, em 2012, a Comissão aprovou as licenças de construção e de operação para quatro reatores AP1000 nos EUA.

**O novo AP1000 da Westinghouse tem menos componentes caros.**

Comparado com os projetos de PWR anteriores, o AP1000 usa muito menos componentes, consequentemente, reduzi os custos e melhora a confiabilidade. As bombas fixas de refrigeração possuem nenhuma vedação que causa vazamento, pois se localizam dentro de um contêiner. O impulsor e a armadura do motor hidráulico estão totalmente imersos no fluido de arrefecimento bombeado, que também é o lubrificante, e todos os circuitos elétricos estão localizados fora do contêiner. A parte do edifício que tem de resistir a sismos é relativamente pequena, reduzindo custos e propriedade.

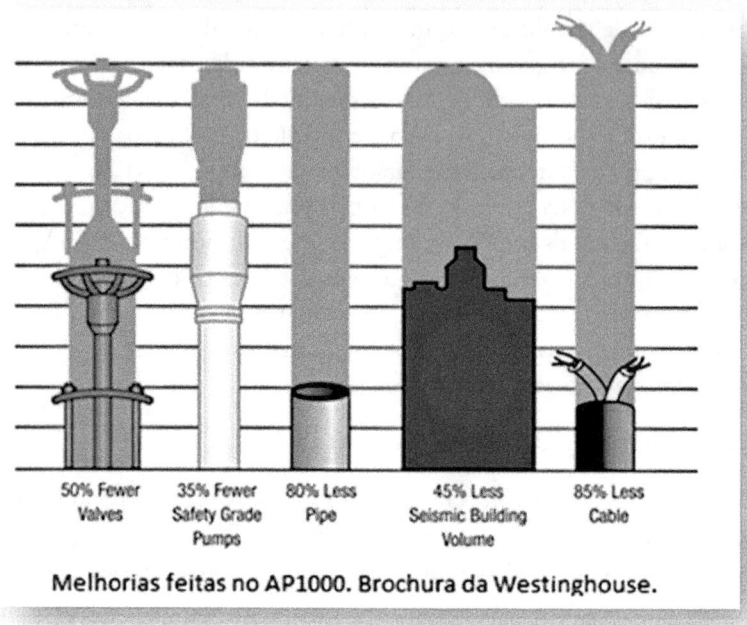

| 50% Fewer Valves | 35% Fewer Safety Grade Pumps | 80% Less Pipe | 45% Less Seismic Building Volume | 85% Less Cable |

**Melhorias feitas no AP1000. Brochura da Westinghouse.**

Essa filosofia de design simplificado abrange a todos os sistemas de instrumentação, operação e controle, sistemas de segurança, sala de controle e técnicas de construção, resultando em uma usina que é menos cara para construir, operar e manter. Um reator, como este, pode ser construído em 36 meses.

Os novos desenhos reduzem a possibilidade de acidentes no núcleo do reator para um décimo das especificações estabelecidas pela NRC, representando uma melhoria na segurança por um fator de 100 vezes, comparado com as usinas nucleares que operam presentemente.

**O AP1000 usa novas técnicas de construção modular.**

Utilizando o aplicativo CAD, a produção moderna, assistida por computador, permite técnicas de construção modular, em que os componentes podem ser manufaturados em série, transportados e, em seguida, montados de forma segura no local.

Uma nova técnica de construção utiliza chapas de aço para formar um sanduíche com concreto despejado, substituindo as barras de reforço de ferro e as formas de compensado temporárias, eliminando, assim, o tempo que seria utilizado para configurá-las e derrubá-las. Ao contrário do concreto armado convencional, a estrutura resultante pode continuar a suportar cargas significativas, mesmo em acidentes que causam fraturas na estrutura do concreto, e que lascariam as estruturas das vigas. O AP1000 é projetado para suportar o impacto de um avião comercial e usa menos de um quinto das barras de ferro utilizadas em projetos anteriores de concreto.

A Westinghouse construiu uma fábrica para manufaturar módulos na China, e sua parceira, o Grupo Shaw, construiu uma fábrica em Lake Charles, LA, nos EUA.

**O calor do AP1000, quando desligado, é passivamente removido**

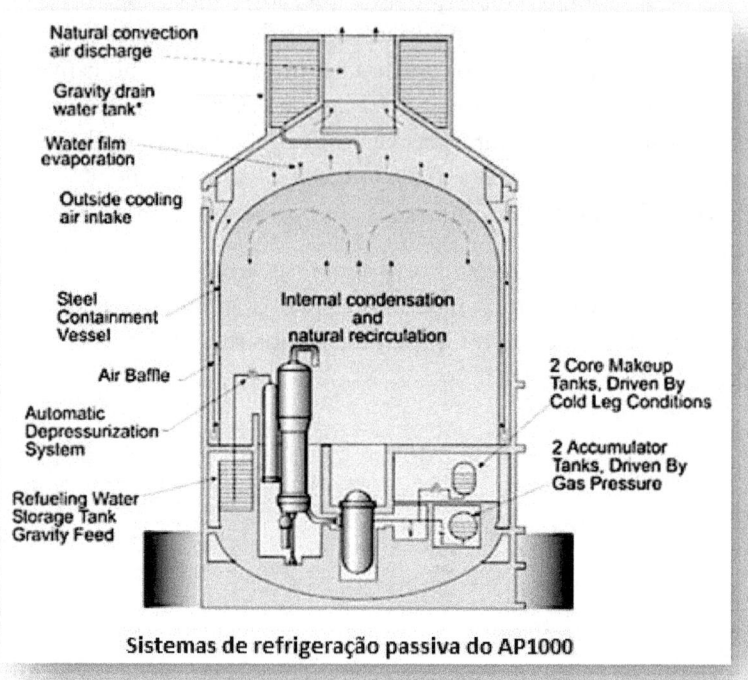

Sistemas de refrigeração passiva do AP1000

Quando um reator nuclear se desliga e a fissão cessa, as barras de combustível ainda contêm produtos de fissão instáveis que se decompõem e produzem calor. Um minuto após o desligamento do reator, ele ainda gera 4% de calor, de quando estava em pleno uso, e um dia mais tarde, a produção cai para 0,5%. Os reatores LWR atuais, como em Fukushima, resfriam continuamente o combustível com bombas de refrigeração, alimentadas por eletricidade. Em Fukushima, os inundados geradores a diesel de backup tornaram-se inúteis, após o tsunami.

Como todos os novos reatores, o AP1000 tem refrigeração passiva que pode operar sem energia elétrica. O arrefecimento vem da convecção natural, da transferência do líquido de arrefecimento do gás comprimido por evaporação, e pela água fornecida por gravidade, a partir de um reservatório acima da estrutura. Por 7 dias, uma ação manual não é necessária, quando, então, uma fonte externa de eletricidade deve ser restabelecida.

**O AP1000 pode gerar eletricidade mais barata do que as usinas de carvão.**

O objetivo da China é a construção de reatores Westinghouse AP1000 por menos de US$2/watt de custo de capital – o mesmo que o nosso objetivo de custo do RTFL. Quatro destes reatores já estão em construção, mais oito estão categoricamente planejados, e mais de 30 são propostos. Os primeiros quatro reatores devem custar menos de US$2/watt, com os reatores posteriores custando ainda menos, US$1,60/watt.

Será que os custos de construção dos AP1000, nos EUA, vão cair de US$5/watt para US$2/watt? Provavelmente não em um curto prazo, pois os custos trabalhistas são mais caros nos EUA. Além disso, a Westinghouse tem a tecnologia mais avançada, uma lista de pedidos abarrotada e pouca concorrência. A Areva está sofrendo elevações de custos e atrasos, na construção do seu reator EPR, na Finlândia. A GE parece não ter marketing para o seu reator BWR.

A China vai competir com a Westinghouse no futuro. O seu contrato com a Westinghouse prevê que a China obterá, no futuro, plenos direitos à tecnologia AP1000. A China começa a construir um projeto derivado, o CAP1400, uma unidade de 1,4 GW, o que poderia ser exportado. Isso poderia levar à competição entre a China e a própria Westinghouse, reduzindo os custos de capital.

## *Pequenos Reatores Modulares (SMR)*

Os novos participantes, na indústria nuclear, não podem concorrer com o reator AP1000 da Westinghouse e enfrentar os altos riscos de investimentos multibilionários no mercado de geração de energia. O setor do SMR (da sigla em inglês, small modular reactor), atrai novos investimentos:

1. Reatores menores reduzem o investimento em capital de risco.

2. Novas tecnologias podem ser exploradas.

3. As empresas de energia precisam arriscar apenas pequenos investimentos, especialmente quando investimentos governamentais estão reduzidos.

4. As empresas produtoras de energia podem adicionar mais módulos quando a demanda de energia aumenta.

5. Os custos de produção vão cair quando houver uma demanda maior por esse tipo de reator.

Os SMRs recém-anunciados ainda não foram ratificados. Eles compartilham características comuns. Estão na faixa de potência de 25-300 MW. São, quase todos, do tipo PWR, com um permutador de calor de vapor integrado dentro do vaso de pressão. Os componentes modulares são transportáveis para montagem no local. Os vasos do reator estão localizados no subsolo, para melhorar defesa contra acidentes de avião ou ataques terroristas. O solo também pode fornecer proteção contra radiações e contra a transferência de calor para a remoção do calor de decaimento passivo. A remoção de calor passivo é mais facilmente conseguida com reatores menores por causa de suas relações mais altas de superfície com volume.

O DOE (departamento de energia) dos EUA, por exemplo, está incentivando o desenvolvimento de pequenos reatores modulares de fabricação nacional, com investimento de 450 milhões de dólares para apoiar a engenharia, a certificação de design e de licenciamento para até dois designs de SMR. Para se obter a gratificação, os SMRs devem ter potencial para obter um licenciamento com a NRC e entrar em operação em 2022, e a indústria deve participar com pelo menos 50% dos fundos.

**A empresa Babcock & Wilcox aplica os seus conhecimentos sobre reatores navais no SMRs.**

A Babcock & Wilcox (B&W) possui anos de experiência no fornecimento de serviços e material de propulsão nuclear de submarinos e porta-aviões norte-americanos. A B & W opera uma instalação de produção de combustível de urânio para a frota naval, e também converte o urânio em excesso para armas em combustível para o uso em usinas de energia nuclear comercial. Com essa experiência a B & W desenvolveu o mPower de 180MW, classe PWR. Quando a água de arrefecimento não estiver disponível, o mPower pode fornecer 155 MW, utilizando o ar como refrigeração direta. Os intervalos de reabastecimento são de 4 anos, e o fato 40 anos de armazenamento de combustível irradiado está incorporado. O sistema de resfriamento de emergência do núcleo do reator opera com a transferência de calor passivo, sem a necessidade de alimentação de AC. A B&W assinou um contrato com a Bechtel Corporation, uma empresa de engenharia e projetos, para construir as unidades.

**Reator mPower com duplo SMR da B&W**

A B&W estabeleceu uma instalação de teste do sistema integrado na Virgínia para avaliar todas as características técnicas de um modelo em escala do mPower, usando calor gerado por eletricidade, ao invés de calor nuclear e para seguir o processo de licenciamento do NRC. A Tennessee Valley notificou o NRC de sua intenção de construir até seis módulos mPower na área do TVA, em Clinch River. A empresa B&W aceitou a oportunidade de financiamento do DOE, que oferece US$ 450 milhões para desenvolver até dois SMRs. Os custos de capital são projetados para ser menos de US$ 6/watt.

**O SMR da empresa NuScale evoluiu a partir do INL e do P&D da Universidade Estadual de Oregon (OSU).**

O Laboratório Nacional de Idaho e a Universidade Estadual de Oregon (OSU) realizaram pesquisas em pequenas usinas de energia nuclear a partir do ano 2000, concentrando-se em sistemas de segurança passiva que usam a convecção natural do ar para resfriar o reator. A universidade construiu um modelo à escala reduzida de 1/3, aquecido eletricamente, para fornecer dados a um possível licenciamento junto ao NRC. A universidade, OSU, continuou o trabalho de design e concedeu a NuScale a licença da tecnologia e do uso do laboratório de experimento.

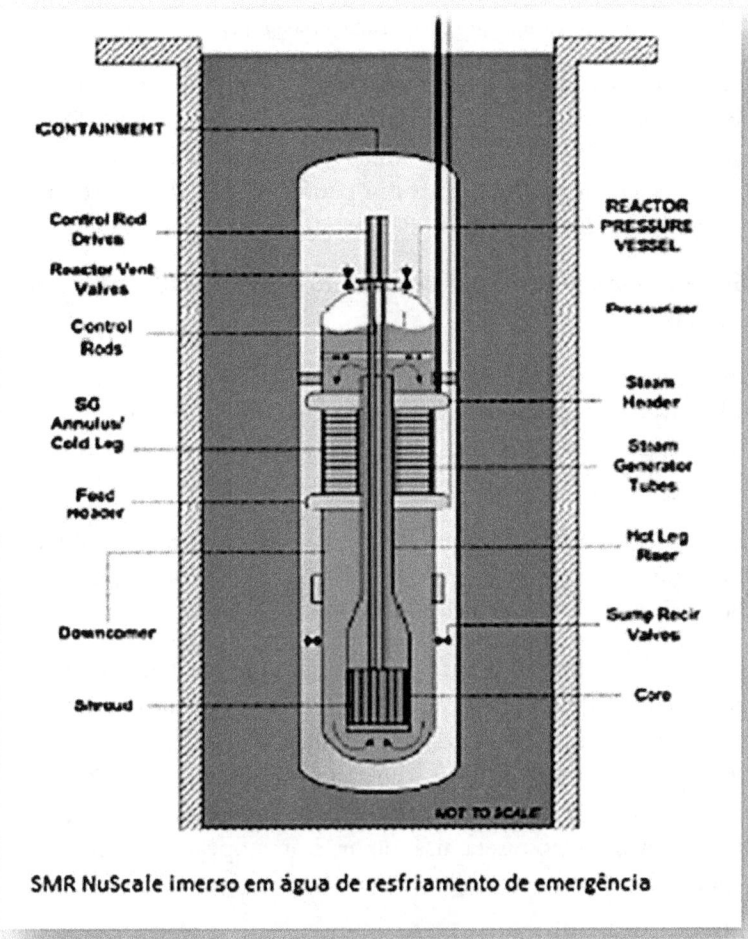

SMR NuScale imerso em água de resfriamento de emergência

O diagrama acima mostra o núcleo do reator na parte inferior do recipiente sob pressão, dentro do confinamento. A água envolve o contêiner para resfriá-lo após o desligamento ou durante um blackout. A água de refrigeração evapora durante um mês. Quando o calor de decaimento for suficientemente reduzido, o resfriamento por convenção de ar substitui o sistema de resfriamento por evaporação.

Os reatores modulares do NuScale são da classe PWR de 45 MW. O combustível de óxido de urânio, enriquecido a <5%, é padrão na montagem de uma haste de combustível de 17 x 17, mas com apenas 1,8 metros de comprimento. É um reator de circulação natural com a segurança de refrigeração passiva.

A empresa NuScale é, agora, controlada, 55%, pela Fluor, uma grande empresa de engenharia e construção. Em maio de 2012, a South Carolina Eletric & Gas Company e a NuScale apresentaram a sua proposta de implantar um reator pequeno, modular, na reserva nuclear em Savannah River, do departamento de energia americano.

**A firma Holtec planeja o seu primeiro SMR de 140 MW no rio Savannah.**

A empresa Holtec fornece sistemas de tratamento e gestão de combustível para a indústria de energia nuclear, em estreita colaboração com os utilitários, em mais de uma dezena de usinas de energia nos Estados Unidos.

A Holtec tem um projeto preliminar do PWR e contratou a Shaw Group, envolvida em contratos de serviço na área nuclear, para projetar sistemas de conversão de energia e de apoio.

O projeto do Holtec apresenta um desenho que usa a gravidade para circular o líquido refrigerante em operação normal e também em caso de acidentes. Não existem bombas que utilizam a energia elétrica. O reabastecimento de combustível é realizado a cada três anos, removendo e substituindo o cartucho inteiro do núcleo do reator. A refrigeração direta, usando ar, é uma opção pela qual o uso da água é restrito.

O DOE opera um complexo de 770 km² para pesquisa nuclear em seu local, em Savannah River, na Carolina do Sul, onde a empresa Holtec vai construir o reator protótipo. O DOE irá fornecer o site para o projeto, as linhas de transmissão, as estradas e a segurança, e vai comprar a energia do reator quando este estiver operacional.

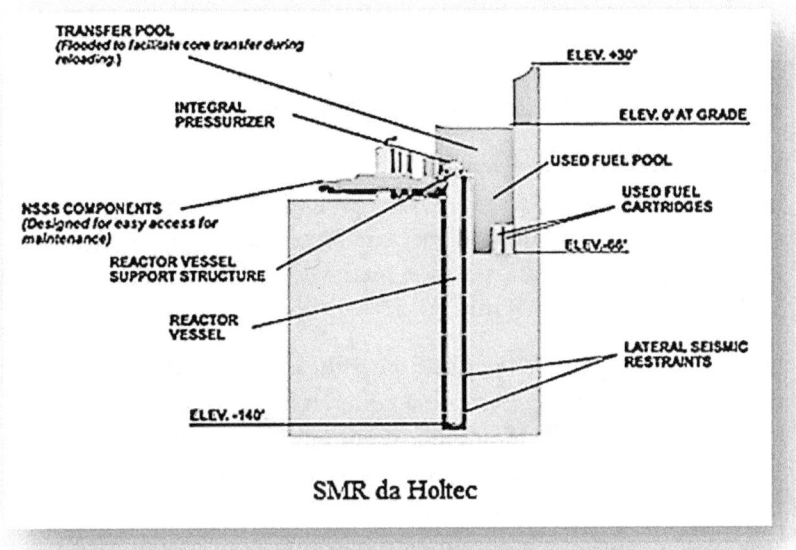

SMR da Holtec

A Westinghouse está projetando um SMR de 225 MW.

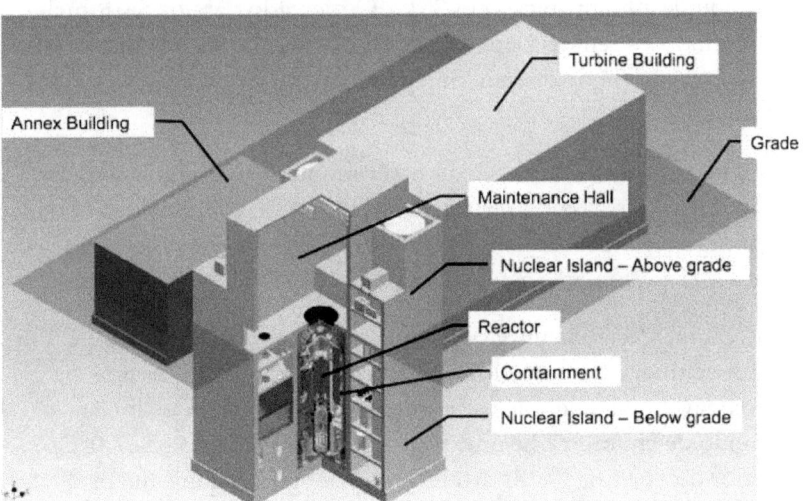

# Tório: energia abundante e acessível

A Westinghouse está projetando um pequeno reator modular, baseado na tecnologia utilizada no AP1000. A montagem de combustível utiliza varetas de combustível padrão industrial, 17 por 17, contendo <5% $UO_2$ enriquecido. Oito bombas redundantes encapsuladas circulam a água para resfriamento.

A refrigeração passiva é semelhante ao do AP1000, usando a gravidade e os gases pressurizados, operando com nenhuma energia externa. Depois de 7 dias, a água para reconstituição ou a energia elétrica deve ser fornecida externamente. O ciclo de reabastecimento é de 24 meses.

A Westinghouse procurou obter a certificação da NRC para o seu SMR no ano de 2013. A empresa Ameren de Energia Pública do Missouri está trabalhando com a Westinghouse. As empresas, em conjunto, também estão buscando obter parte dos US$450 milhões em recursos de compartilhamento de custos do DOE para o desenvolvimento e o licenciamento do SMR.

**A empresa Gen4 Energia, née Hyperion, está projetando um SMR de 25 MW.**

Gen4 Energy é o novo nome da Hyperion Power Generation, que mudou de administração em 2012. O mercado para os SMR inclui comunidades remotas, aplicações de calor de processos industriais e bases militares que operam independentemente da linha elétrica comercial.

A tecnologia singular da Gen4 não é a utilização da água comum para refrigerar o óxido de urânio em barras de combustível. O Laboratório Nacional de Los Alamos licenciou a nova tecnologia para a Hyperion, que agora se chama Gen4 Energy.

O combustível é de nitreto de urânio, uma cerâmica de alta temperatura, colocada entre as barras de combustível de aço inoxidável. O líquido de resfriamento é uma mistura de metal líquido de chumbo e bismuto. Isso permite a operação a 500°C, maior do que nos PWRs arrefecidos por água, o que é útil para aplicações de calor de processo e mais eficaz nas gerações de eletricidade. Uma tecnologia semelhante foi utilizada em submarinos soviéticos classe Alpha. Esse reator rápido pode operar por 10 anos antes de reabastecer.

# Capitulo 5 - Reator Líquido de Tório-Flúor

A empresa Gen4 Energy tem um acordo com o Savannah River Site, onde o primeiro reator poderia ser construído.

## *Reatores Reprodutores Rápidos de Metal Líquido*

Como o nome sugere, reatores reprodutores rápidos de metal líquido (LMFBRs, na sigla em inglês) apresentam as seguintes características:

• são refrigerados por metal fundido;
• usam nêutrons rápidos na cisão do Pu-239;
• reproduzem combustível Pu-239 a partir do U-238 fértil.

Na década de 1950, as motivações para o desenvolvimento do LMFBR foram a preocupação de ficar sem o urânio 235 físsil e a atraente abundância de 99,3% do U-238 fértil presente no urânio natural, em comparação com a escassez de 0,7% de U-235 fértil. As reservas de urânio, recentemente descobertas, prometem quantidade suficiente de U-235 para o futuro próximo. Por isso, as pesquisas americanas sobre o LMFBR perderam importância. Contudo, as preocupações atuais com o clima e a busca de energia abundante e sustentável, com emissão zero de carbono, renovaram o interesse na tecnologia do LMFBR.

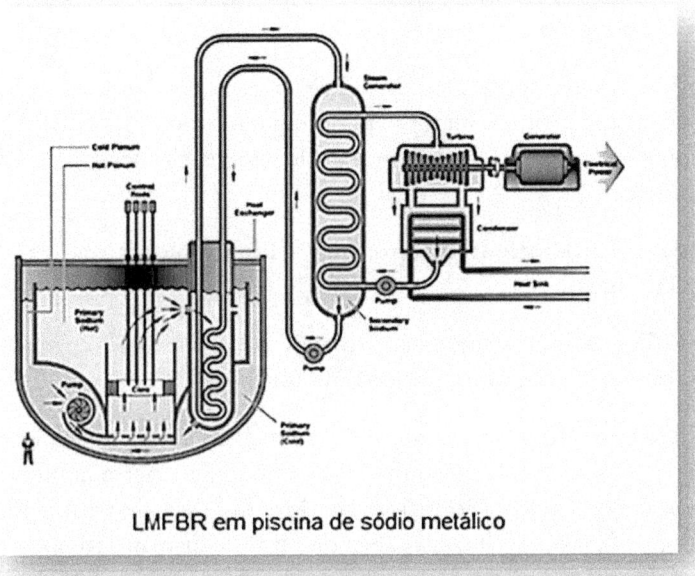

LMFBR em piscina de sódio metálico

No diagrama acima, o núcleo reativo do LMFBR está contido em uma grande piscina de metal fundido de sódio. O líquido de refrigeração do metal aquecido é bombeado através de um permutador de calor, localizado também dentro da piscina. Em seguida, o líquido de resfriamento circula de volta para a piscina para ser reaquecido. O circuito secundário contém sódio não radioativo que transfere a energia térmica para um permutador de calor externo para fazer vapor, ou outro gás quente, para um gerador de turbina.

O líquido de resfriamento de metal fundido pode ser sódio, chumbo, ou uma mistura de chumbo-bismuto. Os LMFBRs foram operados nos EUA, no Reino Unido, na Rússia, na Índia, no Japão e na França. Vários deles sofreram acidentes, incluindo fogos de sódio e derretimento do núcleo do reator. Em 2012, apenas a Rússia possuía um BN-600 operando para gerar energia comercialmente.

Os RTFLs e os PWRs usam nêutrons lentos, moderados pela fissão eficiente do U-233 ou do U-235. Para o combustível Pu-239, tais nêutrons lentos são, muitas vezes, absorvidos antes mesmo de causar fissão. Assim, reatores, movidos a plutônio, usam nêutrons rápidos, sem moderação, tornando a fissão mais provável. Daí o termo "reator rápido".

Os EUA desenvolveram três LMFBRs para a geração de energia. Em 1951, em Idaho, o reator experimental reprodutor I (EBR- I) se tornou a primeira estação de geração de energia elétrica, de 200kW, do mundo.

## O Reator Experimental Reprodutor II usou o combustível de metal de urânio.

Em 1965, o reator experimental reprodutor II (EBR- II) entrou em operação no Laboratório Nacional de Idaho.

O líquido de refrigeração, utilizando o metal de sódio, não reage com o aço ou o combustível metálico. Isso, então, permitiu uma proporção de reprodução maior que (1,0) um, de modo que o reator rápido, resfriado a sódio, era capaz de reproduzir mais átomos físseis do que consumia. Porém, os reatores resfriados a sódio tiveram problemas com incêndios, porque o sódio queima espontaneamente em contato com o ar ou a água. Vazamentos ocorreram nos circuitos secundários e causaram incêndios. Um vazamento no circuito primário seria mais perigoso, porque o sódio radioativo seria queimado e dispersado.

O EBR-II demonstrou ser passivamente seguro, mesmo com hastes de controle de desligamento desativado. Dois testes que foram feitos envolviam a perda de fluxo do líquido refrigerante, e a perda de dissipador de calor, geralmente, pela geração de energia elétrica.

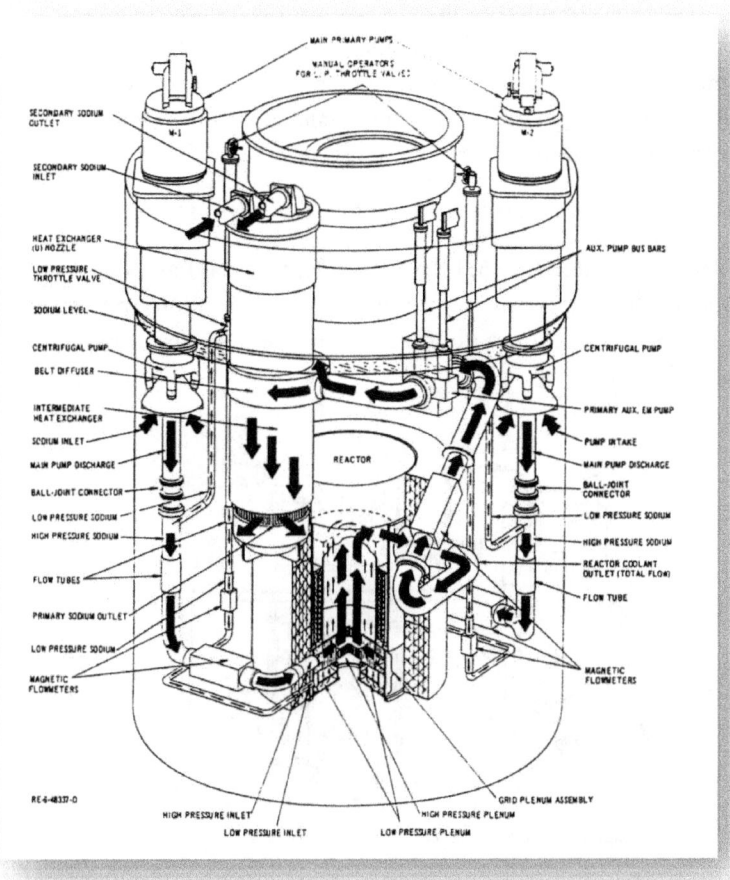

O EBR-II de 20 MW funcionou por 30 anos. Durante o funcionamento demonstrou duas novas tecnologias: o combustível de metal, e o de reprocessamento no local.

Os metais conduzem calor melhor do que a cerâmica, mas a forma de combustível, para o LWR e os LMFBRs anteriores, foi o óxido de urânio cerâmico, UO2. O EBR-II resolveu o problema de aumento de volume de combustível quando o metal é irradiado. Ele usou uma combinação de urânio/plutônio como combustível de metal misturado com 10% de zircônio, envolto em aço revestido com pinos de combustível e com espaço interior para se expandir. A transferência de calor elevado permite uma potência de maior densidade e um reator mais compacto. O combustível de metal evita o superaquecimento do combustível de cerâmica, o que causava o derretimento do combustível nos LMFBRs anteriores. Durante a operação, a irradiação por nêutrons enfraquece o revestimento de aço, de modo que o valioso combustível deve ser reprocessado periodicamente.

### O Reator Integral Rápido é baseado no EBR-II.

O plano do Reator Integral Rápido (IFR, Integral Fast Reactor) é conduzir o reprocessamento no próprio local, sendo o motivo do termo Integral. Nenhum plutônio é transportado para fora ou para dentro da usina.

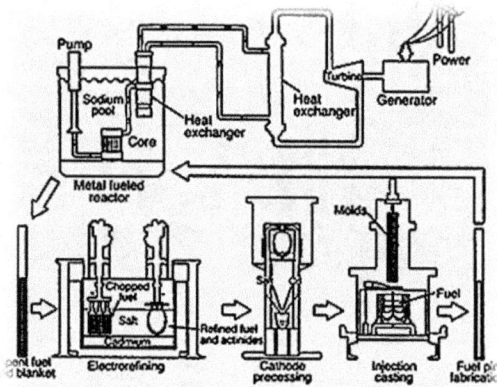

Ciclo do combustível do reator de combustível integral

O reprocessamento envolve fatiar as barras de combustíveis, colocando-as em uma cesta de aço imersa em sal eletrólito, de cloreto fundido e, então, passar uma corrente elétrica entre o anodo da cesta e dois catodos, um de cádmio e outro de aço. O processo é capaz de separar o urânio e o plutônio, os quais estão sempre misturados com isótopos altamente radioativos como os actinídeos pesados, neptúnio, amerício, cúrio, etc. Os metais são reformulados e colocados em novos pinos de aço de combustíveis. Esse processo todo é feito em células, protegidas contra radiação, contendo uma atmosfera de gás argônio e usando robótica e equipamentos por controle remoto.

O reprocessamento do combustível consumido torna-se resistente à proliferação nuclear. O plutônio, Pu-239, adequado para as armas nucleares, está muito contaminado com outros isótopos de plutônios que, espontaneamente, se fissionam. Além disso, o plutônio está sempre misturado com actinídeos altamente radioativos, que não podem ser separados por equipamentos de eletro refinamento. As manipulações destes dois tipos de plutônio apresentariam grandes riscos para os trabalhadores.

O desenho do IFR tem uma cobertura de urânio, no qual o Pu-2389 é reproduzido e processado, independentemente do reprocessamento do combustível consumido. O refinamento elétrico não pode separar eficientemente o plutônio . Mas, isso pode ser realizado, utilizando outros processos como o PUREX ou a volatilidade do flúor, os quais não estão disponíveis para o IFR.

O laboratório nacional Argonne tinha avançado, suficientemente, o desenho do IFR para começar a construção, mas, em 1994, o Congresso Americano terminou o programa, atendendo a um pedido urgente dos acessores do então presidente Clinton. A razão apresentada foi que o programa aumentava consideravelmente os riscos de proliferação de armas nucleares. Em 1994, o presidente, em um discurso ao congresso, disse: "Estamos eliminando programas que não são mais necessários, incluindo as pesquisas e o desenvolvimento de energia nuclear".

Uma nação com a intenção de desenvolver armas nucleares utilizaria tecnologia já comprovada, tanto por enriquecimento de urânio, via centrifugação, ou pela produção de plutônio em reatores construídos para esse propósito. Uma tentativa de modificar o IFR causaria mais dificuldades e riscos e seria muito caro.

## O S-PRISM da DE-Hitachi está baseado no desenvolvimento do EBR-II e IFR.

O GEH (GE-Hitachi) deriva o seu desenho do S-PRISM de 311 MW, trabalho desenvolvido pelo laboratório nacional Argonne sobre o IBR-II e IFR. O S-PRISM tem uma proporção de reprodução de apenas 0,8%, portanto ele requer combustível físsil para composição. A intenção seria ter o Pu-239 e o U-235 restantes no combustível consumido, fornecendo, assim, uma maneira de reduzir as sobras nucleares e gerar energia.

Diferentemente do IFR, o conceito da GE tem um sistema avançado ,separado de reciclagem (ARC, na sigla em inglês) abastecendo seis reatores S-PRISM. A GEH calcula que o primeiro da categoria, o S-PRISM e o ARC podem ser desenhados e construídos por 3,2 bilhões de dólares. O combustível de partida poderia ser o plutônio, usado em armas nucleares, que os EUA se comprometeram a destruir.

### O SVBR-100 russo é baseado na experiência com os submarinos Alfa.

A marinha da Rússia utilizava um reator rápido para impulsionar o seu submarino interceptor de 40 nós. O reator era resfriado por uma mistura eutética (que se pode fundir facilmente) de chumbo e bismuto. O submarino Alfa, desativado em 1981, era capaz, reportadamente, de uma velocidade de 83 km/h, com 80 reatores ano de operação. Essa tecnologia está ressurgindo agora como um pequeno reator modular de 100 MW de capacidade. O gerador a vapor e o núcleo do reator utilizam o mesmo método de chumbo e bismuto para resfriamento.

### O BN-600 LMFBR russo tem estado em operação deste 1980.

O BN-600 é um reator rápido que opera com um resfriador de metal líquido. O reator de 560 MW tem operado com óxido de urânio como combustível enriquecido até 26% e também com o MOX. A Rússia possui um plano para substituir a cobertura fértil reprodutora com refletores de aço, tornando-o um consumidor de materiais físseis, como exemplo, consumir o plutônio militar em excesso.

### Bill Gates patrocina o reator Onda Viajante da TerraPower.

A empresa TerraPower surgiu a partir da empresa de licenciamento intelectual, a Intelectual Ventures, fundada por Nathan Myhrvold, um ex-diretor chefe de tecnologia da Microsoft. A TerraPower foi estabelecida em 2008 e liderada por John Gilleland, com o objetivo de desenvolver um reator de onda viajante.

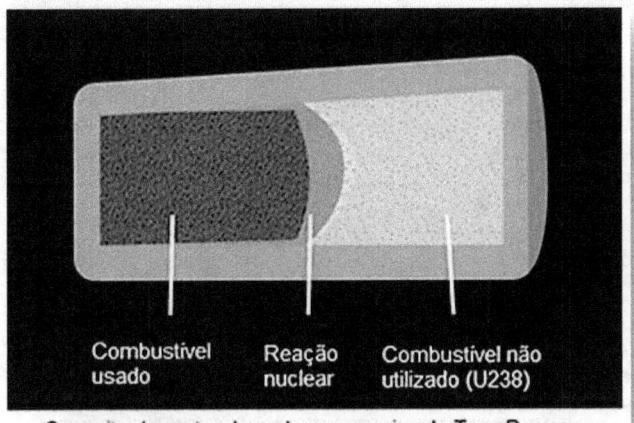

Conceito do reator de onda progressiva da TerraPower

A ideia original foi, algumas vezes, chamada de cigarro incandescente. No centro do diagrama acima, existe uma área contendo o combustível físsil Pu-239 que participa na reação nuclear crítica em cadeia. O excesso de nêutrons penetra no combustível fértil U-238, produzindo mais Pu-239. A área de contorno procede da esquerda para a direita durante um longo período de décadas, deixando para trás o combustível consumido, contendo 20% menos de urânio, junto com outros produtos. Após o reabastecimento, a TerraPower afirma que o combustível consumido pode ser reutilizado em novos pinos sem necessidade de reprocessamento químico.

A TerraPower tem recebido financiamento de Bill Gates, Khosla Ventures, Charles River Ventures e da Indústria Reliance. A empresa montou uma equipe de 50 engenheiros nucleares e nove pesquisadores associados.

## O TWR-D da TerraPower permuta os seus pinos internamente

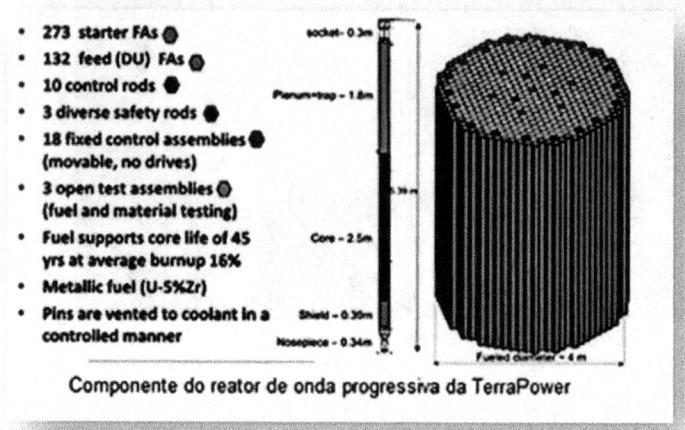

- 273 starter FAs
- 132 feed (DU) FAs
- 10 control rods
- 3 diverse safety rods
- 18 fixed control assemblies (movable, no drives)
- 3 open test assemblies (fuel and material testing)
- Fuel supports core life of 45 yrs at average burnup 16%
- Metallic fuel (U-5%Zr)
- Pins are vented to coolant in a controlled manner

Componente do reator de onda progressiva da TerraPower

No desenho atual, o combustível físsil se localiza no pino de combustível, próximo ao centro do núcleo do reator, onde a reação crítica acontece. Os pinos de combustível fértil rodeiam os outros pinos do centro. Os nêutrons da reação crítica no centro são absorvidos pelo combustível fértil nos pinos vizinhos, produzindo a conversão do U-238 em Pu-239. A onda viajante move-se radialmente a partir do centro.

A cada 18-24 meses, um sistema mecânico, dentro do vaso do reator, embaralha os pinos, substituindo o combustível consumido por novo combustível nas regiões circunvizinhas.

Assim como os outros reatores LMFBR, de piscina, o TWR-D é resfriado com sódio líquido que sai do núcleo do reator com uma temperatura de 510°C e, então, passa através de permutadores de calor dentro do vaso. Ciclos secundários transferem a energia térmica para gerar o vapor que, então, é usado para movimentar um gerador convencional de energia elétrica, com eficiência de 42%.

Como no reator EBR-II, o combustível metálico de urânio-zircônio se localiza dentro dos pinos cilíndricos de aço, com uma câmara de pressão de expansão para acomodar a expansão do combustível e os gases resultantes da fissão. Para aliviar a pressão, alguns gases e produtos voláteis são ventilados dos pinos e, assim, o césio e o crípton são continuamente removidos do circuito de sódio. Ao contrário do EBR-II ou do IFR, esses pinos permanecem no núcleo do reator por 40 anos. Não existe necessidade de um reprocessamento de combustível, opcionalmente, até o fim da vida do núcleo do reator.

O combustível para o TWR-D é prontamente disponível. O governo dos EUA já possui mais de 500 mil toneladas de U-238, resultado de muitas plantas de enriquecimento para produzir combustível para os LWRs. Essa quantidade sozinha pode suprir toda a capacidade elétrica dos EUA, por 500 anos. As reservas de urânio são ainda 10 vezes maiores e a presença de urânio água do mar é 10.000 vezes maior. A disponibilidade do urânio como combustível é enorme.

As barras de controle regulam a reatividade, com um sistema desligamento de barras de controle para emergências. Mesmo que esse sistema falhe, o desenho do TRW-D inclui um sistema passivo de segurança de resfriamento por meio do fluxo de um líquido de arrefecimento e de um dissipador de calor.

A resistência à proliferação nuclear é similar ao do LWR. Nenhum plutônio existe fora do núcleo do reator; o urânio 238 é convertido em plutônio 239 e consumido dentro do núcleo do reator. O Pu-239 é misturado com outros isótopos, acarretando o Pu a ser imprestável para produzir bombas. Os pinos, com combustível usado, contêm produtos altamente radioativos, extremamente lesivos aos trabalhadores.

Condizente com seus fundadores, o projeto é baseado em modelagem e simulação intensiva por computador, levando em consideração as seções transversais e as taxas de decaimento de 3.400 isótopos diferentes envolvidos e incluindo também cerca de 1.300 produtos de decaimento. A equipe da TerraPower pode executar uma simulação de Monte Carlo de 110.000 zonas, projetando 60 anos à frente, e fornecer resultados em um dia.

O objetivo econômico do TWR-D é competir com o LWR. Os fatores contribuintes para a redução de custos são a falta de necessidade de enriquecer o urânio (com exceção do estágio inicial) e a temperatura mais elevada, que resulta em um ganho de 20% na eficiência de geração de eletricidade em relação ao LWR. A

TerraPower concluiu o projeto conceitual do TWR-D em conformidade com os requisitos de segurança da AIEA.

**As vantagens do RTFL requerem um caminho maior em P&D com relação ao LMFBR.**

Comparado com o LMFBR, o RTFL tem várias vantagens.

1     O RTFL pode operar a temperaturas mais elevadas (700 °C em vez de 510 °C), o que permite ciclos Brayton mais eficientes de conversão de energia.
2     A temperatura mais alta do RTFL permite a geração de hidrogênio de forma mais eficiente e calor de processo industrial.
3     Os sais de flúor têm 4,5 vezes mais capacidade volumétrica de calor que o sódio líquido, de modo que o reator é 2-4 vezes menor do que o IFR.
4     O combustível de partida do RTFL é 5-10 vezes menos.
5     A tecnologia de combustível líquido do RTFL é mais simples; todos os reatores LMFBR dos EUA foram terminados; no mundo, o único que ainda está em serviço comercial localiza-se na Rússia.

O LMFBR pode estar mais longe no caminho para o desenvolvimento e o uso comercial.

1     O governo dos EUA investiu mais de 16 bilhões dólares (valor de 2012) no desenvolvimento do IFR.
2     O EBR–II protótipo, o único LMFBR abastecido de metal do mundo, operou com sucesso por 30 anos.
3     Os processos de reciclagem de combustível foram concebidos e testados.
4     A tecnologia do LMFBR é impelida por uma empresa comercial forte, GE-Hitachi, que preparou os materiais iniciais para pedidos de licenciamento junto a NRC.
5     A tecnologia de reator de onda viajante está sendo desenvolvido por uma equipe competente e bem financiada da TerraPower, que concluiu um projeto conceitual, com a conclusão da construção em 2020.

## *Reator subcrítico utilizando um acelerador*

### Um reator utilizando um acelerador é subcrítico.

Os reatores nucleares, hoje em dia, são sustentados por uma reação em cadeia. A fissão de átomos de urânio por nêutrons, produz mais nêutrons, que fissiona ainda mais átomos de urânio, criando a reação em cadeia. Cada fissão libera, normalmente, 2 ou 3 nêutrons, sendo que alguns podem ser absorvidos e alguns podem causar fissão. O número médio de nêutrons de uma fissão, causando outra fissão, é chamado de fator de multiplicação efetivo de nêutrons, ou criticidade, k, para uma reação em cadeia estável, k = 1. Se k> 1, a taxa de reação em cadeia incrementa e o consequente aumento de calor faz com que o reator diminua a criticidade. Para k <1, a reação em cadeia perece, porque a reatividade é subcrítica.

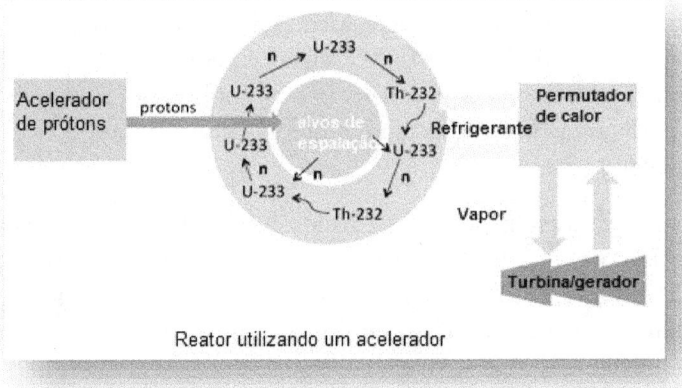

Reator utilizando um acelerador

Um reator, utilizando um acelerador, é, normalmente, subcrítico. Ele não pode manter uma reação em cadeia a menos que mais nêutrons sejam injetados. No anel, mostrado no diagrama acima, os átomos de urânio 233 emitem nêutrons (n), que provocam uma reação em cadeia. Se a taxa de liberação de nêutrons, k, é igual a 0,95, então, em média, a reação se dissipa rapidamente após 20 fissões. Para ter uma reação sustentável, uma fonte externa de nêutrons deve ser adicionada para, assim, obter mais do que 20 fissões.

A fonte externa de nêutrons é criada por um feixe de prótons colidindo com um metal pesado tal como o chumbo. Vários aceleradores, com estágios múltiplos, podem acelerar os prótons até estes obterem uma energia cinética por volta de 1 GeV (uma enorme quantidade relativa – equivalente em energia à massa do próton, usando a formula $E=mc^2$). Com prótons altamente energizados, colidindo contra um alvo de chumbo, uma cascata de partículas é gerada, contendo em média 24 nêutrons. A maioria desses nêutrons pode, então, fissionar mais átomos de U-233, logo, gerando uma reação em cadeia.

Em um reator, utilizando um acelerador ADRS, (na sigla em inglês, accelerator-driven subcritical reactor), o núcleo do reator contém Th-232, assim como U-233. Alguns dos nêutrons são absorvidos pelo Th-232, resultando em um decaimento, em dois estágios, para o U-233, representado pela linha ondulada (veja o diagrama). Portanto, o tório é o combustível fértil do ADRS.

O acelerador utiliza uma quantidade considerável de energia para gerar prótons energéticos. Dependendo do projeto, um reator ADSR de 600 MW requer 15 MW para alimentar o acelerador. Algumas vezes, o ADSR é chamado de "amplificador de energia", porque a potência de saída é um múltiplo da potência de alimentação.

O cientista Lawrence esboçou esta ideia em 1948. Outro prêmio Nobel, o físico Carlo Rubbia, reintroduziu e patenteou o ADSR em 1995. Esse conceito possui algumas das características do RTFL, incluindo o uso do abundante tório e a redução dos tóxicos transurânicos.

## O ADSR pode ser desligado

A segurança do ADSR, do ponto de vista do público em geral, é a vantagem de ser um sistema subcrítico, significando que o reator é incapaz de manter uma reação nuclear, a menos que o acelerador esteja em operação. O operador do reator poderia apenas "desligá-lo".

No entanto, um interruptor manual pode não ser operado rápido o suficiente. Sistemas automatizados para desligar um reator têm também o potencial de falhar.

Os LWRs são inerentemente protegidos contra as explosões descontroladas, porque a água moderadora se tornaria vapor pelo calor extra. Os sais combustíveis do RTFL e do DMSR se expandem com o calor, desse modo, reduzindo a criticidade. Esses fatores de segurança física não necessitam de sistemas de controle ativos, eles funcionam passivamente.

Os reatores de Fukushima se desligaram corretamente, utilizando as hastes de controle, mas o dano causado pela inundação de algumas dessas hastes foi por causa do decaimento dos produtos de fissão e isto aconteceria também com o ADSR.

**Grandes aceleradores de prótons são caros e pouco confiáveis.**

Aceleradores de prótons, adequados para o ADSR, ainda não foram comprovados. Eles ainda não são capazes de operação contínua, fator necessário para a geração de energia elétrica. A maior fonte de espalhação de nêutrons (dado de 2012) está no Oak Ridge National Laboratory, capaz de produzir prótons com energia entre 1,4 MW e 1 GeV e gerando $1,5 \times 10^{14}$ prótons por segundo. Ela é usada para a pesquisa científica de nêutrons, mas o seu programa de funcionamento não é contínuo. A construção foi concluída em 2006, a um custo de US$1,4 bilhões. Por causa da falta de fiabilidade do acelerador, a maioria dos projetos do ADSR incorporam vários aceleradores. Os aceleradores poderiam, sozinhos, custar mais do que uma usina nuclear tradicional.

**O ADSR necessita de barras confiáveis de controle.**

Uma vez que o custo do acelerador é elevado, a ideia de melhorar a produção de nêutrons de fissão é atraente. Os cálculos do físico Carlo Rubbia mostram k = 0,997, o que é muito perto da criticidade estável de 1,0.

A mistura de U-233, produtos de fissão, com os transurânicos físseis, muda durante o ciclo de vida do combustível, de modo que, em algum momento, k> 1, porém as barras de controle são usadas para absorver nêutrons em excesso e são ajustados durante o ciclo de queima de combustível. Portanto, uma barra de controle emperrada pode causar superaquecimento descontrolado que não poderia ser impedido desligando o acelerador. Um ADSR necessita ter barras de controle de desligamento de alta confiabilidade como um LWR atual possui.

Os melhores sistemas de segurança são aqueles que são inerentes à física. Por exemplo, o sal combustível do RTFL se expande quando aquecido, diluindo o urânio físsil, e, por isso, torna-se menos crítico. Em outro exemplo, o reator NGNP de alta temperatura, refrigerado a gás, não pode se desgovernar porque, em altas temperaturas, a ampliação Doppler da absorção de nêutrons U-238 furta muitos nêutrons, impedindo a continuação da criticidade. Então, a reação NGNP interrompe e ela opera em marcha lenta em uma temperatura elevada. Em outro exemplo, o tradicional reator LWR descontinua se sua água de refrigeração ferve, já que isso reduz a densidade do moderador.

**Iniciar um ADSR sem material físsil é impraticável.**

O ADSR, descrito acima, usa U-233 como material físsil. Um ADSR poderia ser iniciado com U-233, U- 235, Pu-239, ou uma mistura de materiais físseis do combustível gasto do LWR. Durante o funcionamento, esses materiais são consumidos e o material físsil se torna apenas U-233, gerado a partir da absorção de nêutrons pelo tório.

Uma vantagem implicada do ADSR é que ele pode ser iniciado sem a necessidade de transportar material físsil radioativo para o local. O acelerador seria simplesmente ligado para iniciar o processo de conversão de Th-232 para U-233. No entanto, para gerar suficiente U-233, dessa forma, esse processo tomaria de 40-400 anos de operação do acelerador, para um reator térmico.

A maioria dos projetos dos reatores ADSR é para reatores rápidos, refrigerado por metal líquido, onde o refrigerante é chumbo ou uma combinação de chumbo-bismuto, exigindo cerca de cinco vezes mais material físsil para inicializar do que os reatores térmicos.

Ralph Moir avalia em cerca de US$500 por grama, o custo de produção do físsil U-233 utilizando um acelerador, sendo isso dez vezes mais custoso do que o U-233, utilizando a fissão. Considerando apenas a eletricidade para gerar U-233 para ser usado em um reator ADSR, de 1GW, o custo seria por volta de US$240 milhões.

**A empresa ThorEA da Grã-Bretanha promove a pesquisa do ADSR.**

A Associação de Energia do Tório (ThorEA) é uma associação britânica sem fins lucrativos, criada para promover o combustível nuclear de tório, organizando workshops e reuniões relacionadas com a pesquisa do ADSR.

A ThorEA publicou um relatório, em 2010, propondo um investimento público inicial de R$500 milhões em pesquisa e desenvolvimento do ADSR, ao longo de cinco anos, seguido de um investimento de 3 bilhões de dólares, pelo setor privado, ao longo de dez anos, para desenvolver uma usina protótipo de energia elétrica de 600 MW, para entrar em operação em 2025. A ThorEA incentiva a Grã-Bretanha a liderar essa indústria. O blogue da ThorEA mantém uma cobertura da imprensa sobre a tecnologia do ADSR.

**O reator ADSR têm sido estudados por várias outras empresas.**

Em 2010, a empresa norueguesa de serviços petrolíferos, Aker Solutions, colaborou com Carlo Rubbia e realizou um estudo de viabilidade para desenvolver um reator comercial de 600 MW, ADSR (denominado ADTR ™). O projeto apresenta um reator rápido, subcrítico, alimentado a tório, refrigerado a chumbo, com um acelerador de prótons. A Aker adquiriu as patentes de Rubbia e investiu US$3 milhões para estudá-las.

Também em 2010, a Corporação ADNA (da sigla em inglês, Accelerator Driven Neutron Applications) na Virgnia propôs um projeto de pesquisa, com custo de 160 milhões dólares, de uma versão de sal fundido do ADSR.

Houve duas conferências internacionais sobre ADS e sobre a utilização de tório, na Virgínia e na Índia.

Grande parte do interesse na tecnologia ADSR é iniciada por físicos que utilizam a tecnologia de aceleração de partículas para a investigação científica fundamental e descobrir seu possível uso posterior.

Grande parte do interesse da mídia é devido ao envolvimento do italiano Carlo Rubbia, prêmio Nobel em física, que patenteou a ideia do amplificador de energia. É uma ideia interessante, mas mesmo Rubbia diz que ele é um físico, não um engenheiro.

## O ADSR não tem vantagem sobre RTFL.

Embora a nova utilização dos aceleradores de partículas é interessante, o ADSR certamente não pode competir com uma energia ainda mais barata do que o carvão. O ADSR não oferece nenhuma vantagem sobre os outros projetos em concorrência. As características de poder apenas desligá-lo não aumentam a segurança. Ele continua a exigir os mesmos sistemas de segurança e outros componentes de outros projetos. É realmente um reator nuclear com um acelerador caro em adição.

Mas, o RTFL, com o sal fundido líquido, é a chave para os baixos custos de produção de energia. Ele tem alta capacidade de calor, permitindo um processo excelente de refrigeração, alta densidade de potência, resultando em baixos custos – energia mais barata do que o carvão. A segurança é inerente. Nenhum material físsil precisa ser transportado para o RTFL ou a partir dele, após a inicialização. O inventário físsil é baixo (aproximadamente o mesmo que para o ADSR). A forma fluídica permite a remoção de produtos de fissão; os gases nobres borbulham para fora; os metais nobres são removidos como placas; os fluoretos resultantes dos produtos de fissão, dissolvidos no sal fundido, podem ser removidos quimicamente. A remoção de FP aumenta a segurança. O RTFL não tem resíduos FP depositados nas barras de combustíveis sólidos dentro do reator.

## Capitulo 5 - Reator Líquido de Tório-Flúor

### As Vantagens do RTFL

O engenheiro nuclear, Ed Phiel, compilou esse sumário das vantagens do RTFL:

---

1 Baixa produção de Pu-239.

2 Comparado com LWR, 1 % do volume de resíduos radioativos.

3 Os resíduos contêm praticamente nenhum material físsil, portanto as preocupações com a criticidade, durante tratamento de resíduos, são eliminadas.

4. Há nenhuma absorção de nêutrons pelo gás xênon, causando instabilidade na inicialização, como acontece com o LWR.

5 É intrinsecamente seguro pela expansão térmica que causa a interrupção da fissão com o aumento da temperatura.

6 O núcleo do reator já está fundido, por isso, não pode atingir o meltdown.

7. Não há risco de o refrigerante ser vaporizado e enviar os produtos de fissão no ar e perder o resfriamento.

8 O nucleão do reator pode ser automaticamente despejado a uma configuração subcrítica, com a remoção de calor por resfriamento aéreo, por tempo indeterminado e em caso de sobreaquecimento ou por qualquer outro motivo.

9 O núcleo do reator é autocontrolado com base nas mudanças de temperatura, sem precisar de barras de controles.

10 O tório está disponível quase de graça como resultante da mineração de terras raras.

11 O tório é menos radioativo do que o urânio.

12 O RTFL tem reabastecimento em linha, por isso não precisa de desligamentos periódicos.

13 O RTFL não precisa de um excesso de reatividade em seu núcleo, exigindo a supressão com barras de controle e absorventes de nêutrons.

14 o RTFL gera o seu próprio combustível físsil, que pode ser removido da envoltura pela expurgação de gás de flúor, seguido de tratamento do gás de hidrogênio, em seguida, transferido para o núcleo do reator.

15 Reatores de sal fundido foram construídos e operados pela ORNL, um conceito já comprovado.

16 O U-233 contém L-232, um precursor da decadência de tálio, emitindo 2,6 MeV de radiação gama, tornando o U-233, inadequado para a produção de armas militares.

17. Nenhum custo de infraestrutura do núcleo, pois o núcleo é sal fundido, reduzindo significativamente os custos operacionais em comparação com PWR/BWR.

18 O RTFL apresenta uma eficiência de 44-50% em comparação com 33% para os PWR/BWR.

19 A eficiência do RTFL permite a possibilidade de ter reatores meramente refrigerados a ar, para regiões áridas ou frias.

20 O sal flúor é menos corrosivo do que a água quente.

21 O zircônio do PWR/BWR, mais a água para a produção de hidrogênio, são eliminados, eliminando, assim, explosões de hidrogênio como o de Fukushima.

22 O flúor forma sais iônicos, que são extremamente estáveis em um campo de radiação, mesmo em comparação com a água.

23 O ponto de ebulição do sal de flúor é 400-700°C acima da temperatura de funcionamento, de modo que a ebulição não é uma possibilidade. O reator automaticamente desliga muito abaixo dessas temperaturas.

24. Os gases de fissão são continuamente retirados e armazenados de forma segura, de modo que um rompimento no vaso de contenção não causaria um vazamento desses gases.

25. Outros produtos resultantes (de fissão) também podem ser removidos em linha e armazenados com segurança longe do núcleo do reator.

26 O combustível de tório é 4 vezes mais comum que o urânio, na crosta terrestre.

27 O tório é 560 vezes mais comum do que o U-235.

28 O tório é encontrado em concentrações mais elevadas do que o urânio, devido a sua maior estabilidade química.

29. Muito menos mineração é necessária em comparação com o LWR.

30 O RTFL é altamente escalável, variando de pequenas usinas modulares a grandes instalações.

31. Os reatores RTFL são muito compactos.

32. Não emitem $CO_2$.

33 O RTFL só requer uma pequena estrutura de contenção, pois não há nenhum vapor ou explosão de hidrogênio para conter.

34. Por que o RTFL é pequeno, ele pode ser construído no subsolo, para uma maior proteção.

# Capítulo 6 - Segurança

## Acidentes

Acidentes acontecem. No setor de energia, os acidentes podem ter grandes consequências, porque há uma grande quantidade de energia potencial armazenada em tanques de combustível, reservatórios hidrelétricos, ou barras de combustível nuclear, e muitos outros exemplos. Embora o risco de acidentes nunca chegue a ser zero, os engenheiros e os reguladores trabalham para manter o número de acidentes minimizados e compatíveis com a experiência e as expectativas do público.

É benéfico comparar a frequência e seriedade dos acidentes na geração de energia nuclear com aquelas que geram energia a partir de outras fontes de energia.

**22 desastres envolvendo produção de energia mataram 608 pessoas em 2010.**

### Desastres envolvendo produção de energia em 2010

| Acidente | Localização | Data | Mortes |
|---|---|---|---|
| Explosão da usina de gás natural | Middletown CT, EUA | 07 de fevereiro | 6 |
| Explosão na refinaria de Artesia | Artesia NM, EUA | 02 de março | 2 |
| Incêndio na mina de carvão | Zhengzhou, China | 15 de março | 25 |
| Colapso da mina de carvão | Quetta, Paquistão | 20 de março | 45 |

| | | | |
|---|---|---|---|
| Enchente na mina de carvão | Shanxi, China | 28 de março | 28 |
| Explosão na refinaria | Anacortes WA, EUA | 2 de abril | 5 |
| Explosão na mina de Big Branch | Condado de Raleigh, WV, EUA | 5 de abril | 29 |
| Explosão da plataforma Deepwater Horizon | Golfo do México | 20 de abril | 11 |
| Explosão na mina de carvão | Mezhdurechensk, Rússia | 8 de maio | 91 |
| Explosão de gás | Cidade de Anshun, Chuzhou, China | 14 de maio | 21 |
| Explosão na mina de carvão | Zonguldak, Turquia | 18 de maio | 28 |
| Explosão na mina de carvão | Província de Shanxi, China | 19 de maio | 10 |
| Explosão de dinamite na mina de carvão | Chenzhou, China | 30 de maio | 17 |
| Explosão na mina de carvão | Amaga, Colômbia | 17 de junho | 73 |
| Envenenamento por monóxido de carbono na mina de carvão | Pingdingshan, China | 21 de junho | 46 |
| Explosão de gás natural | Los Angeles, EUA | 39 de julho | 1 |

| | | | |
|---|---|---|---|
| Explosão de gasoduto | San Bruno CA, EUA | 10 de agosto | 5 |
| Explosão de mina de carvão | Yuzhou, China | 16 de outubro | 20 |
| Explosão de mina de carvão – gás | Greymouth, Nova Zelândia | 19 de novembro | 29 |
| Explosão de mina de carvão | Heilongjiang, China | 21 de novembro | 87 |
| Explosão de oleoduto | San Martin, México | 19 de dezembro | 27 |
| Explosão de gás natural | Wayne IN, EUA | 29 de dezembro | 2 |

Nenhum desses acidentes envolveu usinas nucleares. O que dizer de Fukushima, Chernobyl e Three Mile Island? Ninguém foi morto ou ferido em Fukushima ou em Three Mile Island. O evento nuclear de Chernobyl está incluído na tabela abaixo no estudo, mais abrangente, realizado pelo Instituto Paul Scherrer de acidentes graves, relacionados ao setor de geração de energia elétrica. Acidentes graves são definidos por acidentes que causam 5 ou mais mortes. O setor de energia abrange todo o domínio de atividades, perfuração, transporte, para o refino e distribuição de petróleo, por exemplo.

**Acidentes graves no setor de produção de energia, 1969-1996**

| Setor de Energia | Acidentes com pelo menos 5 mortes | Número Total de Fatalidades | Fatalidades por GW-ano |
|---|---|---|---|
| Carvão | 285 | 8.100 | 0,35 |
| Óleo | 320 | 14.000 | 0,38 |
| Gás Natural | 85 | 1.500 | 0,08 |
| Gás Liquefeito de Petróleo | 75 | 2.500 | 2,9 |
| Hidroelétrico | 10 | 5.100 | 0,9 |
| Nuclear | 1 | 28 | 0,0085 |

Para comparar as taxas de acidentes para diferentes intensidades energéticas, a última coluna divide o número de mortes pela quantidade de eletricidade produzida pela respectiva fonte de energia. A energia nuclear é a fonte mais segura de eletricidade, de longe, sendo 9 vezes mais segura do que o gás natural e 41 vezes mais segura do que o carvão.

**A NRC dos EUA estudou as consequências dos acidentes nucleares graves.**

Em 2012, a Comissão Reguladora Nuclear dos EUA publicou os resultados de seus cinco anos de pesquisa. O relatório é conhecido como SOARCA (da sigla em inglês, State-of-the-Art Reactor Consequence Analysis). O estudo coletou informações detalhadas sobre os layouts e as operações de duas usinas nucleares diferentes e modelou, por computação, state-of-the-art, as consequências dos acidentes graves, congregando décadas de pesquisas em acidentes graves de reatores. O relatório diz:

"As análises de SOARCA mostram, essencialmente, risco zero de mortes precoces. " (Pág. XIX)

"Os riscos de mortalidade de câncer, calculados a partir dos cenários importantes, selecionados e analisados pela SOARCA, são milhares de vezes menores que a Meta de Segurança da NRC e milhões de vezes menores do que o risco de mortalidade do câncer geral nos EUA. " (Pág. XXIII)

Esse relatório foi baseado na análise detalhada dos reatores americanos, BWR e PWR. O RTFL e DMSR são considerados ainda mais seguros, por causa dos materiais físseis não pressurizados, impossibilitando o meltdown e a remoção passiva do calor de decaimento.

## Radiação Ionizante

A dadiação irradia energia que viaja a partir da fonte ao longo de um raio. O raio de sol é a forma comum de radiação, as ondas de rádio se irradiam a partir de um celular, a luz infravermelha se irradia de um controle remoto de TV, e os sinais de TV são irradiados de um satélite em órbita. A radiação ionizante possui mais energia que os exemplos acima referidos e pode causar danos nas ligações químicas moleculares das células.

**Apenas 0,18% da radiação ionizante decorre da produção nuclear energética.**

Metade da radiação natural resulta do gás radônio, o qual decai a partir do elemento rádio na costa terrestre. O restante decorre da radiação de raios cósmicos e outros elementos da crosta terrestre. A maior parte da radiação, criada pelos humanos, resulta do uso de aparelhos médicos e de terapia. Somente 1% da radiação, criada pelos humanos, é consequência das usinas nucleares.

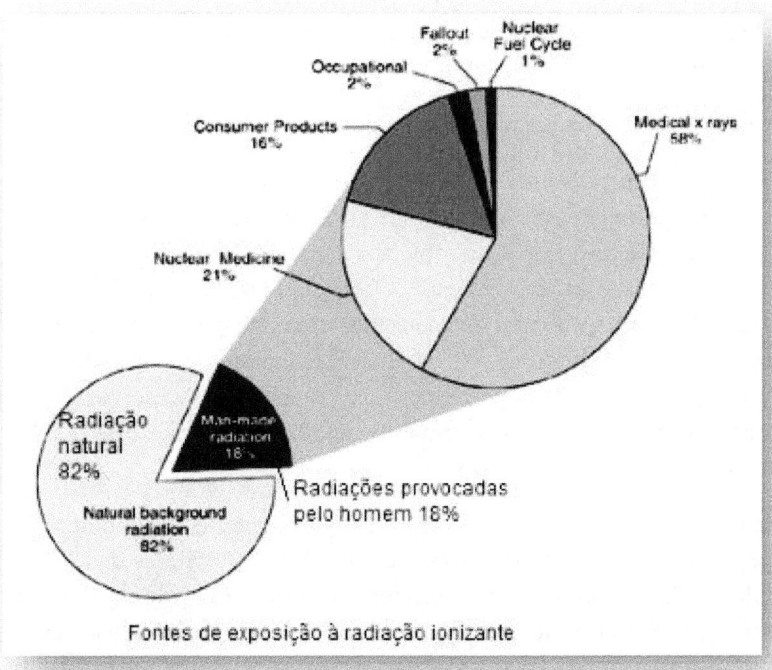

Fontes de exposição à radiação ionizante

**Quatro formas de partículas ionizantes provindo de quatros fontes**

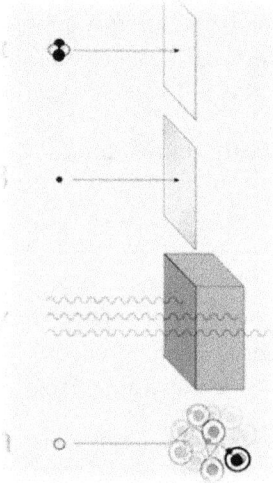

Embora a radiação alfa possa ser facilmente bloqueada pela parte exterior da pele, contendo epidermes mortas, as partículas alfas, liberadas na superfície do tecido interno do pulmão, pode danificar as células vivas. O gás radônio, resultante do decaimento do rádio no granito, pode se acumular dentro das residências. Sua meia vida é de 4 dias, e nos pulmões ele pode decair para o polônio e então para o chumbo. Um fumante de um maço de cigarros por dia está exposto a uma dose extra de 12 mSv por ano, comparado com a dose ambiental anual de 2 mSv/ano.

**A radiação ionizante pode danificar as células.**

A energia de ligação molecular fica na ordem de 1eV, e a energia ionizante pode chegar além de 10eV, portanto ela é capaz de remover um elétron de uma molécula tornando-a em um íon ou radical livre, quimicamente reativo. O metabolismo normal das células é a fonte principal de moléculas de oxigênio reativo tal como o peroxido de hidrogênio. As enzimas, normalmente, convertem essas moléculas em oxigênio e água de volta, mas os excessos residuais de peróxidos podem danificar o DNA, o RNA e as proteínas.

Danos e reparos no DNA ocorrem frequentemente, cerca de um por célula a cada segundo, para cada um dos 100 milhões de milhões de células no corpo humano. A fonte esmagadora de danos é consequência do metabolismo normal e não da radiação ionizante.

**A radioatividade é medida pela contagem de decaimento.**

Cada som de clique de um contador de radiação resulta de uma reação nuclear por decaimento, que tanto pode liberar uma partícula alfa, beta ou gama. Um Becquerel (Bq) é a contagem, por segundo, de uma fonte em decaimento. Por exemplo, o potássio-40, em uma banana, decai emitindo partículas betas com 20 contagens por segundo ou 20 Bq. O Becquerel indica a atividade da fonte radioativa. Um cacho com dez bananas pode chegar a 200 Bq. Dificilmente um elétron do decaimento do potássio-40, na banana, consegue deixar a fruta, mas, quando você come a banana, o potássio contido pode estar presente em uma molécula na célula de seu corpo. Isso é normal e natural.

A tabela seguinte nos fornece alguns exemplos de atividade, medida em Becquerel.

**Exemplos de Radioatividade, decaimentos nucleares por segundo (Bq)**

| Bq | Fonte de Radioatividade |
|---|---|
| 20 | Uma banana |
| 100 | Japão, máximo iodo-131/litro para bebês, água potável |
| 300 | Japão, máximo iodo-131/litro, água potável |
| 650 | Um metro cúbico de solo comum (500 Bq de K-40) |
| 740 | EPA máximo trítio/litro para água potável |
| 1.000 | Um quilo de café |
| 1.000 | Um quilo de granito (tal como o que se encontra na pia de uma cozinha) |
| 2.000 | Um quilo de carvão em pó |
| 2.000 | Japão, máximo iodo -131/kg de peixe e vegetais |

# Tório: energia abundante e acessível

| | |
|---|---|
| 3.000 | Radônio em 100 metros cúbicos de água em uma casa australiana |
| 3.000 | IAEA, máximo ido-131/litro para água potável |
| 5.000 | Um quilo de fertilizante superfosfato |
| 7.000 | Um humano adulto (70 kg) |
| 7.000 | Canadá (Ontário), máximo de iodo por litro de água potável |
| 10.000 | Suíça, máximo de trítio/litro para água potável |
| 30.000 | Detector de fumaça residencial contendo amerício |
| 30.000 | Radônio em 100 metros cúbicos de água em uma residência na Europa |
| 500.000 | Um quilo de mineral de urânio (Australiano, 0.3%) |
| 925.000 | Trítio em um relógio de pulso |
| 1 milhão | Um quilo de lixo radioativo de baixa radioatividade |
| 25 milhões | Um quilo de mineral de urânio (Canadense, 15%) |
| 70 milhões | Radioisótopos usados em diagnósticos médicos |
| 4 bilhões | Iodo-131, fonte para tratar o câncer da tiroide |
| 1.000 bilhões | Um sinalizador de saída contendo trítio (1970s) |
| 10.000 bilhões | Um quilo de lixo nuclear vitrificado de 50 anos de idade |
| 100.000 bilhões | Radioisótopos para tratamento médico |
| 0,4 bilhões de bilhões | Fukushima |

| 3 bilhões de bilhões | 500 explosões nucleares históricas na atmosfera para testes de armas nucleares |
|---|---|
| 4 bilhões de bilhões | Chernobyl |

## A dose de radiação é medida em unidades de energia.

A dose de radiação é uma medida da energia depositada em biomassa por radiação ionizante. A energia é medida em joules, sendo um joule um watt-segundo. Um joule é igual a $6 \times 10^{18}$ eV, que é uma grande quantidade de energia em comparação com a típica ligação química de 1 eV.

Como uma massa maior de tecido biológico absorve mais radiação, a dose é indicada em joules por quilograma de massa biológica ou J/kg. Essa dose unitária é denominada um gray, 1 Gy = 1J/kg. Um quilograma de biomassa tem na ordem de $10^{22}$ átomos, mas 1 Gy = $6 \times 10^{18}$ eV, o que ainda representa uma grande quantidade de energia a se espalhar por $10^{22}$ átomos. Portanto, 1 Gy é uma dose grande.

Assim, a unidade Bq mede a atividade de uma fonte e a unidade Gy mede a energia absorvida por uma biomassa.

As pesadas partículas alfa afetam vinte vezes mais o tecido biológico que as partículas beta e gama, levando em consideração a mesma energia. A unidade de "dose eficaz" é o sievert (também conhecida como dose equivalente, Sv), nas mesmas unidades como gray, J/kg. O sievert indica a probabilidade de a radiação causar danos genéticos nos tecidos biológicos.

Assim, paras as radiações gama e beta, 1 Sv = 1 Gy. Para a radiação alfa, 1 Gy = 20 Sv. As doses são mais frequentemente relatadas em sieverts, geralmente o mesmo que grays. A radiação alfa não penetra a epiderme da pele em tecidos vivos, por isso o impacto só é grande para a inalação ou ingestão de materiais radioativos com decaimento alfa.

Avaliando que 1 Sv é uma dose grande, os exemplos, na tabela seguinte, estão em millisieverts ou mSv. O número, na última linha, da tabela é muito grande, pois a radiação é concentrada e absorvida por uma biomassa muito pequena.

## O modelo LNT alerta que qualquer forma de radiação é perigosa.

Um modelo muito protetivo sobre os efeitos da radiação ionizante é o LNT (da sigla em inglês, Linear No Threshold theory). O modelo afirma que reduzir pela metade a dose eficaz reduz pela metade o risco de câncer e que não importa o quanto a radiação é reduzida. Por conseguinte, não existe limite seguro abaixo do qual a radiação ionizante é segura. Em 2005, a Academia Nacional de Ciências dos EUA publicou este relatório controverso: Efeitos Biológicos da Radiação Ionizante VII (BEIR).

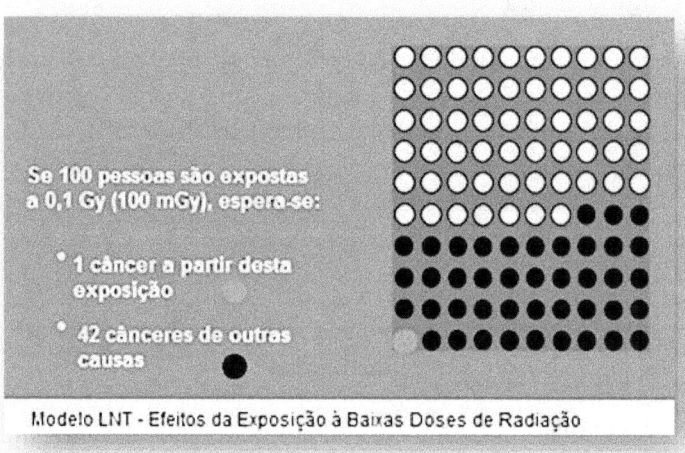

Se 100 pessoas são expostas a 0,1 Gy (100 mGy), espera-se:

* 1 câncer a partir desta exposição

* 42 cânceres de outras causas

Modelo LNT - Efeitos da Exposição à Baixas Doses de Radiação

Esse relatório afirma que 100 mSv de radiação geram um risco de um 1% de câncer durante a vida. A taxa de mortalidade de câncer gira em torno de 50%, portanto, isso sugere que 100mSv criam um risco de 0,5% por pessoa ou que 1 mSv cria um risco de 0,005% de mortalidade. Pela lógica do modelo LNT, os 815 bilhões de passageiros-milha nas aviações que viajam anualmente nos EUA, expostos às radiações cósmicas, estão expostos a 10.000 passageiros-sieverts e que poderia matar 500 pessoas por ano de câncer. Os oponentes da energia nuclear, semelhantemente, argumentam que pequenas exposições, de um mSv, de uma grande população de 100 milhões de indivíduos, por causa de um acidente nuclear, poderia vir a acarretar a morte de 5.000 pessoas.

Eu achei o relatório BEIR, de 400 páginas, muito difícil de ler e não muito persuasivo. Existem muito poucos dados observacionais nele. É, na maior parte, uma exibição de muitos artigos de pesquisa e modelos de exposição.

Entretanto, o modelo LNT serve de guia para a comissão nuclear regulatória (NRC) dos EUA e para o EPA. De acordo com o modelo LNT, o risco de câncer é diretamente proporcional à exposição. Exposições típicas e os riscos derivados do modelo LNT são plotados no seguinte gráfico. Note que é uma escala log-log cobrindo seis ordens de magnitude.

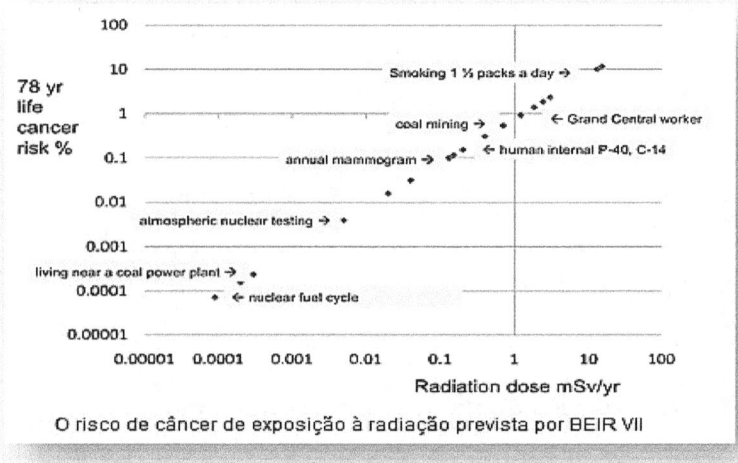

O risco de câncer de exposição à radiação prevista por BEIR VII

Por exemplo, um trabalhador, na Estação Central de Nova Iorque, fica exposto a uma radiação extra de 1,2 mSv por ano, por causa da estrutura de granito, e tem uma probabilidade extra de 1%, durante a sua vida, de desenvolver câncer.

Um problema com o modelo LNT é que ele é difícil de ser corroborado, como ilustrado no gráfico seguinte. Muitas das doses usadas como exemplos, estão bem abaixo de 2,4 mSv/ano da radiação ambiental – ruído. Semelhantemente, muitas das doses estão bem abaixo da estatística de 42% de incidência de câncer, durante a vida, devido ao ambiente – ruído. A área sombreada representa a área de interesse para a saúde, exatamente onde o ruído experimental da radiação de fundo e a incidência de câncer se disfarça.

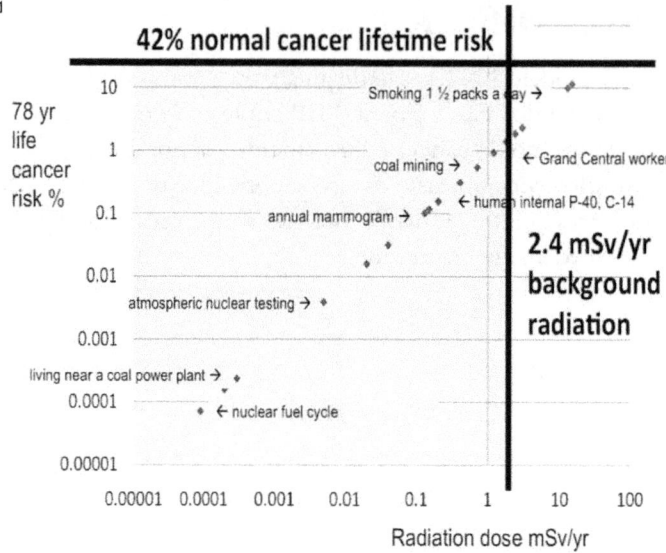

Radiação de fundo e o risco de câncer em comparação com as exposições

**Atividades da vida diária trazem risco de morte.**

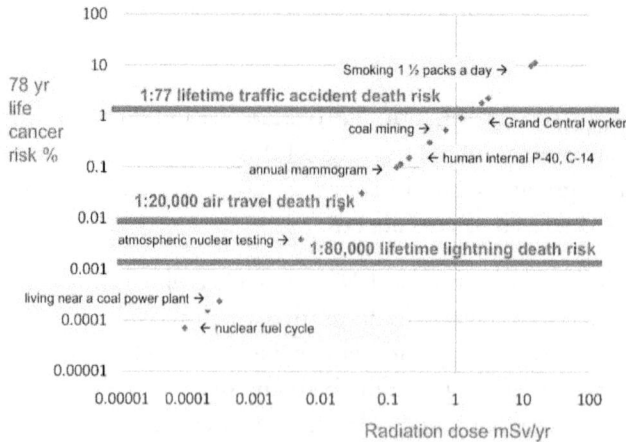

O risco de câncer BEIR VII em comparação com os riscos diários

Uma pessoa em cada 77, nos EUA, finda a sua vida em um acidente de trânsito, mas ninguém sugere proibir a atividade de dirigir um veículo, pois o transporte é fundamental para a nossa civilização. Qual o nível de risco que deve ser permitido para a geração de energia elétrica, que também é fundamental para a nossa civilização?

A vida é fatal. Todo mundo morre. Em toda atividade corremos o risco de ferimentos ou morte. Cada respiração traz o risco de quebras de DNA por moléculas reativas de oxigênio. A cada momento, corremos o risco de desenvolver câncer, espontaneamente. Em cada batida do coração, corremos o risco de acidente vascular cerebral. O que é, então, um risco razoável?

**O EPA dos EUA tenta balancear os custos regulatórios e os valores.**

Para comparar um custo regulatório com o benefício, a EPA atribui um valor a uma vida salva. A EPA usou 7,9 milhões dólares como valor econômico de uma vida estatística.

Por exemplo, se uma proposta de novos regulamentos, para melhorar a resistência dos automóveis durante acidentes, pode salvar 1.000 vidas por ano, então a sociedade deve estar disposta a exigir da indústria automobilística que gaste 7,9 milhões de dólares por ano. O que, então, a sociedade deveria estar disposta a gastar para a segurança de energia nuclear?

Paul Slovic, no Boletim dos Cientistas Atômicos, relatou uma pesquisa feita pela Tengs, indicando que gastamos 69 dólares, por vida no ano, para salvar vidas pelo uso do cinto de segurança, mas 100 milhões de dólares, por vida no ano, para proteger vidas das emissões de uma usina nuclear. A abordagem da nossa sociedade para equilibrar o risco e o custo é absurdamente inconsistente, por um fator de um milhão.

David Ropeik e Stephen Levitt diferenciam o risco estatístico e a percepção de risco, o que influencia negativamente os reguladores e legisladores. Percebemos ser uma grande ameaça para as crianças ter armas em casa, mas em casas com muitas armas e uma piscina, uma criança está submetida a um risco cem vezes maior de morrer afogada do que de um tiro de arma de fogo.

## O medo ajuda salvar vidas

No debate sobre medo versus razão, precisamos entender e valorizar o papel do medo em situações de risco à vida. O humano, como animal, sobrevive por causa da sua resposta irrefletida e rápida em presença de uma ameaça, tal como uma cobra se movendo ou um caminhão se aproximando. O medo produz a reação de luta, fuga ou paralização. A razão evoluiu muito mais tarde quando a amígdala passou a ter o controle sobre a adrenalina, a frequência cardíaca, a consciência visual e o fluxo sanguíneo.

Mas, o medo não é muito útil para a tomada de decisões, envolvendo questões complexas, como o armazenamento do lixo nuclear, por exemplo. Estas decisões exigem pensamento racional, de uma mente calma e clara. Mas, quando as emoções de medo são acionadas, a mente subconsciente, rapidamente, inunda os canais de pensamento, afetando a consciência e a habilidade de raciocinar.

Frank Furedi, da Universidade de Kent, em um artigo, menciona o medo das culturas geneticamente modificadas, dos telefones celulares, do aquecimento global e da febre aftosa. Ele argumenta que a percepção de risco de muitos seres humanos, sobre as ideias de segurança, as controvérsias sobre saúde, sobre o meio ambiente e a tecnologia, têm pouco a ver com a ciência ou uma evidência empírica.

## O marketing do medo

Os comerciantes espertos sabem como fazer bom uso do medo emocional.

O medo sobre a segurança infantil permite a Verizon Wireless vender serviços de rastreamento para celulares das crianças, embora o rapto de crianças não tenha aumentado nos EUA. O medo de invasão domiciliar está aumentando as vendas de alarmes domésticos e dispositivos de segurança, embora os índices de criminalidade tenham caído nos EUA. Medo de doença vende tomografias supérfluas de corpo inteiro, apontando doenças fictícias e exames desnecessários que aumentam os custos de saúde.

Os políticos também usam o medo. Bush usou o medo do desenvolvimento da bomba atômica por Hussein para conseguir apoio do congresso para invadir o Iraque. O ex-conselheiro de segurança nacional, Zbigniew Brzezinski, argumentou que o uso do termo "Guerra ao Terror" foi destinado a gerar deliberadamente uma cultura de medo, porque ele obscurece a razão, intensifica as emoções e faz com que seja mais fácil para os políticos demagogos mobilizarem o público em nome das políticas que querem implementar. Furedi continua: "A política internaliza a cultura do medo. Portanto, as desavenças políticas são, muitas vezes, sobre o risco que o público deve recear mais. "

No debate sobre a usina nuclear Vermont Yankee, os políticos têm usado o medo dessa maneira. Temores crescentes sobre Vermont Yankee têm habilitado os políticos a se apresentarem como salvadores públicos, sendo o único tópico conseguir ser eleito. No entanto, o pensamento racional conclui que a usina é a mais segura fonte de eletricidade, mais barata, e livre de carbono, para o povo de Vermont.

## O medo causa a "fuga" ser percebida como segurança natural.

O medo nos causa querer fugir de volta para a floresta – de volta à Natureza. Um exemplo foi o filme Avatar, no qual o produtor David Cameron levou em consideração as emoções instintivas da audiência quando planejou esse filme de grande sucesso de bilheteria. O filme mostra a Árvore das Almas em Pandora.

Pessoas assustadas pensam que o poder natural de moinhos de vento, quedas de água, luz solar, e combustão de lenha vai salvar a civilização.

O nervosismo gerado pelo medo da radiação gera o pensamento de que as fontes de energia naturais renováveis são mais seguras. Esse pensamento obscurece os fatos sobre os seus riscos, custos e impactos ambientais. Mesmo sendo verde, a energia natural renovável é o objetivo final dos moradores de Vermont e dos alemães, pois o medo da radiação nuclear os faz, impensadamente, aceitar que a queima de gás natural e carvão é benéfica, mesmo levando em consideração a emissão de $CO_2$ e a poluição que gera.

Aqui entra um conflito emocional – medo versus natureza. Einstein disse que não podemos resolver problemas usando o mesmo tipo de pensamento que usamos quando os criamos. Precisamos incentivar o uso de um nível superior de consciência – a racionalidade.

Precisamos incentivar as pessoas a identificar mensagens que causam o medo e analisar as suas fontes e conteúdo. Será que elas vêm de cientistas, engenheiros, reguladores, ou rádio terapeutas? Será que elas têm números? Quais são os custos? Que riscos são aceitáveis ? Uma, em cada 77 pessoas, termina sua vida em acidentes de trânsito, mas aceitamos essa taxa de mortalidade como o preço para o transporte. Podemos ser, igualmente, racionais sobre os riscos, os custos e os impactos ambientais da energia nuclear?

**O modelo LNT é controverso.**

Muitas pessoas contestam a validade do modelo de LNT. Aqui, estão, em poucas palavras, alguns argumentos contra o modelo LNT:

• As pessoas que vivem em altitudes elevadas absorvem, cerca de 1 mSv/ano, mais radiação, mas não apresentam mais incidências de câncer.
• As pessoas que vivem em lugares com 5 vezes a exposição normal de radiação de fundo, não desenvolvem mais câncer.
• A terapia de radiação, para destruir o câncer, não é dada como uma dose única aguda, mas em múltiplas doses pequenas para permitir um tempo maior de os tecidos vizinhos, saudáveis e expostos, se recuperarem.
• As taxas de mortalidade, observadas para os heróis de Chernobyl, não são lineares: 2% @ 2,5 Sv e 33% @ 5 Sv.
• Os trabalhadores da indústria nuclear apresentam incidências menores de câncer.
• Os moradores de um edifício em Taiwan, construído com aço contaminado por cobalto-60, radioativo, tinham menos câncer.

O Comitê Científico das Nações Unidas sobre os Efeitos da Radiação Atômica, geralmente, apoiam o modelo LNT, mas também diz que "uma resposta estritamente linear não deve ser esperada em todas as circunstâncias." A Academia de Ciências francesa "duvida da validade do uso do modelo LNT para a avaliação do risco carcinogênico de baixas doses (<100 mSv) e duvida ainda mais para doses muito baixas (<10 mSv) ". Nos EUA, a Sociedade da Física da Saúde "recomenda uma estimativa quantitativa dos riscos para a saúde abaixo de uma dose individual de 50 mSv em um ano ou uma dose vitalícia de 100 mSv, acima que do que se recebe de fontes naturais". A Sociedade Nuclear Americana pronuncia: "Abaixo de 100 mSv (que inclui exposições ocupacionais e ambientais) os riscos de efeitos na saúde são excessivamente pequenos para serem observados ou, então, são inexistentes."

O falecido Bernard Cohen, professor de Física na Universidade de Pittsburgh, opunha-se ativamente ao modelo LNT em muitos de seus escritos, os quais tiveram extensas audiências.

Outro físico, Wade Allison, escreveu claramente sobre isso em seu livro, "Radiation and Reason", que inclui os dados não processados sobre a incidência de câncer, em Hiroshima e Nagasaki, dos sobreviventes das bombas.

A mortalidade por leucemia não foi afetada pela radiação em doses <200 mSv

| mSv step to.. | Survivors | Survivor deaths | Control deaths |
|---|---|---|---|
| <5 | 37,407 | 92 | 84.9 |
| 100 | 30,387 | 60 | 72.1 |
| 200 | 5,841 | 14 | 14.5 |
| 500 | 6,304 | 27 | 15.6 |
| 1,000 | 3,963 | 20 | 9.5 |
| 2,000 | 1,972 | 39 | 4.9 |
| >2,000 | 737 | 25 | 1.6 |

Para os sobreviventes das bombas atômicas de Hiroshima e Nagasaki, os intervalos de radiação gama absorvida, na coluna da esquerda, são de 0-4, 5-99, 100-99, etc. Além dos sobreviventes, os pesquisadores selecionaram um grupo de controle de 25.580

pessoas que viviam no Japão, na zona fora das cidades bombardeadas. As taxas de mortalidade de leucemia foram normalizadas, usando um método estatístico, para o mesmo número na coluna dos sobreviventes, portanto a coluna da direita apresenta o número esperado de mortes.

**A mortalidade por tumores sólidos não foi afetada por does de radiação <100mSv.**

| mSv step to.. | Survivors | Survivor deaths | Control deaths |
|---|---|---|---|
| <5 | 38,507 | 4,270 | 4,282 |
| 100 | 29,960 | 3,387 | 3,313 |
| 200 | 5,949 | 732 | 691 |
| 500 | 6,380 | 815 | 736 |
| 1,000 | 3,426 | 483 | 378 |
| 2,000 | 1,764 | 326 | 191 |
| >2,000 | 625 | 114 | 56 |

A tabela acima apresenta um resultado semelhante. Exposições de radiação absorvida <100 mSv não resultaram em mais mortes por câncer tipo sólido. Essas exposições de radiação <100 mSv ocorreu em um instante, de forma intensa. Em contraste, a exposição à radiação crônica, por meses, permite um tempo maior para que os mecanismos de reparo do DNA possam agir. A exposição crônica causa menos danos e menos cânceres do que a exposição aguda.

**Os residentes de Fukushima não apresentarão cânceres extras.**

Cerca de 20.000 pessoas morreram por causa do terremoto de 2011 e por causa do tsunami na área de Fukushima, embora nenhuma dessas mortes seja atribuída à radiação dos reatores nucleares danificados. O prof. Robert Gale do Imperial College avaliou a exposição à radiação para os residentes nas proximidades da cidade. Os trabalhadores que lutaram para ganhar controle das usinas danificados de Fukushima foram expostos a uma média de radiação de 9 mSv, com 37 trabalhadores recebendo doses superiores a 100 mSv, aumentando os riscos de câncer durante a vida entre 1 a 2%, apenas.

| Radiação em mSv | Número de pessoas expostas |
|---|---|
| < 1 | 5.800 |
| 10 | 4.100 |
| 20 | 71 |
| 23 | 2 |

John Boice, presidente do Conselho Nacional de Proteção de Radiação e Medidas dos EUA, disse: "As exposições da população são muito, muito baixas, sendo assim, não existe qualquer oportunidade de realizar estudos epidemiológicos que apresentem alguma chance de detectar excesso de risco. As doses são muito baixas. "Apesar disso, o governo japonês vai realizar estudos detalhados para reduzir a ansiedade e dar garantias à população"[?!].

Esses estudos incluem:

• um questionário de 10 páginas para todos os 2 milhões de moradores do município de Fukushima, com um estudo de acompanhamento de 30 anos;
• 360 mil crianças menores de 18 anos terão suas glândulas tireoides analisadas;
• um exame de saúde das pessoas na região vizinha, incluindo exames de sangue;
• um levantamento especial de 20.000 mulheres grávidas e lactantes.

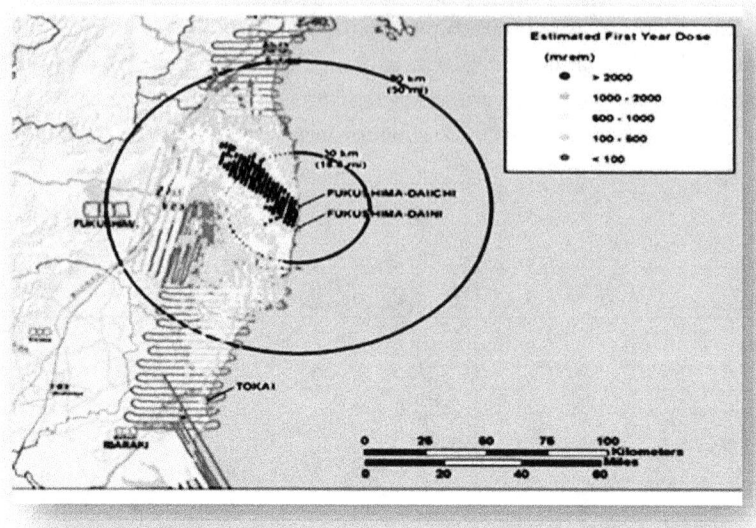

A Administração de Segurança Nuclear Nacional dos EUA monitorou a radiação em Fukushima e produziu esse mapa da radiação total, absorvida durante o primeiro ano. Os traçados escuros, ao noroeste da usina de Fukushima-Daichi, indicam as áreas de radiação superiores a 20 mSv (2000 mrem, em unidades dos EUA). O mapa é consistente com a tabela acima. Jerry Cuttler aponta o erro de evacuação de toda a área, onde os níveis de radiação em nenhum lugar ultrapassaram 680 mSv/ano, uma dose considerada segura por uma vez só pelos médicos de raios X.

**Os programas de pesquisa de radiações de doses baixas contradizem o modelo LNT.**

Por causa da controvérsia sobre o aquecimento global, a a energia nuclear e o modelo de LNT de efeitos na saúde por radiação de baixo nível, é importante entender melhor este assunto. Por exemplo, as normas excessivas de proteção contra radiação podem estar desnecessariamente custando bilhões de dólares extras para a limpeza de Harford, local usado para produzir armas, durante a Segunda Guerra Mundial, contendo plutônio. Nós também estamos em uma época quando podemos precisar de responder, de forma sensata, a uma possível utilização de uma bomba suja (uma bomba contendo material radioativo) por um terrorista, ao invés de ter de abandonar cidades inteiras.

Até 2012, os EUA haviam financiado a pesquisa do departamento de energia (DoE) sobre radiação de baixa intensidade. Os resultados das pesquisas em material educacional ainda estão disponíveis em seu site: lowdose.energy.gov. Os links para novas pesquisas, realizadas por outras entidades também estão disponíveis no site.

Na ilustração seguinte está um experimento ilustrando a resposta não linear à radiação.

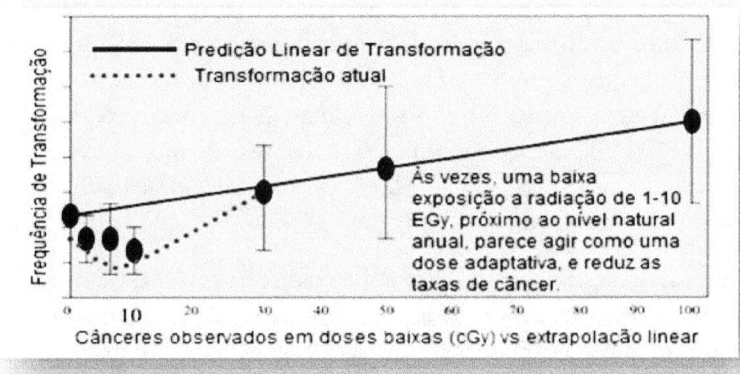

No laboratório de experimentos sobre radiação de fundo de baixa intensidade, da Universidade de Novo México, um experimento foi realizado a uma profundidade de 600 metros abaixo do solo, onde a maior parte da radiação, provinda dos cosmos, do Sol e dos minerais radioativos, foi eliminada. Resultados preliminares mostraram que o crescimento das bactérias é inibido pela falta de radiação.

Em dezembro de 2011, o Laboratório Nacional Lawrence Berkeley relatou uma pesquisa realizada, pela qual realmente se observou um processo de reparação mais rápida nos danos do DNA, quando expostos a níveis mais baixos de radiação. A exposição à radiação de 100 mSv criou quatro vezes mais pontos de restauração do que a exposição à radiação de 1.000 mSv. "Nossos dados mostram que, em doses mais baixas de radiação ionizante, os mecanismos de reparo do DNA funcionam muito melhor do que em doses mais elevadas", diz Mina Bissell, uma pesquisadora de renome mundial de câncer de mama, da divisão de ciências da vida do laboratório de Berkeley. "Esta resposta não linear do DNA põe em dúvida a suposição geral de que qualquer quantidade de radiação ionizante é prejudicial e aditiva."

Em um estudo realizado, em 2012, por Engelward e Yanch, no MIT, camundongos foram expostos a uma prolongada dose de radiação de 100 mSv/ano. Depois de cinco semanas (cerca de 10 mSv) de exposição, os pesquisadores avaliaram vários tipos de danos no DNA, incluindo rupturas dos filamentos de DNA e lesões de base. Nenhum aumento significativo foi detectado. Danos e reparos do DNA ocorrem espontaneamente e naturalmente a uma taxa de cerca de 10 mil por célula por dia, um aumento de apenas de 12 por dia de exposição a 100 mSv/ano. Estudos anteriores mostraram alguns danos no DNA, resultantes de uma única dose aguda de 10 mSv, demonstrando, assim, os mecanismos inerentes de reparo do DNA das células. Mas, a dose crônica de 10 mSv mostrou nenhum dano.

As diretrizes de proteção pública sobre radiação com base em doses agudas são muito conservadoras, deslocando desnecessariamente milhares de pessoas de áreas próximas a Fukushima, por exemplo, onde os níveis de radiação estão muito abaixo do nível de segurança de 100 mSv/ano.

**A radiação do cobalto-60 reduziu a incidência de câncer em Taiwan.**

Aço reciclado, acidentalmente contaminado com cobalto-60, foi usado na construção de prédios de apartamentos em Taiwan. Durante mais de 20 anos, 8.000 pessoas ficaram expostas a uma média de radiação de 400 mSv. Os efeitos na saúde foram positivos, estatisticamente! Será que a dose crônica de radiação é na verdade um profiláxico contra o câncer?

| Canceres observados, prognosticados e naturais para 8000 pessoas | | |
|---|---|---|
| Ocorrência Normal | Prognosticado pelo modelo LNT | Observado (Taiwan) |
| 186 | 242 | 5 |

**O efeito Hormesis pode proteger contra altas doses de radiação.**

A experiência de Taiwan e a pesquisa do laboratório de Berkeley podem até mesmo corroborar um fenômeno chamado hormesis, uma resposta defensiva celular a danos, às vezes, chamada de resposta adaptativa. A Sociedade Internacional de Dose e Resposta, na Escola de Saúde Pública da Universidade de Massachusetts, patrocina uma conferência anual e pública, realizando, regularmente, uma revista sobre a resposta biológica a pequenas doses de substâncias químicas, drogas e radiação.

Por exemplo, o artigo de Krzysztof Fornalski, "O Efeito do Trabalhador Saudável e os Trabalhadores da Indústria Nuclear", analisa se os trabalhadores são saudáveis devido a exposição à radiação ou por causa de melhores cuidados de saúde.

A resposta adaptativa à radiação ionizante de baixo nível pode ter surgido durante a evolução biológica. A vida surgiu na Terra há 3 bilhões anos, quando a radiação natural de fundo era de cerca de 10 mSv/ano – 4 vezes o que detectamos hoje.

**A radiofobia é prejudicial.**

O governo do Japão pode ter fomentado a radiofobia na população com o desligamento dos reatores e por ter realizado levantamentos massivos de saúde entre os 80.000 moradores evacuados da região nos 30 quilômetros da usina, independentemente da intensidade da radiação a que foram expostos. Apenas 16.000 foram autorizados a voltar para casa, em março de 2012, um ano após o acidente. Na área de evacuação de Fukushima, 10 pessoas morreram em veículos de transporte para os hospitais. Os oficiais do governo certificaram 573 mortes, todas definidas como não diretamente causados pela tragédia, mas por fadiga ou pelo agravamento de uma doença crônica devido ao desastre.

Zbigniew Jaworowski, o ex-presidente do Comitê Científico das Nações Unidas sobre os Efeitos da Radiação Atômica, escreveu que os padrões atuais de proteção de radiação são antiéticos, porque eles, desnecessariamente, causam distúrbios psicossomáticos em pessoas. Alguns exemplos podem ser encontrados na Bielorrússia, na Ucrânia e na Rússia, depois do acidente de Chernobyl, onde milhões de pessoas foram psicologicamente afetadas. Os padrões resultam em centenas de bilhões de dólares desperdiçados em proteção desnecessária contra radiações provindas da energia nuclear. Ele propôs várias causas para a radiofobia.

→ A reação psicológica pela devastação e perdas de vidas causadas pelas bombas atômicas em Hiroshima e Nagasaki, durante a segunda guerra mundial.

→ A guerra psicológica durante a guerra fria que gerou medo de armas nucleares no público.

→ O lobby por parte da indústria de combustível fóssil.

→ Os interesses dos pesquisadores nucleares sobre radiação, tentando atrair prestigio e orçamento.

→ Os interesses dos políticos, para quem radiofobia tem sido uma arma útil em seus jogos de poder (na década de 1970, nos EUA, e em 1980 e 1990 na Europa Ocidental e Oriental e na ex-União Soviética).

→ Os interesses dos meios de comunicação que lucram com o medo induzido na população.

→ A conjectura de uma relação linear e não limiar entre a radiação e os efeitos biológicos.

A proposta de Jaworowski é simples. Aumente os limites toleráveis de exposição à radiação pelo público de 1 mSv/ano para 10 mSv/ano. Esse limite ainda seria um décimo do nível em que foram observados quaisquer problemas de saúde. Note-se que 10 mSv/ano é também o nível de radiação no início da evolução da vida, 3 bilhões de anos atrás – uma boa evidência da inocuidade da vida e da evolução genética.

## Limites excessivamente baixos de radiação prejudicam pessoas.

Mais de 80 mil pessoas, que viviam em cerca de 30 quilômetros das usinas de Fukushima, foram evacuadas e não autorizadas a voltar para suas casas. Há um custo humano elevado para a justificar o deslocamento de tantas pessoas. As pessoas que se deslocam para cidades poluídas respiram ar insalubre. As taxas de suicídio aumentam. Deve haver algum equilíbrio entre os riscos de deslocamento e os riscos da radiação para a saúde humana.

As normas, do ICRP (a Comissão Internacional de Proteção Radiológica), são administradas por "um preço tão baixo quanto razoavelmente possível". Os padrões do ICPR orientam os padrões nacionais. Em um mundo, enfrentando o aquecimento global, a poluição do ar, a contenção de recursos, excluir a energia nuclear, que é limpa, econômica e segura, causará enorme estrago. Wade Allison propõe um limite estabelecido "tão elevado como relativamente seguro". Ele sugere o nível de radiação de100 mSv/mês para principiar a discussão de estudos de limites de radiação voltados à segurança.

## A Sociedade Nuclear Americana (ANS) documenta as falácias do modelo LNT.

Em junho de 2012, a ANS realizou uma sessão especial sobre os efeitos da radiação ionizante de baixa intensidade e publicou um compêndio que desaprova o modelo LNT. A publicação inclui links da Internet e referências aos artigos científicos. Um link para esse enorme arquivo está localizado na seção de referências deste livro.

Nenhuma mídia de ponta publicou uma reportagem sobre esse documento ou reunião. Os jornalistas publicam artigos e reportagens que geram medo e apreensão para ganhar atenção e, assim, vender mais anúncios. A segurança é enfadonha. O medo vende.

## *Resíduos Nucleares*

**A Natureza seguramente enterrou o seu próprio resíduo de reator em Gabão.**

O urânio-235 tem uma meia vida de 700 milhões de anos, portanto, 1.700 milhões de anos atrás, a concentração de U-235 na Terra, de urânio natural, estava por volta de 3%, em comparação com 0,7%, como é hoje. Por acaso, uma quantidade suficiente de minério de urânio foi concentrada em arenito em Oklo, no Gabão, na África, para criar um reator natural de fissão nuclear.

Fotos do reator natural de fissão nuclear

As águas subterrâneas, $H_2O$, fornecem o moderador de hidrogênio que desacelera os nêutrons ao ponto de estes serem capazes de fissionar o U-235. O calor gera vapor, que é menos denso, de modo que a moderação diminui e o reator cessa de produzir calor, até quando a água se esfria novamente e o ciclo retoma.

Esse ciclo de "reinicia e cessa" acontece a cada três horas, em média, persistindo pelos últimos 100.000 anos e com potência de 100 kW. Um número total de 16 reatores foi identificado. Os produtos da fissão têm permanecidos localizados nesses locais de reação por bilhões de anos.

**As forças armadas dos EUA enterram os seus resíduos
atômicos seguramente no subsolo.**

A planta piloto dos EUA para o isolamento de resíduos (WIPP, na
sigla em inglês), perto de Carlsbad, Novo México, está em operação
desde 1999. Ela já recebeu mais de 10.000 carregamentos de
materiais transurânicos que sobraram de pesquisas nos EUA e da
produção de armas nucleares.

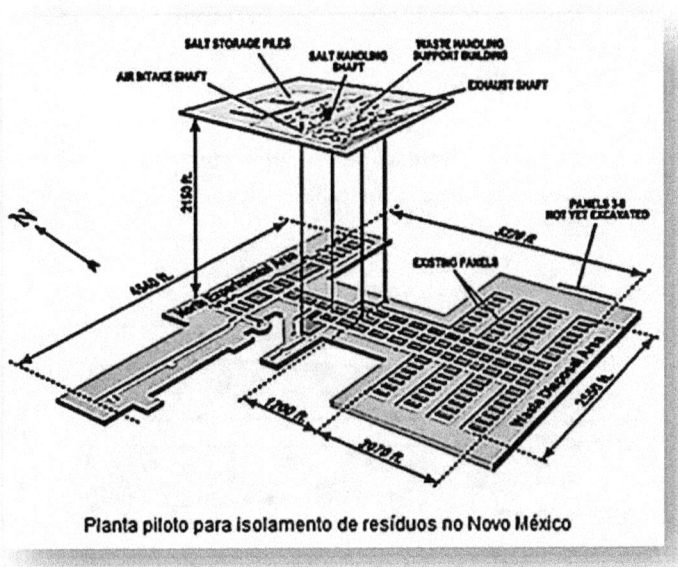

Planta piloto para isolamento de resíduos no Novo México

O sal NaCl é um pouco plástico; as rachaduras e buracos se fecham,
detendo o fluxo d'água. Eventualmente, as cavernas escavadas
contendo os resíduos serão tragados pelo sal, enclausurando
permanentemente os materiais armazenados.

Outros locais de armazenamento subterrâneo de materiais
radioativos existem na Finlândia, Alemanha e Suécia. Alguns
planejamentos de locais subterrâneos existem na Argentina, Bélgica,
Canadá, China, França, Alemanha, Japão, Coreia (em construção),
Suíça, Reino Unido e EUA (Montanha de Yucca).

**Resíduos de longa duração podem ser enclausurados em orifícios geológicos profundos.**

O RTFL vai produzir menos de 1% dos resíduos radioativos atuais de longa vida, produzidos pelo LWR. Os reatores de sal fundido podem ser utilizados para reduzir os materiais radioativos existentes, armazenados em barras de combustível gasto do LWR. Mas, de qualquer maneira, alguns materiais radiotóxicos de longa duração devem ser enclausurados, isolados do meio ambiente.

Per Peterson, um membro da Comissão do Futuro da Energia Nuclear do presente, correspondeu comigo sobre este assunto. A disposição geológica profunda parece ser a investida mais prática. A disposição nas camadas do subsolo marinho também pode funcionar, do ponto de vista de uma perspectiva técnica, mas do ponto jurídico as disposições terrestres parecem ser mais atraentes. As várias opções para a eliminação geológica cumprem as normas de segurança a longo prazo e a custos acessíveis.

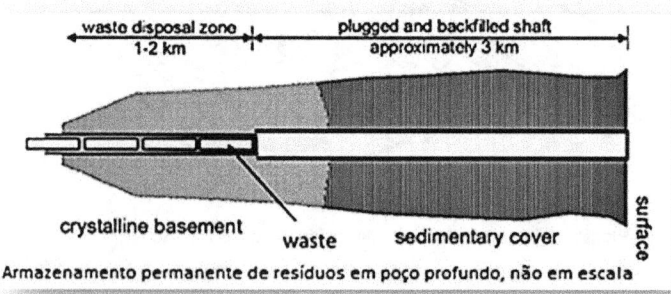

Armazenamento permanente de resíduos em poço profundo, não em escala

O Laboratório Nacional de Sandia cita que 70% do território dos EUA tem condição geológica apropriada para se usar orifícios profundos na disposição dos resíduos nucleares. Os locais de disposição são perfurações em rochas com base cristalina com mais de um bilhão de anos de idade, atingindo a 2 quilômetros da superfície do solo. A disposição em orifícios geológicos tem um custo estável baixo pois não demanda o desenvolvimento, recursos humanos e manutenção dos sítios no subsolo. A Sandia calcula que as disposições geológicas dos resíduos em sítios profundos podem custar 2,1 bilhões de dólares por cada 10.000 toneladas, requerendo aproximadamente 3,2 quilômetros quadrados para 85 poços apartados em 0,2 km entre eles.

Os RTFLs geram cerca de uma tonelada de resíduos por GW-ano. O rateio dos custos de armazenamento, avaliados pela Sandia, fica em 210 mil dólares por GW-ano, ou US$0,002 centavos/kWh. Hoje, as empresas de serviços públicos pagam US$0,1 centavos/kWh para um fundo de eliminação de resíduos nucleares, gerenciado pelo governo. Se uma frota de reatores RTFL fornecesse toda a demanda de eletricidade dos EUA, cerca de 500 GW, durante um século inteiro, iria gerar 50 mil toneladas de resíduos que poderiam ser armazenados em poços profundos de 16 quilômetros quadrados de área de terra.

As cavernas de sal são uma outra opção para a eliminação geológica. A sociedade local, em Carlsbad, Novo México, tem uma extensa experiência com sal, adquirida na instalação WIPP, e manifestou grande interesse em tornar-se envolvida em uma ampla variedade de atividades relacionadas com o ciclo do combustível, incluindo a disposição. Além dos extensos depósitos de sal, os EUA têm vastos recursos em granito e argila de xisto, que também poderiam ser usados para hospedar instalações geológicas de disposição nuclear. Em 2011, os EUA não tinham uma estrutura jurídica para desenvolver tais recursos, mas isso vai acontecer quando o Congresso alterar a política sobre resíduos nucleares, implementando as recomendações do BRC.

Uma alternativa para a disposição do combustível irradiado dos LWRs em funcionamento, presentemente, seria reprocessá-lo em reatores de sal fundido, como o DMSR. A produção de combustível para os DMSRs, a partir do LWR, seria menos cara do que a produção de combustível e fabricação de combustível do TRISO. Isso poderia criar um mercado para o combustível irradiado do LWR.

**É necessário menos armazenamento geológico para os resíduos do RTFL.**

O RTFL reduz o tempo de armazenamento de resíduos nucleares, de milhões de anos para algumas centenas de anos. A toxicidade dos resíduos nucleares surge de duas fontes: da fissão de produtos altamente radioativos e dos actinídeos de longa duração por absorção de nêutrons. Comparado a um LWR, o RTFL cria muito menos transurânicos porque o Th-232 requer sete absorções de nêutrons para produzir o Pu-239, enquanto o U-238 requer apenas um. Após 300 anos, a radiação dos resíduos do RTFL se torna 10.000 vezes menor. Na prática, cerca de 0,1% dos transurânicos de um RTFL pode passar através de um separador de resíduos químicos que escapam para o fluxo de resíduos radioativos, de modo que a radiotoxicidade do RTFL ficaria em 1/1.000 do resíduo a partir do PWR. Repositórios geológicos, menores do que a montanha de Yucca, seriam suficientes.

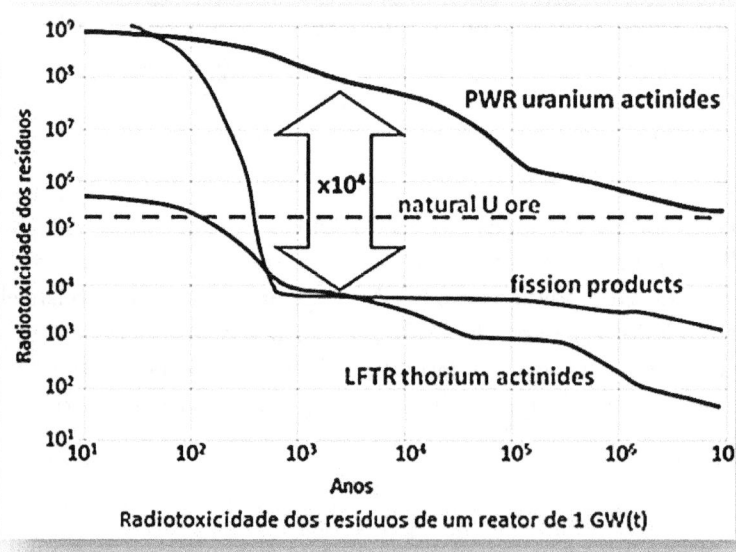

Radiotoxicidade dos resíduos de um reator de 1 GW(t)

## *Proliferação de Armas Nucleares*

A segurança do mundo civilizado pode depender da limitação de armas nucleares, as quais podem destruir cidades inteiras. Muitos dos defensores da energia nuclear são ambientalistas com o desejo de proteger o meio ambiente do aquecimento global, da poluição e de possíveis guerras por causa dos recursos naturais. Tais defensores não teriam essas atitudes a favor da energia nuclear se isto resultasse no aumento de armas nucleares por regimes extremistas que poderiam iniciar uma guerra nuclear.

**As armas nucleares surgiram por causa da ambição política, não por causa da energia nuclear.**

Mesmo nações em desenvolvimento como a Índia, o Paquistão e a Coreia do Norte desenvolveram armas nucleares. A aquisição da tecnologia de armas nucleares não foi nutrida pelo uso comercial da energia nuclear, mas sim pela política internacional. A transferência de tecnologia nuclear é por razões de ganho político tanto para o recebedor quanto para o provedor.

Muitas pessoas permanecem mal informadas sobre o papel da energia nuclear na proliferação de armas. Por exemplo, o ex Vice-presidente, Al Gore, disse:

"Durante meus oito anos na Casa Branca, cada questão da proliferação de armas nucleares que endereçamos foi conectada a um programa de reator nuclear. Hoje, os programas de armas perigosas, tanto do Irã e da Coreia do Norte estão ligados aos seus programas de reatores civis. "

Essa afirmação não é correta. A Coreia do Norte não tem nenhum programa de reator civil. O reator de geração de energia elétrica, recém-operacional do Irã, é alimentado pela Rússia, não pelo programa de enriquecimento de urânio, com o objetivo de desenvolver armas nucleares.

O papel da política internacional é revelado em um livro de Thomas C. Reed, do Laboratório de Armas da Livermore e ex-secretário da Força Aérea dos EUA, e Danny B. Stillman, ex-diretor de inteligência em Los Alamos. O livro, "O Expresso Nuclear: A história política da bomba e sua proliferação", afirma que, desde o nascimento da era nuclear, nenhuma nação tem desenvolvido uma arma nuclear por conta própria.

A tecnologia de armas foi transferida por proprietários da tecnologia para nações que procuram a tecnologia por meio de processos políticos.

1- Os EUA colaboraram com o Canadá e o Reino Unido no Projeto Manhattan, ajudando o Reino Unido a construir armas.

2- A França ganhou conhecimento da tecnologia da bomba atômica através dos veteranos do Projeto Manhattan.

3- Os espiões russos habilitaram Stalin a construir e explodir uma réplica exata da bomba de Nagasaki.

4- A China obteve livremente informações da Rússia. O espião do Projeto Manhattan, Klaus Fuchs, forneceu os detalhes sobre a bomba americana para Mao, após ter sido libertado da prisão em 1959.

5- A China forneceu à Argélia, ao Paquistão e à Coreia do Norte as informações técnicas sobre a bomba atômica.

6- O Paquistão forneceu o desenho da bomba para a Líbia e o Irã.

7- A Índia obteve um reator experimental nuclear do Canadá, água pesada dos EUA e assessoria técnica da França. A Índia prometeu usar a tecnologia para apenas fins pacíficos, então, construiu a bomba.

8- Dezenas de cientistas israelenses participaram do programa de armas francesas.

9- Israel prestou cooperação e know-how nuclear para a África do Sul, que, posteriormente, desmontou as suas armas nucleares.

Nenhuma nação, com exceção dos EUA, inventou, independentemente, as armas nucleares. A geração de energia nuclear nunca foi uma fonte de armas nucleares. Os tecnólogos nucleares continuarão a fazer tal caminho difícil. O RTFL é resistente à proliferação e o DMSR é ainda mais.

## A energia nuclear avançada deve ser resistente à proliferação

As armas nucleares podem causar destruições terríveis de cidades e contaminar regiões inteiras, portanto, a expansão da energia nuclear deve vir com a garantia de que o risco de proliferação de armas nucleares não será acrescido. A tecnologia para fazer tais armas é amplamente conhecida, embora o processo seja difícil e caro. A construção de usinas nucleares comerciais não tem levado ao desenvolvimento de armas; as nações que possuem armas nucleares, mas as desenvolveram com programas específicos e instalações especiais. No entanto, tecnologias de dupla utilização, como a centrífuga de enriquecimento de U-235, que pode produzir combustível para os PWRs, podem ser adaptadas para produzir urânio altamente enriquecido para armas.

Depois do discurso do presidente Eisenhower, Átomos para a Paz, os EUA ajudaram alguns países a adquirir o conhecimento e o materiais para aplicar a tecnologia nuclear para fins pacíficos. Inesperadamente, ao invés, esse conhecimento levou a Índia a desenvolver armas nucleares. A venda de usinas de energia nuclear avançada, em todo o mundo, não requer fornecer a cada nação a habilidade técnica e os materiais para se construir usinas nucleares ou armas nucleares. Considere o avião e a indústria de motor a jato, por exemplo: as nações querem ter companhias aéreas nacionais de prestígio. Um total de 83 países, da Argélia ao Iêmen, operam companhias aéreas que utilizam o avião Boeing 747, mas essas nações não têm, na sua própria estrutura, a capacidade de produzir ou manter os motores. A empresa General Electric nutre um negócio de reparar e reformar motores em seus próprios centros de serviços. Esse é um modelo adequado para a instalação e a manutenção da tecnologia do RTFL, que apresenta uma tecnologia resistente à proliferação nuclear.

## O reator de tório fluoreto líquido é resistente à proliferação.

O RTFL requer material físsil para ser transportado para o local, para dar a partida no reator, mas não depois disso. O RTFL, então, cria e queima o U233 físsil, que, possivelmente, poderia ser usado para produzir armas nucleares. Será que isso vai acontecer?

China, EUA, Rússia, Índia, Reino Unido, França, Paquistão e Israel, que respondem por 57% das emissões globais de $CO_2$, já têm armas nucleares e nenhum incentivo para subverter a tecnologia do RTFL.

Logo, apenas implementar os RTFLs nessas nações seria um grande passo no combate ao aquecimento global. Muitas outras nações, tais como o Brasil, o Canadá, o Japão e a África do Sul têm a capacidade de construir armas nucleares, mas escolheram não o fazer, por isso não há incentivo para subverter a tecnologia do RTFL para essa finalidade.

Deveria o RTFL ser implementado em outros estados não-nucleares? Os terroristas, certamente, não poderiam roubar o urânio dissolvido em uma solução de sal fundido, junto com os outros elementos mais radioativos, dentro de um reator selado. As normas de segurança da IEAA incluem segurança física, contabilidade e controle dos materiais nucleares, vigilância para detectar adulteração e inspeção de surpresa.

A economia de nêutrons dos RTFLs contribui para assegurar o seu inventário de materiais nucleares. A absorção de nêutrons pelo U-233 produz cerca de 2,4 nêutrons por fissão – um para direcionar o processo de fissão subsequente e o outro para direcionar a conversão do Th-232 em U-233 no de sal fundido. Levando em consideração as perdas de nêutrons por captura do protactínio e por outros núcleos, um reator RTFL, bem projetado, direcionará cerca de 1,0 nêutrons por fissão para transmutar o tório. Esse balanço delicado não gera um excesso de U-233, apenas o necessário para gerar combustível indefinidamente. Se essa taxa de conversão pudesse ser aumentada para 1,01 nêutrons por fissão, então, um RTFL de 100 MW poderia gerar 1 quilo de excesso de U-233 por ano. Se uma quantidade considerável de urânio-233 fosse mal-empregada para propósitos não pacíficos, o reator indicaria o desvio pela paralização do processo, pois não haveria suficiente U-233 para manter a cadeia de reação.

Ainda assim, uma nação soberana ou um grupo revolucionário podem expulsar os observadores da IAEA, interromper um RTFL, e tentarem remover o U-233 para bombas. O sucesso dessa tentativa requereria engenheiros altamente qualificados, trabalhando em um ambiente radioativo, e isto exigiria também modificar os equipamentos de fluoração para separar o urânio do sal combustível. O que aconteceria com os trabalhadores?

Os nêutrons que produzem U-233 também produzem o U-232, que contaminaria o produto retirado. Este último emite raios gama de 2,6 MeV, altamente perigoso para os construtores de armas e é percebível pelos detectores. O U-232 decai, via cascata, do elemento tálio-238, o qual acumula e emite a radiação.

U-232 (α, 72 anos) → 228Th (α, 1,9 ano) → 224Ra (α, 3,6 dias, 0.24 MeV) → 220Rn (α, 55 s, 0,54 MeV) → 216Po (α, 0,15 s) → 212Pb (β-, 10,64 h) → 212Bi (α, 61 s, 0,78 MeV) → 208Tl (β-, 3 m, 2,6 MeV) 208Pb (estável)

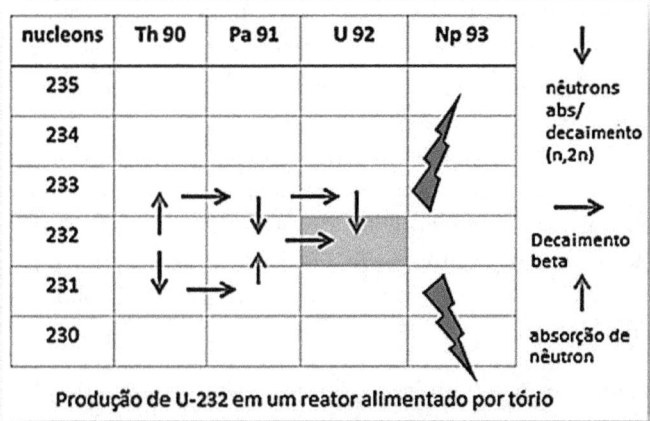

Produção de U-232 em um reator alimentado por tório

Dependendo dos detalhes do projeto, a proporção de U-232 seria de cerca de 0,13% para um reator de energia comercial. Um ano após a separação, um trabalhador que estava a um metro da esfera subcrítica de 5 quilos de tal U-233 teria recebido uma dose de radiação de 43 mSv/h, em comparação com 0,003 mSv/h de plutônio, ainda muito menos que U235. A morte se torna provável após a exposição de 72 horas. Depois de dez anos a radiação triplica.

As armas resultantes seriam altamente radioativas e, portanto, perigosas para os trabalhadores militares nas proximidades. A radiação gama penetrante de 2,6 MeV é um marcador facilmente detectável, revelando a presença do U-233 e, possivelmente, até mesmo a partir de um satélite.

O U-232 não pode ser removido quimicamente, e a separação por centrifugação, a partir do U-233, faria as centrífugas assaz radioativas para a manutenção.

# Tório: energia abundante e acessível

Possivelmente, os especialistas nucleares podem tentar parar o reator, extrair quimicamente o urânio, arquitetar um processo químico para remover os elementos intermediários da cadeia de decaimento do U-232, antes de o tálio ser formado. O problema é que os isótopos são continuamente substituídos pelo decaimento do U-232. Eles poderiam tentar separar rapidamente a pequena quantidade de Pa-233 do urânio e deixá-lo decair para o U-233 puro, mas eles teriam de projetar e construir uma fábrica de produtos químicos especiais dentro do reator. Os fabricantes de bombas podem tentar rapidamente fabricar uma arma a partir do U-233 recém-separado, antes que a radiação se torne letal; mesmo assim, haveria contaminação suficiente de U-232, produzindo os raios gama intensos de 2,6 MeV que poderiam ser facilmente detectados. O desafio de desenvolver e aperfeiçoar esses novos processos será mais difícil e caro do que a criação de uma fábrica de armas construídas com a tecnologia já conhecida, como o centrifugador de enriquecimento de U-235 em operação no Irã ou usando o PUREX para extrair plutônio do combustível sólido, irradiado no LWR.

Bruce Hoglund escreveu um relatório bem completo dos desafios dos aspirantes fabricantes de bombas nucleares, e há também uma discussão nos comentários no Blogue da Energia de Tório, e ambos os links estão disponíveis na seção de referências.

Um RTFL, operando sob as salvaguardas da AIEA, pode ser, adicionalmente, protegido através da injeção de U-238, a partir de um tanque controlado remotamente. O U-238 diluiria (desnaturaria) o U-233 para torná-lo inútil para a fabricação de armas, mas também iria parar o reator e arruinar o sal de combustível para uso posterior.

Para a segurança do pessoal, qualquer operação de material do U-233 deve ser alcançada por equipamentos de manuseio remoto dentro de uma célula quente, radioativamente blindada. Isso pode ser projetado para tornar muito difícil, a qualquer pessoa de dentro ou de fora, remover o material da célula quente. Outro obstáculo para o ladrão de urânio lidar com o sal fundido com temperatura de 700° C, seriam os produtos radioativos contidos.

Mesmo em um período de resfriamento de 1 hora, para permitir o decaimento dos isótopos de curta duração, o sal ainda libera ~ 350 W/litro de calor. Esse calor vem de radiação ionizante mortal que mataria um ladrão, nas proximidades, em poucos minutos, a menos que ele esteja protegido por concreto maciço ou de água ou chumbo pesado. Essa radiação mortal de produtos de fissão é o mesmo tipo de autoproteção contra roubo que funciona para o combustível gasto do LWR.

**O DMSR de fluido único é altamente resistente à proliferação.**

O DMSR contém uma quantidade suficiente de U-238, misturado com o físsil U-233 e U-235, ao ponto de que o urânio não possa sustentar a reação de fissão rápida necessária para ser utilizado em uma arma nuclear. O urânio enriquecido a menos de 20% de U-235 é chamado de LEU, urânio pouco enriquecido (da sigla em inglês, low-enriched uranium). O combustível LEU não é adequado para uma arma nuclear, o que, normalmente, exige mais de 90% de U-235. O DMSR com, pelo menos, 80% de U-238 é dito ser desnaturado com ele.

O DMSR tem menos equipamentos de processamento químico que o RTFL de dois fluidos, que usa a química do flúor para direcionar o U-233, gerado na manta de tório, para o núcleo. O DMSR não tem equipamentos de processamento químico na planta do reator que possa ser, de alguma forma, modificada para desviar o U-233 para um programa de armas.

Por causa da existência de uma quantidade substancial de U-238 no DMSR, ele reproduz o plutônio a partir da captura de nêutrons, assim como faz um LWR comum. Parte desse Pu-239 é fissionado. No entanto, o isótopo do Pu-239 físsil, que pode ser ambicionado para manufaturar uma bomba, seria de apenas 31% do plutônio misturado com outros isótopos (Pu-238, 240, 241, 242) os quais tornam o plutônio inadequado para uma bomba nuclear. Como o plutônio é dissolvido no sal de combustível, não há chance de removê-lo mais cedo para obter um Pu-239 de elevado grau, necessário para fabricar bombas, antes que os nêutrons convertam o elemento em outros isótopos, como ocorre nos reatores, LWR, CANDU, RBMK, ou nos reatores militares. Além disso, a química do plutônio torna difícil a remoção do sal.

Ainda, o sal contém produtos de fissão altamente radioativos, bem como o U-232, cujos elementos resultantes emitem raios gama penetrantes de 2,6 MeV. O DMSR é o mais resistente à proliferação dos reatores nucleares.

# Tório: energia abundante e acessível

## Há caminhos mais fáceis do que via U-233 para produzir armas nucleares.

O Paquistão tem sido um exemplo de como um país em desenvolvimento pode produzir bombas de urânio, utilizando uma centrífuga para enriquecimento. Duplamente e simultaneamente, desenvolveu métodos para extrair plutônio de alto grau dos reatores de urânio. A Índia e a Coreia do Norte desenvolveram armas de plutônio a partir de reatores de água pesada ou de reatores moderados por grafite com capacidade de troca de combustível online. O Irã construiu plantas de enriquecimento por centrifugação, capaz de produzir U-235 altamente enriquecido para o uso em armas nucleares. Certamente, esses métodos comprovados eliminam o incentivo para as nações de tentar desenvolver bombas nucleares através dos métodos mais complexos, tecnicamente mais desafiantes e caríssimos, utilizando o U-233.

Somente um enérgico e bem financiado esforço, na escala de um programa nacional, poderia superar os obstáculos ao uso ilícito de uranium-232/233, produzido em um reator RTFL. Tal esforço, certamente, descobriria que um esforço bem menos problemático, utilizando o urânio natural ou o plutônio produzido nos reatores, seria mais viável.

## O RTFL reduz os riscos de proliferação de armas existentes.

Portanto, implantando os RTFLs em escala global não vai aumentar o risco de proliferação de armas nucleares, mas, sim, diminuí-lo.

Utilizando o plutônio já existente para dar a partida aos RTFLs, ele pode ajudar a consumir os estoques desse material capaz de produzir bombas.

O ciclo do combustível da mistura tório-urânio reduz a demanda das plantas de enriquecimento do U-235, que pode produzir material para armas quase tão facilmente como combustível para alimentar os reatores.

A energia abundante, mais barata do que o carvão, pode aumentar a prosperidade e permitir padrões de vida mais elevados, que resultam em populações estáveis, reduzindo o potencial de guerras por recursos naturais.

# Capítulo 7 - Um Mundo Sustentável

Podemos criar um mundo sustentável, capitalizando uma fonte de energia segura, abundante, barata a partir do reator de tório. Existem muitas formas pelas quais o RTFL pode substituir a energia que hoje, na maior parte do planeta, é retirada da queima do carvão. Neste capítulo, discutiremos as melhorias que nos levarão a um mundo mais sustentável.

A eletricidade é a forma de energia mais útil e mais valiosa para avançar a civilização, nas áreas de saúde, segurança e prosperidade econômica. O RTFL não somente dissuade as nações de queimar o carvão, ele possibilita a produção barata de eletricidade às nações em desenvolvimento que o precisam, no processamento da água em saneamento, no processamento de alimentos, na comunicação, no comércio, na indústria, nos transportes e em muitas outras atividades.

O petróleo é hoje essencial para o transporte e o comércio porque é um combustível denso, líquido que pode ser transportado em carros tanques, navios, trens e aeroplanos. O RTFL fornece calor e energia para auxiliar na produção de combustíveis sintéticos, que são mais baratos, e emitem menos poluentes na atmosfera, tal como o $CO_2$.

A água potável é essencial para o melhoramento da saúde, e mais de um bilhão de pessoas no mundo não possuem acesso a isso. O bombeamento, a distribuição e o processamento da água e do esgoto, consomem cerca de 8% da energia produzida no mundo. O RTFL pode prover essa energia. A eletricidade e o calor, gerados pelo RTFL, podem expandir o processo de dessalinização, no momento, possível com a queima de combustível fóssil.

## *A Substituição do Carvão como Fonte de Energia*

A usina Taichung de carvão de 4,4 GW, localizada em Taiwan, é a maior do mundo. As 1.200 maiores usinas de carvão do mundo são, juntas, responsáveis por 30% da mudança climática.

**Os RTFLs podem substituir as usinas de carvão.**

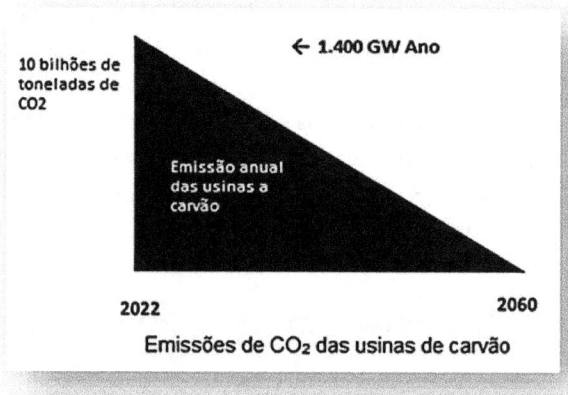

Emissões de CO₂ das usinas de carvão

A cada ano, a produção de eletricidade, pelas usinas de carvão, adiciona, aproximadamente, 10 Gt de $CO_2$ na atmosfera. A substituição do carvão por usinas de tório pode, por si mesma, eliminar a maior fonte desse gás, que lidera o aquecimento global. A construção diária de um reator de tório de 100 MW pode substituir todas as usinas de carvão no mundo, por volta do ano de 2060.

Colocando um fim nessas emissões, certamente, vai reduzir e, eventualmente, parar com a absorção do gás carbônico pelos oceanos que resulta no aumento da acidificação, fator pernicioso para a vida marinha e para essa fonte de alimentos da humanidade.

A agência de proteção ao meio ambiente dos EUA, calcula que 34.000 vidas americanas poderiam ser salvas anualmente pela redução de partículas de cinza, provindas da queima do carvão pelas usinas. Na China, centenas de milhares de pessoas poderiam ser salvas pelas mesmas razões.

## *Transporte Marítimo*

### RTFL pode movimentar navios comerciais.

Provendo energia para os navios de carga marítimos, o RTFL iria eliminar a demanda global de petróleo em cerca de 7 milhões de barris por dia e cortar em 4% as emissões de gases de efeito estufa, causadas pelo homem. A energia nuclear é utilizada, hoje, com sucesso para movimentar os submarinos da marinha, os quebra-gelos e os porta-aviões. O primeiro uso da energia nuclear foi para alimentar o submarino americano, o USS Nautilus. Desde o ano de1955, a marinha dos EUA acumulou um total 5.400 anos de experiência no uso de reatores, sem acidentes relatados, com suas usinas nucleares. A navegação comercial, movida a energia nuclear, é uma oportunidade atingível.

A possibilidade de reduzir o espaço ocupado pelo combustível, que movimenta o navio de carga, cerca de 380 toneladas para cada dia, no mar, iria aumentar o lucro sobre a carga. A eliminação de reabastecimento frequente, pelo uso do RTFL, não só acaba com os atrasos nas escalas marítimas, mas também permite que os administradores dos navios planejem rotas de navegação sem restrições portuárias para reabastecimento.

Em 2012, o maior navio porta-contentores em operação tinha um reator de 90 MW, quase a mesma potência de um pequeno RTFL modular de 100 MW. O maior, da classe Nimitz, um super transportador, emprega uma usina de energia nuclear de 200 MW.

Assim como a indústria naval passou do uso do carvão para o uso do óleo, a marinha mercante pode mudar do uso do petróleo para o uso do RTFL.

## *Petróleo*

O mundo está ficando sem petróleo barato e de fácil extração. As indústrias extrativas, agora, recorrerem a fontes de petróleo não convencionais que exigem mais energia para a extração e o refino.

**Adiar o Pico do Petróleo diminui o EROI e aumenta as emissões de carbono.**

O pico do petróleo é definido como o tempo postulado quando o consumo de petróleo excede as novas descobertas, prevendo o tempo iminente quando o mundo ficará sem óleo. O pico do petróleo é adiado cada vez que uma nova tecnologia descobre uma fonte nova de petróleo ou uma fonte não convencional. Contudo, a extração exige quantidades crescentes de energia e mais emissões de $CO_2$.

O fraturamento hidráulico foi usado com sucesso para extrair gás natural de camadas compactas de xisto que são impermeáveis ao fluxo de metano. O fraturamento hidráulico também está começando a ser usado de forma semelhante para extrair petróleo e isso pode substituir um quarto do petróleo importado pelos EUA, por exemplo.

As areias betuminosas canadenses contêm betume, que é extraído e, em seguida, aquecido e aprimorado com o gás natural. Esse processo requer muito mais energia do que simplesmente extrair petróleo. A energia vem do gás natural que é queimado, emitindo mais $CO_2$ para a atmosfera.

O óleo de baixa qualidade resultante é refinado mais dispendiosamente, com um EROI (da sigla em inglês, Energy Return On Investment) de apenas quatro. Atualmente, 10% do petróleo dos EUA importado vem dessas areias betuminosas. O aumento da demanda é a motivação para a construção do controverso oleoduto de Keystone XL, do Canadá para os EUA.

O SASOL, plantas de conversão de carvão em líquidos, da África do Sul já produzem 150 mil barris de petróleo por dia, cerca de 35% do consumo nacional. No entanto, a energia necessária provém da queima de mais carvão, de modo que as emissões totais de $CO_2$, provenientes da queima de gasolina, produzidos dessa forma, são cerca de 50% mais do que com o óleo bombeado por meios tradicionais.

O reator PBMR da África do Sul, projeto agora extinto, tinha como objetivo fornecer calor para ativar o processo, Bergius, de transformação de carvão em líquido sem gerar $CO_2$ adicional. A China está triplicando a capacidade de sua usina de transformação de carvão em líquidos em Shenhua.

No Catar, a Shell completou as obras da sua usina Pearl, capaz de produzir 260 mil barris de equivalente do petróleo por dia. A usina converte o gás natural metano em líquidos, como uma forma de diesel ultra limpo e é abastecido por uma usina de queima de gás.

Embora a demanda dos EUA para a gasolina vem caindo lentamente, a demanda mundial está aumentando à medida que os países em desenvolvimento, como a China e o Brasil, compram mais veículos.

O pico do petróleo pode nunca vir acontecer, mas já passamos o tempo de petróleo barato. Em 2008, o chefe da Shell, Jeroen van der Veer, assim afirmou:

"Depois de 2015, as fontes de acesso fáceis de petróleo e gás, provavelmente, não vão mais acompanhar a demanda. Como resultado, não teremos alternativa a não ser adicionar outras fontes de energia - renováveis, sim, mas também mais energia nuclear e fontes não convencionais de combustível fóssil tal como as areias betuminosas".

**Os EUA possuem reservas de petróleo mais do que a humanidade já bombeou até o presente.**

Na bacia do Green River, compartilhado por Wyoming, Utah e Colorado existe uma vasta fonte de xisto betuminoso. Grande parte da bacia se localiza em terras federais. Esse xisto contém querogênio que, quando aquecido, torna-se, in situ, óleo líquido que pode ser bombeado, deixando para trás cinzas e gases de carbono.

O querogênio é um composto de peso molecular elevado (mais de 1.000) contendo ambos os átomos de carbono e de hidrogênio na proporção de 02:03. Como no caso do petróleo e do carvão, o querogênio é formado a partir da dissipação da matéria viva. Quando o querogênio é aquecido, ele libera petróleo bruto e gás natural. A maior parte da reserva do mundo, cerca de 7.000 bilhões de barris, está localizada nas Américas – Canadá, EUA e Venezuela.

Nos EUA, o querogênio, na Bacia do Green River, representa 1.500 bilhões de barris de petróleo, dos quais 1.000 milhões de barris podem ser recuperados. O consumo de petróleo dos EUA é de cerca de 7 bilhões de barris por ano, de modo a Bacia representa um recurso de petróleo em escala secular.

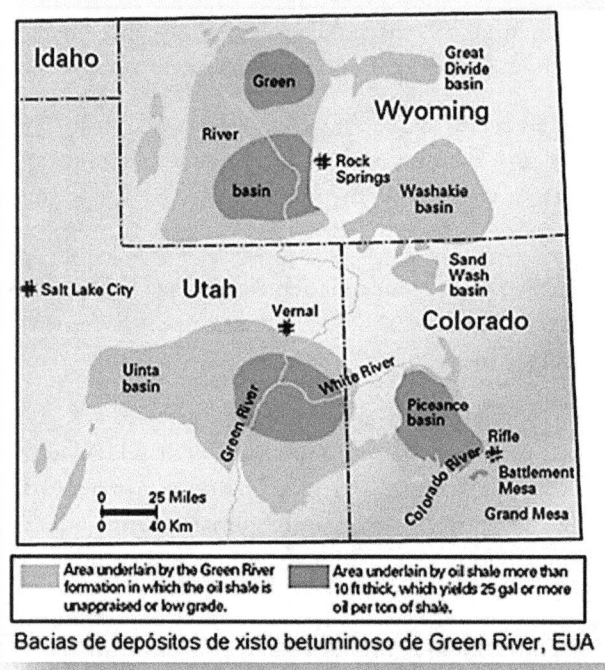

Bacias de depósitos de xisto betuminoso de Green River, EUA

O EROI para extrair o petróleo do querogênio subterrâneo é calculado ser menos que 4, significando que um quarto da energia adquirida deve ser utilizado na própria extração. Se essa energia for suprimida por combustível fóssil, tal como gás natural ou querogênio, então mais de 25% de dióxido de carbono é liberado, comparado com o processo convencional de extração de petróleo. Alternativamente, essa energia poderia, ao invés, ser fornecida pelo calor nuclear e eletricidade de um RTFL.

## A extração de xisto betuminoso na superfície é prejudicial ao meio ambiente.

A conversão de querogênio das camadas de xisto betuminoso em petróleo ainda não é um processo comercialmente viável nos EUA por causa dos custos, do emprego de novas tecnologias e por causa das preocupações com o meio ambiente. Em outros lugares no mundo, 18.000 barris por dia são produzidos dessa forma. Na mineração de superfície, o equipamento pesado é utilizado para remover a terra estéril, expondo o xisto betuminoso, que é cavado por grandes máquinas e transportado por caminhões de grande porte para um centro de processamento. Essa mineração é similar aos processos empregados para as areias betuminosas de Alberta, Canadá, e nas minas de carvão de West Virginia, onde são retirados dos cumes das montanhas.

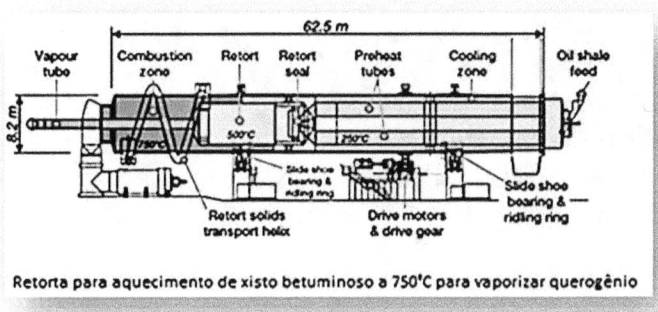

Retorta para aquecimento de xisto betuminoso a 750°C para vaporizar querogênio

O xisto betuminoso é, então, pressionado para aumentar a área da superfície através da qual o óleo flui para fora, em seguida, aquecido em uma retorta que, por sua vez, é aquecida pela queima de gás ou óleo. Em temperaturas por volta de 500°C, o querogênio decompõe-se em petróleo e gás, que flui para fora do xisto. Esses produtos, petróleo e gás, são capturados e refinados ainda mais. O processo cria até 10 litros de água residual por tonelada de xisto e o xisto gasto pode conter poluentes, incluindo sulfatos, metais pesados e hidrocarbonetos aromáticos policíclicos, alguns dos quais são tóxicos e cancerígenos.

## No local, a extração de óleo de xisto tem menor impacto ambiental.

Ao invés de extrair o xisto, a técnica é aquecer o óleo de xisto no local, decompondo o querogênio. O petróleo e o gás são removidos e o carvão e outros resíduos são deixados no subsolo. O custo do processo vem do calor que deve ser utilizada para aquecer a terra por meses ou anos, até atingir a temperatura de decomposição do querogênio, já que a condutividade térmica da rocha é baixa.

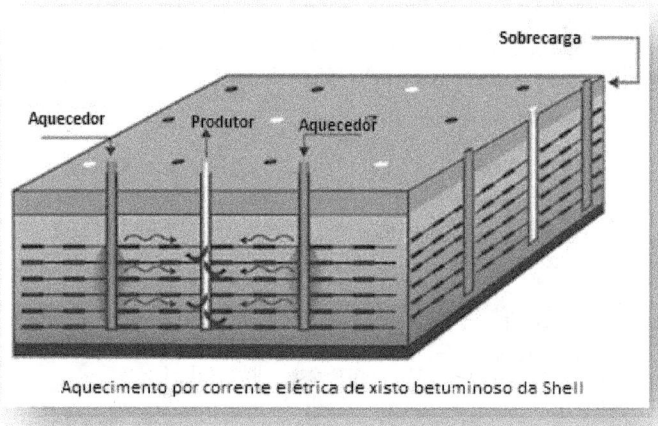

Aquecimento por corrente elétrica de xisto betuminoso da Shell

O processo experimental da Shell utiliza elementos de aquecimento elétrico, nos poços, para elevar a temperatura da camada de óleo de xisto, aproximando-a de 350 °C, por um período de cerca de 4 anos. O gás e o petróleo, então, são extraídos dos poços produtores. A área de processamento é isolada, para não contaminar as águas subterrâneas, por uma barreira congelada que consiste de poços repletos com um fluido circulante super-refrigerado. As desvantagens desse método são o grande consumo de energia elétrica, o extensivo uso de água, e o risco de poluição das águas subterrâneas. A Shell calcula um EROI de 3-4 para esse processo.

No processo, proposto pela American Shale Oil, o vapor sobreaquecido é circulado através de uma série de tubos horizontais, colocados por baixo da camada de óleo de xisto a ser extraído. Poços verticais fazem a transferência de calor através do refluxo do óleo de xisto convertido e fornecem uma maneira

de coletar os hidrocarbonetos produzidos. O calor é fornecido pelos gases de combustíveis fósseis.

Aquecimento a vapor superaquecido e extração de querogênio convertido

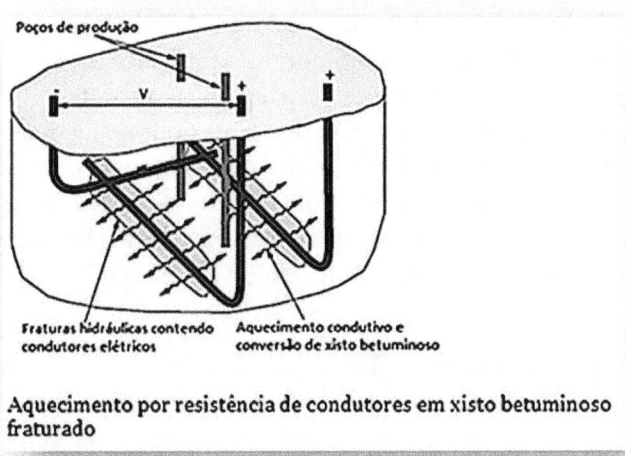

Aquecimento por resistência de condutores em xisto betuminoso fraturado

# Tório: energia abundante e acessível

Na técnica empregada pela companhia EletroFrac, aplica-se uma corrente elétrica através do solo, de forma que a resistência do mesmo aquece o xisto betuminoso. O fraturamento hidráulico permite injetar um condutor elétrico para fazer uma conexão de baixa resistência, entre a linha de eletricidade e a rocha betuminosa.

A Chevron utiliza o processo de injetar o gás $CO_2$ para liquefazer o querogênio.

A empresa General Synfuels propõe usar ar superaquecido.

Mas, nenhuma dessas tecnologias está em operação comercial.

## O RTFL pode suprir energia barata para a extração de óleo do xisto.

As técnicas de extração de óleo de xisto são extremamente dependentes de energia, com avaliação de EROI entre 2 e 4. Um EROI de 2, dobraria as emissões do ciclo de vida de $CO_2$ para a produção de combustíveis líquidos e de seu uso, se a energia necessária para a produção decorresse de combustíveis fósseis, como o petróleo ou o gás.

Qual poderia ser o custo da energia do RTFL para a extração de óleo de xisto? Considerando o processo da ElectroFrac, assumimos que um RTFL, no local, poderia produzir energia elétrica ao custo de US$0,03/kWh, para abastecer os condutores elétricos para o aquecimento. Como o aquecimento por resistência elétrica é difundido pelo xisto condutor, e não apenas nos pontos de conexão, a eficiência do aquecimento uniforme pode resultar em um EROI tão alto quanto 4. Isso significa que o custo de energia elétrica, para extrair o petróleo, seria um quarto do custo da energia extraída, ou US$0,0075 por kWh (t) de óleo, ou US$ 13/barril. Se o EROI fosse de apenas 2, a eletricidade do RTFL custaria US$26/barril.

Usando um processo mais simples de geração de calor a partir do RTFL, no próprio local, para a produção de vapor para derreter o querogênio, o custo seria de US $ 0,01/kWh (t) para o aquecimento. Assumindo que o EROI fosse o pobre índice 2, isso nos daria US$0,005/kWh (t) ou cerca de US $8/barril de energia para o óleo extraído.

O valor de US$8-26/barril seria uma estimativa aproximada do custo de energia, unicamente para extrair o óleo de querogênio, e não reflete o custo da refinaria, do transporte, do trabalho, da furação, etc. Mesmo assim, esse parece ser um custo aceitável, em comparação com o petróleo importado por US $ 100/barril, por exemplo.

Uma grande usina RTFL de 2GW(t) poderia fornecer calor para produzir cerca de 10 milhões de barris de petróleo por ano. Os EUA, por exemplo, consomem 7 bilhões de barris de petróleo por ano.

Se os EUA diminuíssem a demanda de petróleo importado anual para 3 bilhões de barris, o aquecimento e extração de óleo de xisto da Bacia do Green River poderia suprir essa demanda, utilizando 300 reatores de 2GW(t). Isso seria muita potência! Para efeito de comparação, os EUA agora possuem apenas cerca de 100 desses reatores dedicados à produção de eletricidade. Mas, o petróleo é ainda um grande negócio; uma única refinaria da Exxon-Mobil no Texas produz 40 GW(t) de potência de produto petrolífero.

**O calor do RTFL pode extrair petróleo das areias betuminosas do Canadá.**

O Canadá é o maior fornecedor de produtos de petróleo aos EUA. A maior fonte do Canadá são as areias betuminosas em Alberta. As areias betuminosas são escavadas pela mineração de superfície. O betume, um petróleo bruto muito pesado, é extraído por meio de aquecimento. O betume é, assim, convertido em um óleo menos denso que pode ser transportado e refinado. A energia substancial e o hidrogênio, para serem utilizados nesse processo, procedem do gás natural. Nesse caso, o EROI é cerca de 5. As emissões totais de $CO_2$ dos combustíveis produzidos dessa forma ficam em torno de 15%, maior do que para o petróleo bruto doce. O aumento na emissão de $CO_2$ é a razão da oposição à construção do oleoduto de Keystone XL.

A Câmara dos Comuns do Canadá, a Energy Alberta, a Shell e o laboratório Nacional de Idaho estão avaliando o uso da energia nuclear para a extração de petróleo de areias betuminosas. Um relatório calcula que uma usina de 600 MW(e) poderia fornecer energia para extrair 60 mil barris/dia, no entanto, não é prático distribuir vapor ao longo de 10 km, portanto, reatores menores, tais como os RTFLs de 100 MW(e), poderiam suprir a energia requerida, localmente. Ao custo de 3 centavos/kWh de eletricidade, o custo da extração seria de US\$7/barril.

Contudo, o uso do RTFL para a extração, livre de $CO_2$, do óleo de xisto betuminoso ou areias de alcatrão, não muda o fato de que a queima de combustíveis fósseis extraídos, posteriormente, libera $CO_2$ na atmosfera.

## Combustível líquido Sintético para Veículos

**Combustíveis carbonáceos contêm energia valiosa de alta densidade.**

Como poderíamos abastecer caminhões e aviões em uma era pós-combustíveis fósseis? A vantagem dos combustíveis carbonáceos (a base de carbono), como a gasolina, o diesel e o querosene de aviação é a sua elevada densidade energética. Eles permitem os veículos transportarem os seus próprios combustíveis, em tanques, a custos razoáveis. O maior custo de uma companhia aérea é o combustível de jato. Mesmo com as aeronaves e os motores de turbinas eficientemente projetadas e otimizadas, de hoje, um avião Boeing 747, para voos de longas distâncias, pesa metade no pouso do que pesava na decolagem. Mais da metade do peso de decolagem é combustível; o resto é o avião, com os passageiros e a carga. A operação de uma aeronave seria impraticável com o uso de um combustível mais pesado. Não existe ainda um bom substituto para os combustíveis carbonáceos, portanto, a civilização vai precisar de um ciclo de combustível, neutro em carbono, se os aviões devem voar sem emissões substanciais de $CO_2$.

Iso-octano, butano, aromático

A gasolina, refinada do petróleo, é um combustível carbonáceo composto de Isooctano, o butano e os aromáticos. Esses são hidrocarbonos que queimam para formar água e $CO_2$, por exemplo:

$$2 \ C_8H_{18} + 25 \ O_2 \rightarrow 16 \ CO_2 + 18 \ H_2O + calor$$

O diesel e o combustível de avião a jato são similares, com misturas diferentes de moléculas de hidrocarbono, contendo entre 8 a 21 átomos de carbono.

Os combustíveis de hidrocarbonetos podem ser produzidos a partir do gás natural, especialmente metanol (CH3OH), para substituir a gasolina e o éter dimetílico (CH3OCH3), para substituir o diesel. No entanto, esses têm densidade de energia um terço menor do que a gasolina, o que requer um tanque 50% maior em um veículo para o mesmo intervalo de viagem.

**A economia mundial depende do petróleo para o transporte**

O mundo obtém 37% da sua demanda de energia do petróleo, em comparação com o carvão, que é de 21%. Um reator nuclear típico gera cerca de 1GW de energia. Entretanto, uma grande refinaria produz 40 GW de energia na forma de gasolina, diesel e combustível para aviões.

A alta densidade do petróleo e um século de experiência em engenharia no seu uso, o fizeram ser essencial para a economia do mundo. Os EUA precisam de 19 milhões de barris por dia, e desses são importando 45%, a um custo próximo a US 1 bilhão por dia. A presença protetiva dos EUA no Golfo Persico foi calculada ter custado mais de sete trilhões de dólares.

Um modo alternativo de se beneficiar do custo baixo do RTFL seria usá-lo para gerar combustíveis líquidos sintéticos, para substituir o petróleo. Podemos, certamente, usar a energia elétrica gerada pelo RTFL para impulsionar os trens de altas velocidades e para carregar as baterias de carros elétricos pequenos, mas não podemos usar a eletricidade para movimentar diretamente aeroplanos e caminhões de cargas, pois as baterias são pesadas e volumosas.

**Combustíveis de hidrocarbonetos podem usar o hidrogénio gerado pelo RTFL.**

A sintetização de combustíveis de hidrocarbonetos requer uma fonte de hidrogênio e uma fonte de carbono. Hoje o hidrogênio comercial provém do gás natural, CH4, mas este processo não é neutro em termos de carbono porque o carbono é removido e torna-se CO2 na atmosfera. Para ser neutro em carbono, o hidrogênio pode ser obtido a partir da água, H2O, pela alta temperatura de dissociação.

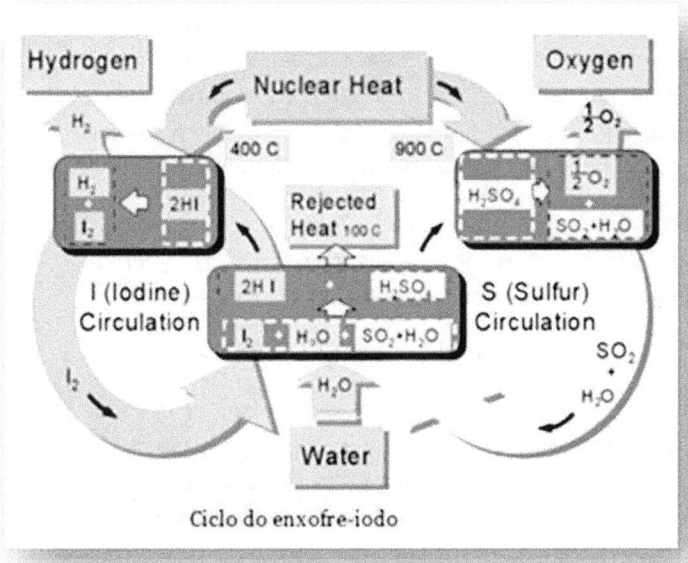

Ciclo do enxofre-iodo

O calor de produção nuclear pode ser utilizado para produzir hidrogênio. A uma temperatura de 950°C, o processo enxofre-iodo funciona na conversão química/térmica com eficiência de 50%. O processo cloreto de cobre-cloro, com eficiência de 43%, pode funcionar a 530°C, a uma temperatura compatível com o material nuclear atualmente certificado.

Em baixas temperaturas, a eletrólise pode desassociar hidrogênio da água a uma eficiência química/elétrica de até 60%. Mesmo com a possibilidade de ser usado para combustível para veículos, o uso mais prático para o hidrogênio é servir de matéria-prima para os combustíveis líquidos.

O gás hidrogênio pode ser combinado com carvão para produzir combustíveis sintéticos

Para fabricar combustíveis hidrocarbonetos precisamos também de carbono. O carbono pode ser obtido a partir do carvão. Em vez de utilizar o hidrogênio nuclear, os processos químicos existentes, tais como Fischer-Tropsch (F-T) podem ser utilizados para a fabricação de gasolina a partir do carvão.

Esse processo, F-T, também emite considerável quantidade de $CO_2$, de modo que o total de $CO_2$, quando a gasolina é queimada, é 50% a mais do que a gasolina proveniente da refinação do petróleo. Esse processo foi aperfeiçoado na África do Sul durante os embargos por causa do Apartheid e, agora, produzem 160 mil barris de combustíveis sintéticos por dia. É, ocasionalmente, proposto nos EUA como um meio para aumentar a independência energética.

O nosso objetivo é, então, encontrar um processo de produção de combustíveis sintéticos que não emite o gás $CO_2$. Queremos combinar hidrogênio e carbono em um processo como

$$8\,C + 9\,H_2 + energia \rightarrow C_8H_{18}$$

Na fórmula acima, temos o octano, uma forma de gasolina. Podemos produzir hidrogênio nuclear, mas precisamos de uma fonte de carbono. O carvão mineral pode ser esta fonte. Locke Bockart descreveu um processo que faz bom uso de ambos, hidrogênio e oxigênio, desassociados da água, e o uso total do reator F-T. O símbolo "-$CH_2$" representa a cadeia de hidrocarbono tal como $C_8H_{18}$.

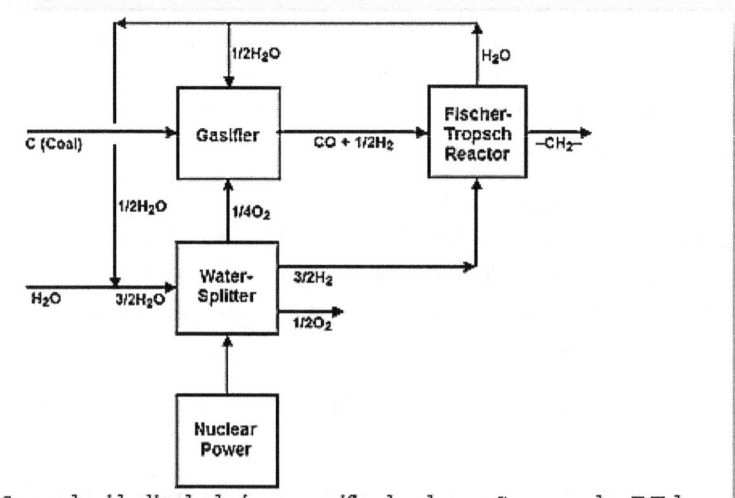

Separador idealizado de água, gaseificador de carvão, e gerador F-T de combustível sintético

**A energia do RTFL pode combinar carvão e gás natural para produzir combustíveis sintéticos.**

Combinando o carvão e o gás natural, em uma usina química, usando calor nuclear, é uma maneira possível de produzir combustíveis, tais como gasolina e diesel. Comparado com o octano ($C_8H_{18}$), o metano ($CH_4$) tem muitos átomos de hidrogénio e, por outro lado, o carvão (aproximadamente H, 2C) tem muito pouco. Podemos misturá-los nas proporções necessárias de H e C para produzir os substitutos líquidos do petróleo.

$$4 \times (CH_4) + 2 \times (2C, H) + \text{energia} \rightarrow C_8H_{18}$$

O calor de combustão das matérias-primas e do produto são os seguintes:

Metano 56 kJ/g

Carvão 27 kJ/g

Gasolina 47 kJ/g

Massas iguais de metano e de carvão teriam um calor de combustão de apenas 41 kJ/g, por isso seria preciso adicionar pelo menos 6 kJ/g de energia nuclear. Esse possível processo químico não emite $CO_2$, durante a produção do combustível sintético e, por isso, seria um melhoramento sobre o processo de produção comercial de "carvão-para-líquido" e de "gás-para-líquido". As usinas de produção "carvão-para-líquido" são alimentadas pela queima de carvão, portanto elas emitem mais $CO_2$ do que a perfuração de petróleo. As usinas de "gás-para-líquido" são alimentadas por queima de gás natural, emitindo $CO_2$. Os EUA têm carvão e gás natural em abundância para servirem de matérias-primas na produção de gasolina e diesel, sem emitir qualquer $CO_2$ adicional, em comparação com a perfuração de petróleo.

Nenhuma refinaria, como discutida, "carvão ou gás-para-líquido", foi construída, e seu desenvolvimento seria um projeto de engenharia química com custo de muitos bilhões de dólares na magnitude que seria necessária; "carvão-para-líquido" na África do Sul ou "gás-para-líquido", no Qatar.

No entanto, esse combustível sintético, quando queimado, emitiria tanto $CO_2$ quanto a gasolina comum, derivada do petróleo. A principal vantagem para os EUA seria aumentar a independência energética, reduzindo as importações de petróleo, mas isso não resolveria o problema das emissões de $CO_2$ e da iminente catástrofe do aquecimento global.

**Os combustíveis sintéticos poderiam neutralizar o carbono através da reciclagem do $CO_2$.**

As carvoarias queimam carvão e emitem $CO_2$ para a atmosfera. Com tecnologia avançada, como a gaseificação integrada em ciclo combinado (IGCC, na sigla em inglês), seria possível adicionar a tecnologia de captura de $CO_2$ nas usinas a carvão. O gás CO2 pode ser usado como uma fonte de carbono para a produção de combustível sintético. O argumento para a neutralização do carbono é que as emissões oriundas das usinas de carvão estavam indo para a atmosfera de qualquer forma, assim, o processo de produção de combustível sintético só libera o $CO_2$ na própria usina e não causa nenhum aumento nas emissões de $CO_2$ na atmosfera. Se todas as emissões, cerca de 1,9 Gt/ano, de $CO_2$ dos EUA fossem capturadas, usando o processo mencionado e a energia nuclear, para produzir os combustíveis sintéticos, estes forneceriam toda quantidade de combustível para transporte e para movimentar a economia dos EUA. Os custos de produção são estimados em cerca de US\$3/galão, com carbono capturado a partir da emissão de $CO_2$ acumulado nas usinas de carvão, ou cerca de US\$2/galão, usando o carbono diretamente do carvão. Um problema que esse argumento de neutralizar o carbono encontra é que as usinas de carvão serão substituídas por gás natural e pelo RTFL.

**Outras fontes mais de carbono são o ar, a vegetação e o cimento.**

Examinaremos três outras fontes de carbono para combustíveis sintéticos. Podemos extrair o $CO_2$ do ar, mas isto é difícil, porque a densidade de $CO_2$ na atmosfera é baixa, cerca de 0,04%. A outra opção é a biomassa, principalmente coletando o carbono que a vegetação captura. Uma terceira opção surpreendente seria o uso do $CO_2$ gerado durante a fabricação de cimento.

**A organização Liberdade Verde (Green Freedom) propõe extrair o $CO_2$ do ar.**

O Projeto Liberdade Verde foi concebido por Jeffrey Martin e William Kubic do Laboratório Nacional de Los Alamos. O conceito deles é a utilização de uma central nuclear para fornecer a energia para sintetizar combustível, e utilizar o fluxo de ar das torres de arrefecimento como fonte de carbono, a partir do $CO_2$, o que representa cerca de 0,037% da atmosfera.

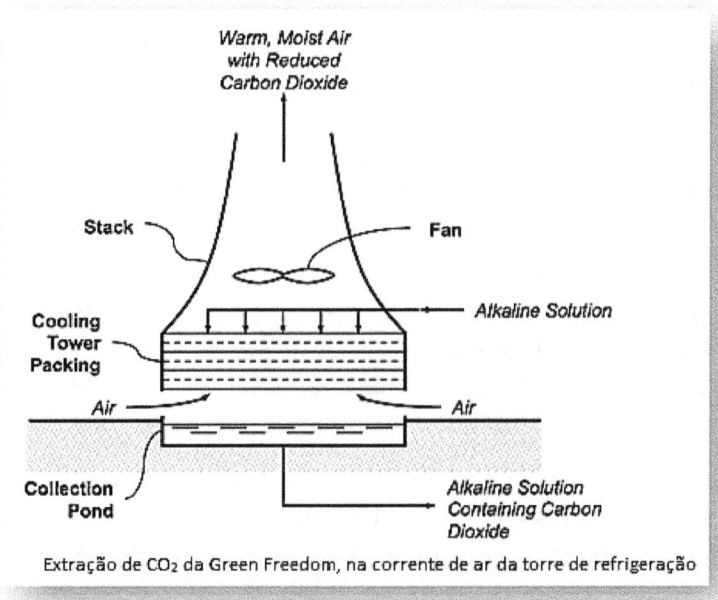

Extração de $CO_2$ da Green Freedom, na corrente de ar da torre de refrigeração

Eles observaram que os lagos alcalinos absorvem cerca de 30 vezes o $CO_2$ de campos de gramíneas de tamanho semelhantes e, com base nisso, eles conceberam um sistema que consiste em bandejas contendo soluções de carbonato de sódio, expostos ao fluxo de ar dentro de uma usina nuclear com torres de refrigeração. O carbonato de potássio absorve prontamente o $CO_2$ através:

$CO_2 + K_2CO_3 + H_2O \rightarrow K_2HCO_3$, gerando bicarbonato de potássio.

O $CO_2$ seria removido eletroquimicamente da solução de bicarbonato, exigindo ~ 410 kj/mole–$CO_2$ de energia elétrica e 100 kj/mole-$CO_2$ de energia térmica. Essa energia poderia ser fornecida por uma usina nuclear, como o nosso proposto RTFL. Como o $CO_2$ é muito diluído no ar, Martin e Kubic arquitetaram uma grande instalação de processamento de ar com reatores nucleares fornecendo 1.000 MW(e) e 470 MW(t) de alimentação com seis torres de captura de $CO_2$ para o resfriamento dos reatores.

Os processos de fabricação de produtos químicos para a conversão de $CO_2$ e hidrogênio em metanol são comprovados e comercializados. A Mobil desenvolveu um processo para a conversão de metanol para gasolina. A instalação completa poderia produzir 17mil barris de gasolina por dia a um custo estimado de US$5/galão (números de 2007), requerendo um investimento de aproximadamente US$5 bilhões. Martin e Kubic anteciparam uma redução de custos por volta de 20% com o uso de melhores tecnologias. O uso da energia nuclear mais barata, empregando um RTFL, também iria reduzir os custos de combustível de gasolina sintética. O processo se beneficia do uso de tecnologias comercializadas, por isso, o único risco técnico é intensificar a captura de $CO_2$ do ar.

O metanol tem sido usado há décadas nos carros de corrida no Indianapolis 500. Embora tenha cerca da metade da densidade de energia da gasolina, o metanol pode ser facilmente utilizado em veículos flex ou em motores modificados em veículos comuns.

Presentemente, o metanol ($CH_3OH$) é produzido a partir de gás natural ($CH_4$), portanto, metanol produzido através do gás natural poderia servir de combustível de transição até que as fontes neutras de carbono, como os propostos pela Liberdade Verde, fossem aperfeiçoadas.

O ciclo completo de combustível, proposto pela organização Liberdade Verde, seria neutro em carbono, porque tanto o $CO_2$ seria colocado na atmosfera pela queima de gasolina como removido pelo processo deles.

**O calor nuclear e o hidrogênio podem converter biomassa em combustível sintético.**

As plantas absorvem carbono do ar. A biomassa e o hidrogénio podem ser combinados com o calor nuclear para fabricar combustíveis sintéticos, tais como o óleo diesel, de forma mais eficiente do que com o emprego da tecnologia de etanol celulósico.

Muitos tipos de biomassa podem ser processados em um reator químico de fluxo arrastado e aquecido para criar combustíveis líquidos. A energia necessária pode ser fornecida pela queima da própria biomassa.

Para reduzir o uso da energia da biomassa para o processo de produção do combustível sintético, a energia pode ser adquirida externamente. Isto pode ser realizado com o uso de um RTFL que produz hidrogênio e pelo incremento da temperatura, do processo de produção sem oxigênio, para cerca de 1.000-1.200°C. O calor do RTFL é inferior a essa temperatura, mas a temperatura elevada pode ser conseguida, no entanto, por um arco de plasma de eletricidade.

O papel da biomassa não é, tão somente, fornecer energia, mas também contribuir com o carbono necessário que, combinado com o hidrogénio e com a energia do RTFL, sintetizam o biocombustível. A tabela seguinte ilustra a contribuição da energia adicional, fornecida pelo RTFL, para a síntese de diesel.

| Reduções da Biomassa pela energia fornecida pelo RTFL | | |
|---|---|---|
| | Razão: Biomassa/massa do diesel | KWh(e) empregado para cada kWh(t) de Combustível Sintético produzido |
| **Gasificação da biomassa** | 5,6 | 0 |
| **Gaseificação da biomassa com a energia do RTFL** | 1,7 | 1,08 |

Ao evitar a oxidação da biomassa, a massa cedida do combustível sintético no processo pode ser 5,6/1,7 = 3,3 vezes maior do que os processos esperados de etanol celulósico, tais como fermentação enzimática ou gaseificação. Isso significa que os requisitos de uso da terra para a produção de biomassa são reduzidos em 70%, por conseguinte, reduzindo a concorrência com áreas de terra usadas na produção de alimentos.

Os custos avaliados para a produção de óleo diesel dessa maneira são 0,89€/litro, ou US$4 por galão.

Nenhuma dessas refinarias de biomassa está em produção, e existe uma necessidade de desenvolvimento considerável em engenharia química antes de construir tais plantas, que custam bilhões de dólares. Todavia, as grandes companhias de petróleo têm suficiente expertise para desenvolvê-las.

**A produção de combustíveis de biomassa, energizada com o RTFL, pode suprir os EUA.**

Um estudo do departamento de energia americano, em 2005, avaliou que os EUA poderiam produzir 3 bilhões de barris de combustível sintético a partir de 1,366 bilhões de toneladas de biomassa seca. Com a conversão da energia do RTFL, a produção de combustível sintético poderia ser triplicada. Os EUA consomem cerca de 7 bilhões de barris de derivados de petróleo por ano. O crescimento da biomassa seca é de cerca de 6 toneladas/ha/ano, de modo que, obter todos os substitutos do petróleo dos EUA, desta forma, exigiria 160 milhões de hectares para as culturas de biomassa. As florestas e área de terras aráveis, nos EUA totalizam cerca de 670 milhões de hectares, de modo que, para atender as demandas de combustíveis dos EUA, é algo pobremente concebível. A redução no uso de combustível líquido ajudaria.

A gasolina responde por 44% do consumo de petróleo dos EUA, e esse consumo poderia ser substancialmente reduzido através do uso de carros mais eficientes e carros elétricos. Quase a metade de todos os transportes ferroviários de cargas é utilizada para mover carvão das minas para as usinas de energia, portanto, o uso de diesel diminuirá à medida que as usinas de carvão forem aposentadas. A eletrificação das ferrovias pode reduzir ainda mais o consumo de combustível diesel, e um serviço ferroviário de alta velocidade pode diminuir a demanda por viagens aéreas. Caminhões e aviões serão os principais consumidores de biocombustíveis líquidos carbonados.

## Amônia

O que fazer, então, se os exemplos, anteriormente discutidos de produção de combustíveis carbonáceos, vierem a ser muito difíceis ou dispendiosos para se tornarem uma fonte prática de combustíveis líquidos?

**A amônia pode transportar grande parte da energia do hidrogênio.**

O gás de hidrogênio é muito difícil de usar como combustível de carros. Para armazená-lo, exige-se um processo caro de refrigeração, a -253°C, para mantê-lo em estado líquido, ou então um processo, também caro, para comprimi-lo a 500 psi, requerendo 30% mais energia. Ademais, as pequenas moléculas de $H_2$ vazam facilmente e fragilizam os metais.

Assim como os hidrocarbonos, o nitrogênio pode transportar a energia potencial do hidrogênio. A forma líquida desses combustíveis hidrogenados pode ser prontamente contida em tanques, em temperaturas normais e pressão modesta.

Construindo moléculas com nitrogênio ao invés de carbono pode-se produzir outro combustível – amônia, $NH_3$. O nitrogênio é abundante, constituindo 78% da atmosfera. Ele pode ser obtido a um custo muito aquém do carbono, por exemplo. Isso indica um meio adicional para se beneficiar da energia a preços acessíveis do RTFL: fabricando amônia.

# Tório: energia abundante e acessível

## A densidade energética da amônia é maior do que a do hidrogênio.

A ilustração seguinte mostra as densidades energéticas de diferentes combustíveis, MJ/L.

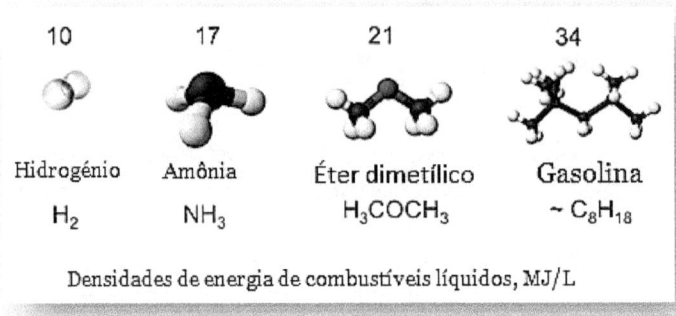

Densidades de energia de combustíveis líquidos, MJ/L

As densidades de energia acima, em megajoule por litro, mostram que, mesmo comprimido a uma pressão de 5.000 psi, um tanque de hidrogênio ocupa quase duas vezes o volume de um tanque de amônia. O éter dimetílico é um exemplo de combustível sintético carbonáceo que pode substituir o diesel.

Quanto mais elevada for a densidade de energia e a portabilidade do combustível carbonáceo, melhor é o seu uso como combustível para veículos. A amônia tem apenas a metade da densidade de energia da gasolina ou do diesel, por isso seria necessário um tanque maior de armazenamento de combustível no veículo. Porém há muitas oportunidades de se usar amônia.

**A amônia é um produto químico industrial comum.**

Os EUA usam 20 milhões de toneladas de amônia, e fertilizantes

A amônia sendo injetada no solo como fertilizante

derivados de amônia, por ano. A energia utilizada para a produção de amônia emprega 1-2% de toda a energia mundial. Mais de 80% da amônia produzida é utilizada em fertilizantes, que são responsáveis pela produção de alimentos que sustentam quase 1/3 da população mundial. Os fertilizantes de amônia foram um elemento importante da Revolução Verde do século 20, indicados como os responsáveis por salvar mais de um bilhão de pessoas da fome e da desnutrição. Hoje, a amônia é, sobretudo, produzida a partir de gás natural, liberando $CO_2$. A produção mundial de alimentos é altamente dependente dos combustíveis fósseis.

**A amônia pode alimentar os motores de combustão interna.**

Na Bélgica, durante a segunda guerra mundial, uma frota de ônibus com motores alimentados por amônia, transportou passageiros por milhares de quilômetros.

Ônibus abastecido por amônia na Bélgica

Hoje, os engenheiros estão melhorando os motores de combustão interna de compressão e motores a diesel com amônia ou aditivos, tais como biodiesel, etanol, hidrogênio, cetano ou gasolina. As Indústrias Sturman estão desenvolvendo um motor hidráulico, alimentado por amônia – sem manivelas, sem cames e sem carbono.

vidades de desenvolvimento prosseguem no motor elétrico linear, sem pistão, que pode atingir eficiência de 50%, em uma mistura simples de amônia e ar.

A companhia Hydrofuel, Inc. demonstrou o funcionamento de um automóvel movido à amônia em 2010.

Células de combustível de amônia podem gerar diretamente eletricidade para o veículo.

As células de combustível de hidrogênio, primeiramente, exigem a dissociação de amônia em hidrogênio e nitrogênio.

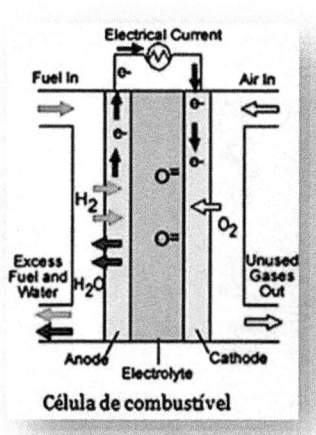

**Célula de combustível**

Por outro lado, as células diretas de combustível de amônia não têm necessidade de primeiro repartir amônia em N2 e combustível H2. Alguns usam eletrólitos de sais fundidos.

As células de óxido sólido de combustível de alta temperatura (SOFC, na sigla em inglês) e alta eficiência, utilizam eletrólitos de cerâmica condutora de prótons.

**A síntese da amônia em estado sólido reduz os custos da amônia.**

Atualmente, o processo de produção de amônia da Haber-Bosch, produz, anualmente, 500 milhões de toneladas de amônia a partir de gás natural, água, ar e eletricidade. Esse processo só por si representa 3-5% do consumo mundial de gás natural. O carbono do gás metano ($CH_4$) é emitido para a atmosfera como $CO_2$.

Sammes e Restuccia da Escola de Minas do Colorado patentearam uma síntese da amônia em estado sólido (SSAS, na sigla em inglês) alimentada por ar, água e eletricidade. SSAS, (Síntese do Amoníaco em Estado Solido), é um método eficiente de produção de amônia. O azoto é obtido de um mecanismo de separação de ar (ASU, na sigla em inglês). A água fornece o hidrogênio, mas sem risco de explosões. O SSAS funciona como uma célula de combustível de óxido sólido, mas em sentido inverso, com membrana de cerâmica condutora de prótons. As membranas cerâmicas são tubos, e a síntese (SSAS) pode ser aumentada usando mais tubos. Além da eletricidade, o RTFL pode prover o calor do vapor de 650 °C para as células SSAS.

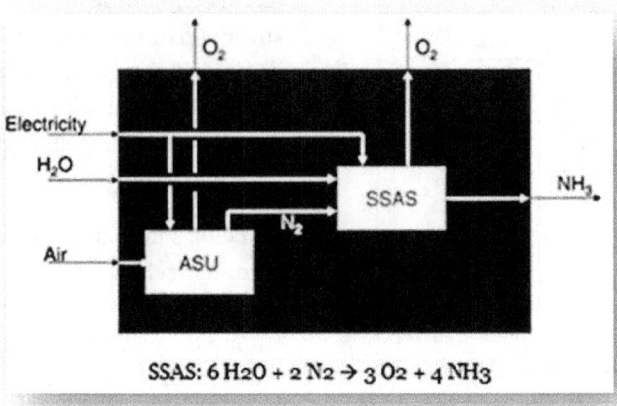

Com a produção industrial, projeta-se que a energia elétrica do RTFL custará cerca da US$0,03/kWh, indicando uma estimativa aproximada do custo da amônia em US200 a tonelada. Isso representa a metade do custo da amônia produzida atualmente a partir do gás natural. Ademais, esse processo evita a liberação do dióxido de carbono, o que acontece com o processo Haber-Bosch, bem difundido na indústria.

Este novo processo, SSAS, já foi demonstrado em laboratório. Contudo, o processo demanda mais investimento em P&D em engenharia química, antes que possa ser aproveitado para gerar amônia em escala comercial.

### O custo da amônia nuclear representa 1/3 do custo da gasolina.

O calor de combustão é a energia térmica que seria liberada em um motor de combustão interna. Levando em consideração os preços diferentes e a quantidade de calor da combustão da amônia e da gasolina, a tabela seguinte ajuda elucidar que a energia, a partir da amônia, custa um terço do custo da gasolina.

---

**Custo do conteúdo energético de amônia e gasolina (em US$)**

| Combustível | Calor de Combustão | Preço | Custo da Energia |
|---|---|---|---|
| Amônia Nuclear | 22 MJ/kg | $0,20/kg | $0,01/J |
| Gasolina | 132 MJ/gal. | $4/gal. | $0,03/J |

---

Como poderia esta redução do custo de produção refletir no custo ao consumidor?

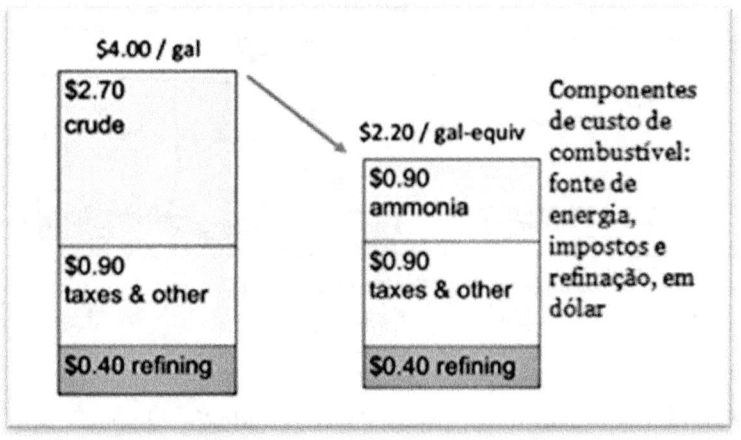

A coluna da esquerda ilustra os componentes do custo típico da gasolina no estado da Califórnia. A maior parte do custo é para pagar o custo do petróleo bruto. O custo de refinação representa somente cerca de 10% do custo total, mesmo considerando a complexidade e o investimento volumosos dessas refinarias. Não sabemos os custos das plantas químicas SSAS, mas podemos simplesmente assumir que engenheiros químicos talentosos, que projetam as refinarias, podem também projetar as plantas de produção de amônia em torno do mesmo investimento.

**A amônia pode ser manipulada com segurança.**

A amônia é o segundo produto industrial mais comum, com um consumo de 200 milhões de toneladas por ano, nos EUA. Nos EUA, a amônia é distribuída por uma rede de oleodutos que se estende por 3.000 milhas, para uso principal na agricultura. A capacidade de armazenamento da amônia atinge 5 milhões de toneladas.

Dutos de amônia no Centro-Oeste dos EUA

Em um veículo, a amônia seria usada, em estado líquido, em tanques pressurizados a 200 psi, um pouco mais de pressão do que é usado para o propano (177 psi). Compare isso com os tanques de gás natural (3.000 psi) ou de hidrogênio (5.000 psi). Em caso de acidente, a amônia se dissipa rapidamente quando vaza, já que é mais leve do que o ar. O seu cheiro pungente ou acre serve como um alerta. Amônia é difícil de inflamar, pois a temperatura de ignição é de 650°C. Ao contrário da gasolina, o fogo da amônia pode ser extinto com água.

A inalação de amônia concentrada em meio por cento, durante meia hora, tem um risco de morte de 50%. A inalação de 500 ppm é perigosa para a saúde. Uma exposição crônica de 25 ppm não é, cumulativamente, perigosa pois os humanos e outros mamíferos naturalmente excretam $NH_3$ no ciclo urinário, contudo, a amônia é toxica para os peixes.

Os perigos da amônia são diferentes, mas presentes como no caso da gasolina. A amônia é tóxica e a gasolina é explosiva. Uma análise feita, em 2009, pela Universidade Estadual de Iowa conclui:

"Em resumo, os perigos e riscos associados com o transporte por caminhão, armazenamento e distribuição da amônia anidra refrigerada são semelhantes aos da gasolina e do GPL. O projeto e a localização dos postos de abastecimento de automóveis devem resultar em níveis de risco públicos que são aceitáveis pelos padrões internacionais de risco. As experiências precedentes com sistemas de transporte de materiais perigosos dessa natureza e projetos dessa escala indicam que os níveis de risco públicos, associados com o uso da gasolina, da amônia anidra, do GLP como combustível automotivo são aceitáveis".

Em resumo, a amônia nuclear é um combustível apropriado para veículo. O combustível não emite $CO_2$ quando queimado. Ainda mais, o seu processo de produção pode ser isento de emissão de $CO_2$. Por outro lado, seriam necessários tanques de combustível duas vezes maiores do que os tanques de gasolina em veículos.

## *Cimento Nuclear*

Outro processo pode ser empregado para produzir $CO_2$ na produção de combustível sintético e ainda não contribuir para a poluição, referido como "neutro em carbono".

**A cura do cimento no concreto absorve $CO_2$.**

A cal tem sido usada para fazer argamassa para construções há milênios. O calcário é aquecido a uma temperatura elevada para expelir o gás $CO_2$, mas não chega a ser "queimado". A adição de água ao CaO resultante, produz hidróxido de cálcio, $C(OH)_2$, que é utilizado como o agente de ligamento para a argamassa. Durante o assentamento da argamassa, a água é liberada, e a argamassa absorve, muito lentamente, o $CO_2$ do ar para produzir cimento forte de carbonato de cálcio. Este ciclo idealizado é neutro em carbono.

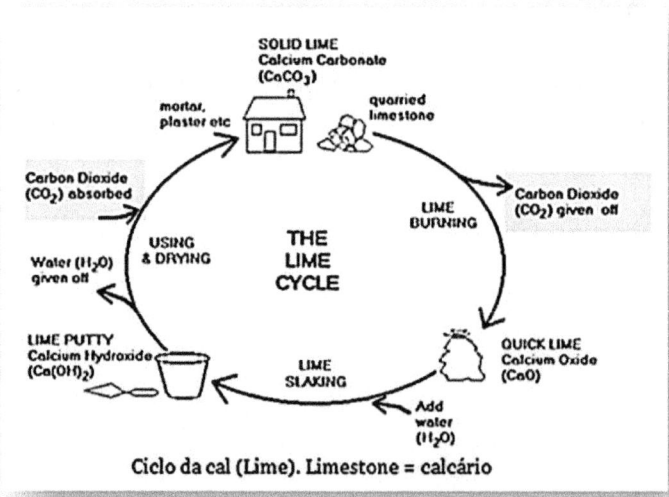

Ciclo da cal (Lime). Limestone = calcário

Na indústria de construção de hoje, a argamassa de cal é substituída pelo cimento Portland, produzido por um ciclo similar, mas com a adição de areia ao calcário, adicionando o silício à química. Esse processo produz um cimento mais forte de silicato de cálcio: $2CaO\text{-}SiO_2$ e $3CaO\text{-}SiO_2$. O ciclo do $CO_2$ é o mesmo.

Na fabricação de cimento Portland, o aquecimento do calcário, e a sinterização a 1.450 °C, é realizada pela queima de grandes quantidades de combustíveis fósseis. Esse processo é o quarto maior contribuinte para a poluição atmosférica de $CO_2$ após outros usos do carvão, petróleo e gás natural.

Em vez de simplesmente deixar o $CO_2$, segregado do calcário $CaCO_3$, escapar para a atmosfera, ele poderia ser capturado e utilizado como uma matéria-prima de carbono para a fabricação de combustíveis sintéticos.

**O cimento pode ser produzido com o RTFL, ao invés de combustível fóssil.**

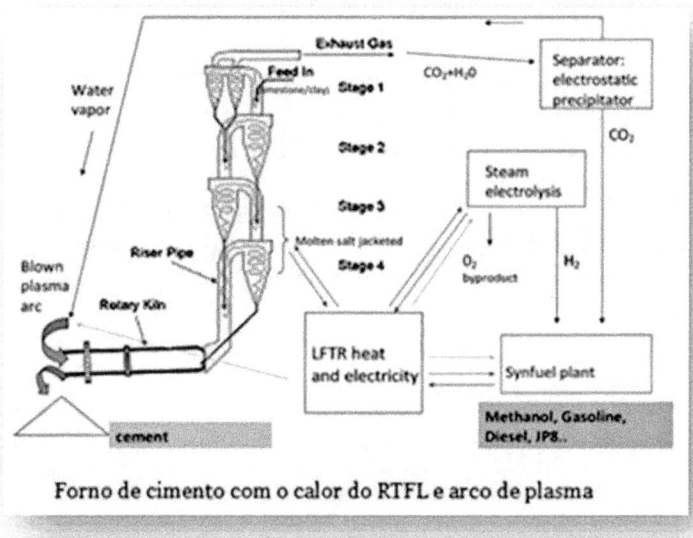

Forno de cimento com o calor do RTFL e arco de plasma

Esse processo foi concebido por Darryl Siemer, um químico nuclear aposentado do laboratório Nacional de Idaho. O calor, gerado por um reator de tório, seria transferido pelo sal fundido para os pré-aquecedores de ciclone para aquecer a areia e o calcário à temperatura de 700 °C. O processo de cimento Portland, contudo, requer 1.500°C, de modo que o calor adicional poderia ser fornecido por um arco de plasma, alimentado pela energia eléctrica, gerada pelo RTFL. O gás de escape do forno contém $CO_2$ e $H_2O$, que também podem ser usados para aquecer a areia e o calcário. O

$CO_2$ seria separado e alimentaria a uma planta de combustível sintético onde seria combinado com $H_2$, empregando eletrólise de alta temperatura para produzir combustível sintético com a ajuda de um RTFL.

Quando o combustível sintético é queimado, o carvão escapa como $CO_2$, mas o cimento absorve a mesma quantidade de $CO_2$, uma vez que é utilizado em construção e cura ao longo dos anos. O $CO_2$ resultante do ciclo de cal é cedido para a fabricação de combustível sintético e pelo ciclo de combustão. A energia, para operar as instalações de produção de cimento, atualmente, vem da queima de combustíveis fósseis. O RTFL iria substituir essa fonte de energia e eliminar as emissões de $CO_2$.

Portanto, a produção do cimento nuclear poderia capturar suficiente $CO_2$ para permitir a produção de combustíveis sintéticos, que substituiriam 8% do consumo de combustível de hoje nos EUA, produzindo 390 milhões de toneladas de cimento por ano. O Consumo nos EUA é de 106 Mt/ano. Mais da metade do consumo mundial, cerca de 3.300 Mt, é usado na China.

Essa fonte de $CO_2$ é uma alternativa ou complemento para os demais processos de captura de $CO_2$ apresentados, a captura diretamente do ar e o cultivo de biomassa.

## Hidrogênio

Nas seções anteriores, discutimos os possíveis combustíveis para os veículos que não produzem nenhum aumento efetivo nas emissões de $CO_2$ na atmosfera e que poderiam ser produzidos a partir do calor e da eletricidade do RTFL.

O amoníaco ($NH_3$) foi um exemplo de combustível que pode ser queimado no motor de combustão interna, em um motor de foguete, ou em uma célula de combustível para produzir energia elétrica para os motores. O amoníaco também poderia ser utilizado simplesmente como um portador de hidrogênio, dissociando-o com calor antes de queimar o $H_2$ resultante com o oxigénio do ar.

Outros exemplos foram os combustíveis carbonáceos sintéticos, tais como o metanol ($CH_3OH$) ou éter dimetílico ($H_3COCH_3$). Para a neutralidade efetiva de carbono, esses processos requerem métodos extrativos de carbono da atmosfera. Discutimos, também, a extração Liberdade Verde do $CO_2$ do ar, da biomassa da agricultura e a fabricação de cimento.

A implementação desses processos para a produção de combustível e consumo em escala global é realmente desafiador. Há outro combustível potencialmente simples – o hidrogênio.

Não existe hidrogénio natural livre na Terra, uma vez que ele reage com o oxigénio para formar $H_2O$. Hoje o hidrogênio é produzido a partir do gás natural, $CH_3$, mas esse processo emite $CO_2$.

O hidrogénio pode ser produzido com o uso do RTFL, fornecendo a energia necessária, pelo uso da eletrólise comum ou uso da eletrólise de alta temperatura ou, ainda, pela dissociação catalítica de alta temperatura.

**A infraestrutura de economia de hidrogênio ainda não existe.**

O desafio para o uso do hidrogênio é o armazenamento e o transporte. O gás hidrogênio é uma molécula pequena que pode penetrar no metal e fragilizá-lo. Os revestimentos especiais permitem a transferência segura do gás hidrogênio comprimido, por tubulações e em tanques de veículos.

Para um tanque de maior volume, o hidrogênio pode ser liquefeito e contido a uma pressão mais baixa, mas isso requer refrigeração a -253 °C (20 °K) e isolamento criogênico. Isso requer muita energia com uma perda de 30%, aumentando o custo.

A segurança do hidrogênio é difícil de administrar porque o gás hidrogênio é incolor e inodoro, e explosivo se misturado com 20-60% de ar. Ele pode ser inflamado facilmente, por exemplo, com a faísca de eletricidade estática, gerada durante o fluxo intenso do gás. Por ele ser mais leve que o ar, o hidrogênio se dispersa rapidamente, mas poderia se acumular sob as saliências ou em áreas cobertas de estacionamento. Testes mostram, contudo, que o fogo do hidrogênio, envolvendo vazamento em um carro, não é tão grave como o fogo produzido pelo vazamento da gasolina.

A produção de hidrogênio, livre de carbono, poderia ser realizada em centros de abastecimento centralizados. A geração distribuída do gás poderia ser realizada com o uso da eletrólise comum, armazenando o hidrogênio produzido localmente para abastecimento dos veículos em postos de combustíveis. A eletrólise de alta temperatura tem eficiência de conversão química/térmica na faixa de 50 a 80%. Assim, com a eletricidade gerada a partir do calor do RFTL, que possui uma eficiência de 40 a 50%, a eficiência na conversão química/térmica reduz para 30%. Isso é menos eficiente do que com a produção centralizada, mas evita a necessidade do transporte de hidrogênio.

A produção centralizada poderia ser realizada em usinas de eletrólise de alta temperatura, construídas juntas com um RTFL que forneceria calor a temperatura de 950-1.000 °C calor e eletricidade, usando o processo de enxofre – iodo, com uma eficiência na conversão química/térmica de perto de 50%. Usando a tecnologia atual de materiais, uma eficiência de 43% pode ser alcançada à temperatura de 530 °C, e empregando um ciclo de cobre e cloreto.

**Carros abastecidos com hidrogênio já são vendidos na Califórnia.**

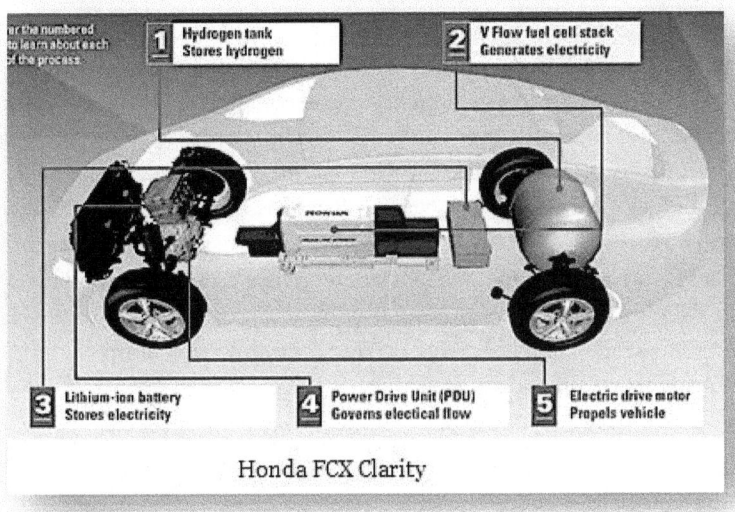

Honda FCX Clarity

A Honda já vende carros abastecidos com hidrogênio, o FCX Clarity. Seu tanque pode segurar 4 quilos de hidrogênio comprimido a uma pressão de 350 atmosferas, o suficiente para dirigir por uma distância de aproximadamente 386 quilômetros.

Uma célula de combustível de 100 kW converte hidrogênio e oxigênio em eletricidade que alimenta um motor elétrico, usando uma bateria intermediária de íon-lítio. Por cerca de US$ 600 por mês, esse veículo pode ser alugado na Califórnia. Existem várias estações de abastecimento ao longo da Rodovia de Hidrogênio da Califórnia.

**O hidrogênio pode abastecer os aeroplanos.**

Com desenvolvimento extensivo, o hidrogênio pode se tornar um possível combustível para aviões comerciais. Para uma mesma quantidade de energia gerada, o combustível de hidrogênio apresenta apenas 1/3 do peso do petróleo combustível de aviação, muito vantajoso para o desempenho da aeronave. Tanques leves, contendo hidrogênio comprimido a 350 atmosferas de pressão (5.000 psi) são possíveis, usando material de fibra de carbono, mas para uma densidade mais alta, seriam exigidos tanques de aço pesados. Nessa pressão de 350 atmosferas, a densidade de energia de 2,8 MJ/litro compara-se desfavoravelmente ao combustível de avião a 33 MJ/litro, de modo que o volume ocupado por tanques de hidrogênio seria 12 vezes maior do que o volume dos tanques de combustíveis comuns de aviação.

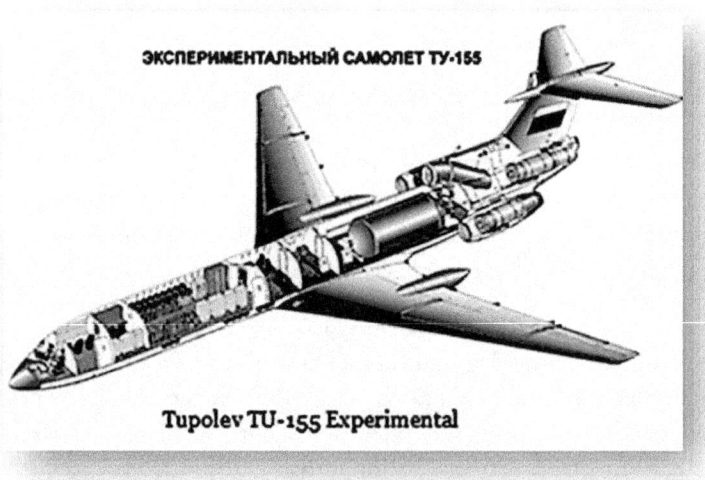

Tupolev TU-155 Experimental

A Rússia demonstrou um avião alimentado por hidrogênio líquido em 1989. A corporação Boeing usou motores de combustão interna em um avião não tripulado movido a hidrogênio. A demonstração de um pequeno avião, movido por células de combustível de hidrogênio, com motores elétricos, já foi realizada.

# Água e Dessalinização

**Os recursos hídricos mundiais estão se esgotando.**

A UNESCO informa que 8% da energia elétrica mundial é utilizada para bombeamento de água, purificação e tratamento de águas residuais. O Banco Mundial expõe que 2,6 bilhões de pessoas não têm acesso a saneamento básico, gerando doenças e sofrimento, o que reduz o PIB mundial em 6%. Ademais, mais de um bilhão de pessoas não têm acesso à eletricidade. A agricultura usa 70% da água adquirida do mundo, e a produção de alimentos deve aumentar 70% nos próximos 40 anos para sustentar uma população ainda maior. A retirada das águas subterrâneas revolucionou a agricultura, mas o reabastecimento é insuficiente para manter a sustentabilidade. A recessão das geleiras tem, temporariamente, adicionado ao fluxo de água, mas devido ao aquecimento global essas fontes irão diminuir junto com seus efeitos amenizadores.

A produção mundial de energia também compete por recursos hídricos. Todas as usinas térmicas requerem refrigeração, quase sempre efetivada com água por resfriamento evaporativo ou aquecimento de água em um rio ou no mar. As usinas termelétricas incluem energia nuclear, carvão, gás natural, biomassa, energia solar concentrada e tecnologias geotérmicas. Mesmo as hidrelétricas consomem água por evaporação dos reservatórios.

**O RTFL pode reduzir o estresse mundial de recursos hídricos.**

As usinas nucleares de alta temperatura que usam o ar para refrigeração, como o RTFL, serão especialmente valiosas em regiões com escassez de água, porque eles não competem por este recurso escasso.

Com a energia elétrica, os sistemas de saneamento podem tratar, economicamente, as águas residuais para reutilização na agricultura. As águas residuais tratadas representam uma fração cada vez maior da água total, retirada em países do Oriente Médio como a Arábia Saudita (1%), Omã (3%), Jordânia (9 %) e Qatar (10%).

**A dessalinização de água está se tornando mais eficiente.**

Hoje, a maior parte dos 70 milhões de metros cúbicos diários de água potável produzida por dessalinização é realizada em usinas que utilizam combustíveis derivados do petróleo para a energia, aumentando as emissões de $CO_2$.

As usinas de dessalinização estão localizadas, em sua maioria, nos países ricos do árido Oriente Médio. As mais velhas usinas, processo flash de estágio múltiplo (FSM) de destilação a vapor, usam cerca de 25 kWh(t) por metro cúbico de água produzida.

A cogeração (processo simultâneo de produção e emprego de energia elétrica e de energia térmica com uso eficiente da fonte de energia) melhora o processo. Quando a instalação FSM é parte integrante do sistema de arrefecimento da usina, os requisitos de energia podem ser reduzidos para cerca de 10 kWh/m³.

A osmose inversa (OI) é mais comumente usada nas novas usinas de dessalinização. A OI requer até 6 kWh (e)/m3, produzindo a água dessalinizada ao custo de US$ 0,50/m3, aproximadamente. Mas, o custo dominante para a água dessalinizada é a energia. Portanto, a redução do custo de energia com o RTFL reduziria o custo da água. Substituir o abastecimento do petróleo nas usinas de dessalinização com os RTFLs também iria reduzir as emissões de $CO_2$.

A destilação de efeito múltiplo é ainda mais eficiente, exigindo apenas 1 kWh (T)/m³ de energia. A Siemens desenvolveu uma tecnologia de dessalinização com base na eletrólise que usa 1,5 kWh (e)/m³.

Para o RTFL, com sua alta temperatura de 700 °C, o ciclo de conversão de energia Brayton seria altamente eficiente, minimizando o desperdício de calor. Nesse caso, um processo avançado de múltiplo efeito de destilação pode gerar, conjuntamente, 1 m³ de água adicional para cada 30 kWh de energia elétrica produzida.

Como os custos de combustível são muito pequenos para o RTFL (e para muitas usinas nucleares), as usinas podem operar à plena potência, ininterruptamente. A demanda de pico de energia é, normalmente, cerca de duas vezes a demanda mínima. O RTFL pode ser projetado para usar o excesso de energia para dessalinizar a água durante os períodos fora do pico de demanda.

## *Estabilidade Populacional*

Acabar com a pobreza de energia é fundamental para atingir uma taxa modesta de prosperidade no mundo em desenvolvimento. O fundador da Microsoft e filantropo, Bill Gates, comentou:

"Se você quer melhorar a situação das bilhões de pessoas pobres no planeta, reduzir substancialmente o preço da energia é a melhor coisa que você pode fazer por eles. A energia é a coisa que permitiu que a civilização nos últimos 220 anos transformasse radicalmente tudo. "

**Acabar com a pobreza de energia leva a uma população sustentável.**

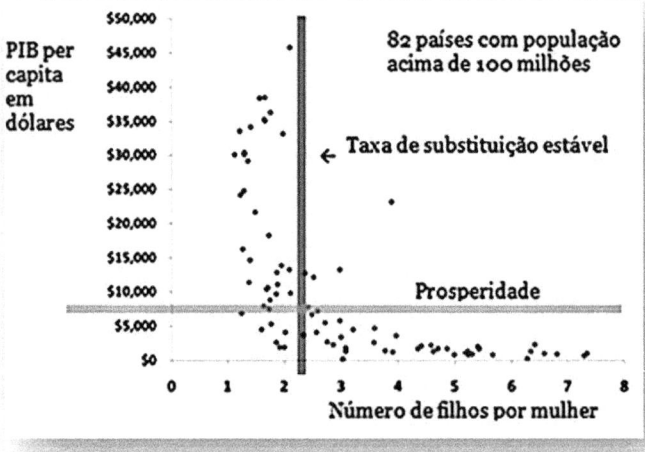

As nações pobres, com um PIB/capita abaixo de 7,5 mil dólares, são aquelas que apresentam as mais altas taxas de natalidade. Usar a energia mais barata, para melhorar a situação econômica das nações pobres, vai ocasionar uma redução nas taxas de natalidade, levando a uma população mundial estável ou a um encolhimento.

# Capítulo 8 - Políticas sobre Energia

Quais são os objetivos da política de energia?

1 parar o aquecimento global?

2 proteger o meio ambiente?

3 proteger a saúde e a segurança humana?

4 garantir um mundo sustentável?

5 acabar com a pobreza energética?

6 promover o crescimento econômico?

7 garantir a segurança energética?

8 alcançar a hegemonia de energia?

Quem deve resolver crises energéticas e ambientais do mundo?

1 A organização mundial, tal como as Nações Unidas?

2 uma nação como os Estados Unidos?

3 vários governos estaduais ou provinciais?

4 Corporações?

5 Iniciativas privadas?

Diante desses dilemas, não é de se admirar que as políticas globais de energia estão em pandemônio e são improdutivas. Vamos olhar para a política de energia dos EUA.

**Os EUA gastam US$ 21 bilhões nas primazias fiscais federais para a energia.**

A política energética dos EUA é implementada por regulamentação, por doações diretas, por despesas fiscais e transferências de risco - em todos os níveis de governo: federal, estaduais e, às vezes, municipais.

As despesas fiscais são também chamadas de preferências fiscais, que reduzem a quantidade de impostos pagos. O governo federal incentiva o uso comercial de certas fontes de energia preferenciais, concedendo preferências fiscais, tais como, por exemplo, um investimento de crédito fiscal de 30% para o custo de construção de uma usina de energia solar. Em alguns casos, o crédito é desembolsado mesmo quando não são pagos impostos. Outro exemplo é o crédito fiscal para a geração de energia eólica.

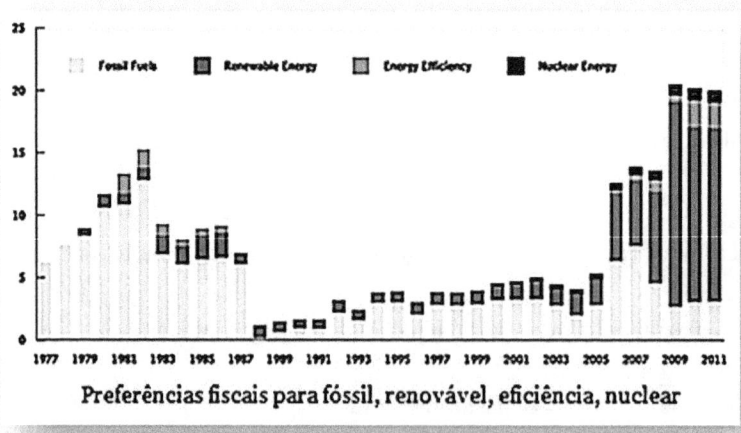

**Preferências fiscais para fóssil, renovável, eficiência, nuclear**

O Gabinete de Orçamento do Congresso americano preparou esse gráfico dos subsídios para a energia sob a forma de preferências fiscais, em bilhões de dólares. Os aumentos nos investimentos em energia renovável, principiando em 2006, foram encaminhados para a energia eólica e solar. Em 2011, as preferências fiscais totalizaram 20,5 bilhões de dólares, e financiamento do DOE americano foi de US$ 3,4 bilhões.

Em resposta a um pedido do Congresso Americano, a Agência de Informação de Energia desenvolveu uma análise dos subsídios exclusivos para o setor de energia elétrica, com referência ao ano de 2010, incluindo todos os tipos de subsídios.

Subsídio e apoio para a energia elétrica em 2010, pela Agência de Informação de Energia do DOE dos EUA

| Fonte de Energia | Subsídio em US$ milhões | Partilha % |
|---|---|---|
| Carvão | 1.189 | 10,0 |
| Gás Natural | 654 | 5,5 |
| Nuclear | 2.499 | 21,0 |
| Biomassa | 114 | 1,0 |
| Geotérmica | 200 | 1,7 |
| Hidro | 215 | 1,8 |
| Solar | 968 | 8.2 |
| Eólica | 4.986 | 42,0 |
| Transmissão | 971 | 8,2 |
| Total | 11.873 | 100 |

900 milhões de dólares do subsídio de energia nuclear são impostos abatidos sobre os rendimentos dos fundos de desmantelamento das usinas.

## O DOE dos EUA gasta 3% do seu orçamento em energia nuclear avançada.

Excluindo-se o investimento em armamento, o orçamento do DOE em 2012 foi de US$17,700 milhões. O DOE suporta algumas pesquisas e desenvolvimento da energia nuclear avançada, como reatores de alta temperatura, refrigerados a gás. A tabela seguinte inclui apenas os itens tradicionais para a energia nuclear avançada. O RTFL e o DMSR não são suportados.

O DOE também orçamentou, como um estímulo, um valor de US$67 milhões para racionar os custos de aplicações de licença, pagos a NRC (corporação nuclear americana), às empresas que estão desenvolvendo pequenos reatores modulares. A Agência de Projetos de Pesquisa Avançada sobre Energia (ARPA-E) outorgou US$650 milhões para pesquisas energéticas, mas coisa nenhuma foi dirigida para a pesquisa de reatores nucleares avançados.

**Orçamento de Engenharia Nuclear para 2012 do DOE dos EUA**

| Itens de Tecnologia Avançada | Milhões de US$ |
|---|---|
| Tecnologias que habilitam a energia nuclear | 97 |
| P&D em reatores conceptuais | 125 |
| Pesquisa sobre o ciclo de combustível e desenvolvimento | 155 |
| Administração das instalações em Idaho | 150 |
| Valor total para as tecnologias avançadas | 527 |

Nenhum investimento foi também alocado pelo Ato de Recuperação Americana e Reinvestimento de 2009, quando US33 bilhões foram reservados para o incentivo à energia, para a pesquisa sobre energia nuclear avançada. A energia nuclear ficou fora da pauta.

Uma análise dos gastos históricos do DOE sobre a energia nuclear, realizada pela Administração de Serviço de Informação, mostra um declínio contínuo em investimento em pesquisas de energia nuclear.

## Capitulo 8 - Políticas sobre Energia

**As políticas energéticas estão fracassando.**

As emissões de dióxido de carbono continuam a crescer. Em 2011, as emissões globais de $CO_2$ aumentaram em 3,2% representando 31,2 Gt. A China e a Índia lideram nas emissões.

As emissões dos EUA diminuíram 1,7% por causa do inverno ameno e porque os geradores de energia empregaram o gás natural ao invés do carvão. A Comunidade Europeia teve uma redução nas emissões também devido ao inverno mais ameno e por causa da recessão econômica. As emissões do Japão, por outro lado, aumentaram em 2,8% por causa dos desligamentos das usinas nucleares.

A redução dos EUA, nas emissões, pode fazer muito pouco para alterar o aquecimento global, pois as emissões dos EUA representam 17% do problema. O EIA do DOE dos EUA projeta um crescimento anual de 0,3% nas emissões de $CO_2$ dos EUA, 1,3% para o mundo e 2,6% para a China e a Índia.

A Alemanha está desligando os seus reatores nucleares e, com isso, queima mais carvão, enquanto constrói 17 novas usinas de carvão, além de queimar o gás natural que importa da Rússia. Com isso o alto preço da eletricidade já faliu uma companhia de alumínio na Alemanha.

## *Recomendações para uma política energética nos EUA*

Eu recomendo que os objetivos políticos de energia dos EUA devem ser:

1 deter o aquecimento global;

2 proteger o meio ambiente;

3 proteger a saúde e a segurança humana;

4 garantir um mundo sustentável;

5 acabar com a pobreza energética;

6 promover o crescimento econômico;

7 garantir a segurança energética;

Eu recomendo que o agente destes objetivos seja o governo federal dos Estados Unidos, permitindo que as empresas desenvolvam fontes de energia inovadoras, com a liderança de políticos, filantropos e empresários.

**Conduzir a política energética no âmbito federal, e não a nível estadual.**

A energia flui através dos estados, assim como as emissões reguladas pelo EPA, e também como os caminhões de carga, regulamentados pelo departamento de transporte (DOT). O NRC continua exercendo estrito e efetivo controle sobre todas as instalações nucleares nos EUA. A política energética parece, em grande parte, resignada aos estados, que concebem e implementam tarifas, impostos e créditos, diversamente em cada um dos 50 estados americanos. Existe uma Comissão Federal Reguladora de Energia, mas é omissa quanto a essas questões.

**Auditar a política energética com especialistas imparciais.**

O Escritório de Orçamento do Congresso (CBO, em inglês) auxilia os parlamentares a analisarem o impacto financeiro de cada legislação em pauta. A CBO é bem respeitada como uma entidade profissional e imparcial. O congresso poderia, também, se beneficiar de revisões semelhantes de políticas energéticas, já existentes, por especialistas operacionais.

Os operadores de sistemas integrados, ISOs, têm companhias utilitárias regionais e geradores como membros. Os ISOs como a ERCOT (Texas) e ISO-NE (nordeste dos EUA) administram uma operação dia-a-dia de geração e distribuição de energia e supervisionam a administração dos mercados regionais de venda de eletricidade.

Seus funcionários são especialistas imparciais que entendem os impactos dos preços e dos serviços de geração de energia intermitente e a interação da energia eólica e solar com as usinas hidroelétricas, nucleares, de carvão e usinas de gás natural. Eles seriam parceiros ideais para um estudo da CBO.

**Acabar com a política energética à base de subsídio.**

A maioria dos subsídios de energia é oferecida como preferências fiscais. O governo federal e/ou estaduais não fazem investimentos diretos, mas abrem mão das receitas fiscais. No entanto, as preferências fiscais não ajudam as empresas startups com conceitos inovadores, que, inicialmente, não exibem lucro.

Os consumidores de eletricidade pagam outro grande subsídio para as fontes de energia, favorecidas pelo governo, por meio de tarifas obrigatórias de aquisição com taxas de 300% pelo mercado. A energia eólica e a energia solar não poderiam competir sem essas tarifas de aquisição.

A justificativa para tais subsídios, pagos pelo consumidor, é que, com a experiência, os custos da tecnologia eólica e solar irão diminuir, mas isso não é evidente. Os subsídios arruínam a competitividade econômica e aumentam os preços.

# Tório: energia abundante e acessível

### Reduzir os custos de energia

Os custos de energia são importantes para as economias desenvolvidas, mas os custos baixos da energia elétrica também são importantes para as economias em desenvolvimento, onde mais de bilhão de pessoas não possuem acesso à eletricidade. Portanto, acabar com a pobreza pode reduzir a superpopulação e os conflitos por causa dos recursos. Diminuir os custos de energia pode melhorar a produtividade econômica em países da Organização para a Cooperação e Desenvolvimento Econômico (OCDE).

### Reduzir as emissões de $CO_2$

Isso parece óbvio, mas essa meta muitas vezes fica perdida de vista. Por exemplo, os estados nos EUA forçam os consumidores a comprar a energia eólica com valor três vezes o preço de mercado, mesmo quando sabemos que a partida e a parada de geradores de reserva de gás natural cancela, em grande parte, a intenção de reduzir a emissão de $CO_2$. As políticas devem levar em consideração as reduções totais de $CO_2$. O Japão e a Alemanha abandonaram esse objetivo e, agora, estão queimando cada vez mais combustíveis fósseis.

### Terminar com o favoritismo sobre fonte de energia renovável

Incentivos em tarifas, créditos para energia renovável e normas de portfólio sobre a energia renovável exigem uma combinação de tecnologias de geração, selecionada pelo governo. O objetivo é deter o aquecimento global com o fim das emissões de $CO_2$, mas como podem as legislações de 50 estados dos EUA, por exemplo, escolher a solução tecnológica correta?

### Investir em energia mais barata do que o carvão

As fontes de energia disruptiva e inovadora, que podem desbaratar o carvão, dissuadirão todas as nações a encerrar o ciclo do carvão em seus próprios interesses econômicos, reduzindo as emissões de $CO_2$ que causam o aquecimento global. Acabar com a mineração de carvão e eliminar as emissões de fuligens das usinas de carvão vão preservar nossas paisagens e salvar milhões de vidas. Fornecer energia a preços acessíveis para o mundo em desenvolvimento pode melhorar a prosperidade, levando a uma população sustentável. Todas as economias irão se beneficiar da redução, sem elevar o custo da energia. Ademais, prover todas as nações com fontes domésticas de energia irá diminuir as guerras.

### Investir em inovação de energia nuclear

O Investimento em P&D atual do DOE, nos EUA, em energia nuclear avançada é apenas de cerca de US$ 500 milhões, e nada é dedicado aos reatores de combustíveis líquidos. Por outro lado, a China já está gastando 350 milhões de dólares nessa área. Os EUA poderiam, com vantagem, gastar US$ 1 bilhão por ano para promover a P&D em RTFL, DMSR e os reatores PB-AHTR. A empresa TerraPower e a GE estão, agora, buscando o caminho cultivado pelos EUA em P&D sobre os LMFBRs. Ademais, eu recomendo que o P&D, financiado pelo governo, torne-se de domínio público, resultando em propriedade intelectual disponível para todos os desenvolvedores privados. As empresas podem ter um papel importante no governo, tais como em P&D, por exemplo, a Union Carbide operou o laboratório de Oak Ridge durante o desenvolvimento do MSR. A realização de P&D, em vários centros, aumenta a competitividade. As universidades, empresas e laboratórios nacionais do DOE-EUA podem, da mesma forma, contribuir. Um problema do MSR, desenvolvido pelo Weinberg, é que todo o expertise estava isolada no ORNL, com pouco conhecimento de MSRs entre os tomadores de decisão do governo e seus assessores.

### Investir em P&D em energia mais barata do que o carvão como o tório

A energia gerada por um reator de tório de flúor líquido pode ser mais barata do que a energia gerada pelo carvão, por causa da simples manipulação de combustível, da alta capacidade térmica dos fluidos de troca de calor, do funcionamento à pressão atmosférica, da segurança passiva inerente, dos pequenos componentes, da conversão eficiente da turbina em alta temperatura, da manufatura em escala industrial e da nova tecnologia, agora, em desenvolvimento.

### Investir na P&DE de tecnologia de conversão de energia

Existem duas novas tecnologias de conversão de energia que aproveitam eficientemente as vantagens da alta temperatura dos reatores avançados, tal como o RTFL. Essas tecnologias foram demonstradas em escala de laboratório, mas ainda não em escala comercial. A turbina Brayton de triplo-reaquecimento a gás, de ciclo fechado, usa a mesma tecnologia que os motores a jato, exceto que, naquele caso, a energia térmica vem da transferência de calor do sal fundido, e o gás pode ser reciclado da área de exaustão para a área de entrada. A turbina supercrítica de $CO_2$ utiliza a recirculação do $CO_2$ a uma temperatura e pressão tão altas que o gás se comporta como um líquido compressível. O pequeno tamanho promove custos baixos para esse componente importante.

### Investir na P&D de materiais irradiados de alta temperatura

A alta temperatura do reator nuclear avançado é importante por duas razões: (1) aumento de eficiência e, portanto, menores os custos para a geração de energia elétrica, e (2) calor de processo industrial para a extração do óleo de xisto betuminoso e as areias de alcatrão, para a fabricação de cimento e a produção de metais. As novas ligas metálicas e compostos cerâmicos de silício-carbono requerem extensos testes sob irradiação de nêutrons. O DOE tem dois reatores de fluxo elevado de nêutrons, que podem submeter os materiais a testes durante poucos meses, condensando muitos anos de exposição em uma operação normal do material em um reator.

### Investir na produção de hidrogênio de alta temperatura

Ciclos termoquímicos, tais como o enxofre-iodo-cobre-cloro, por exemplo, podem gerar $H_2$, através da separação da molécula de $H_2O$, com eficiência químico/térmica aproximando-se de 50% Demonstradas presentemente em escala de laboratório, essas tecnologias precisam ser confirmadas em escala de um projeto-piloto. A produção de hidrogênio, em escala industrial, será necessária para a produção de combustível em um mundo pós-carbono.

### Investir em usinas pilotos de combustíveis sintéticos energizados a hidrogênio

Os reatores de alta temperatura, tais como o RTFL ou o NGNP podem produzir, de forma eficiente, o hidrogênio pela dissociação da água. As tecnologias existentes na indústria química, tais como a Fischer-Tropsch, podem sintetizar combustíveis de hidrocarbonetos através da combinação de hidrogênio com o carbono a partir de fontes como as usinas de carvão de gás combustão ou a biomassa. Isso iria reduzir as emissões de $CO_2$ e a dependência do petróleo. Após a demonstração bem-sucedida da eletrólise e das usinas piloto de alta temperatura para a dissociação do hidrogênio, a indústria petroquímica se tornaria interessada em construir fábricas de produção combustíveis sintéticos comerciais.

### Facilitar o desenvolvimento corporativo da energia nuclear avançada

Devemos confiar nas habilidades e capacidades administrativas das empresas para produzir, em massa, reatores nucleares acessíveis, à maneira como a empresa Boeing produz aviões. A NASA e as corporações privadas foram responsáveis pelos sucessos das missões Apolo. O governo federal pode facilitar o desenvolvimento do RTFL cedendo as suas instalações, como no Rio Savannah, para a construção de protótipos de pequenos reatores modulares, em paralelo com a obtenção de licenças do NRC. O Laboratório Nacional de Idaho pode ser igualmente habilitado. Devemos simplificar e racionalizar as regras e os regulamentos para permitir que as empresas busquem os nossos objetivos de ter um mundo com energia limpa, sem atrasos fatais. Devemos inocular os processos de desenvolvimento e de construção contra injunções descabidas, promovidos por advogados que só procuram a ruína financeira através do anacronismo.

### Financiar o NRC para aprender sobre a energia nuclear avançada

Em 2012, o Congresso americano muniu o NRC com apenas US$ 129 milhões em verbas federais, além dos recursos com as taxas de licenças cobradas sobre reatores existentes. Os funcionários do NRC, munidos dos regulamentos e de expertise, são bem capazes de supervisionar os atuais LWRs em operação, mas não qualquer nova tecnologia, como o RTFL. Hoje em dia, as empresas candidatas a novas licenças junto ao NRC devem pagar mais de US$250 por hora durante todo o treinamento que o pessoal NRC precisa ter para aprender sobre a tecnologia e avaliar o nível de segurança. Podem custar centenas de milhões de dólares para licenciar novas tecnologias que mesmo um empreendedor de risco não pode pagar. O NRC tinha iniciado um conceito de licenciamento tecnologicamente imparcial, mas, agora, esse projeto não é mais financiado pelo governo. O NRC precisa contratar e treinar equipes qualificadas em engenharia nuclear, capazes de compreender e analisar os pedidos de licença para as novas tecnologias, como a tecnologia RTFL.

# Tório: energia abundante e acessível

## Investir em pesquisa sobre segurança da radiação de baixa intensidade

Os benefícios da medicina nuclear e da energia nuclear são quantificáveis e estabelecidos. No entanto, os riscos não são tão benquistos. Os EUA limitam a exposição do público, em geral, à radiação, para menos que 1 mSv por ano, mas não há evidência de danos para radiação a menos de 100 mSv por ano, e, ainda mais, há novas evidências de que, como fato, ela desencadeia respostas protetivas naturais do corpo. Os EUA cortaram os fundos de pesquisa sobre a radiação de baixo nível, especialmente quando ainda existe uma necessidade de se estabelecer a verdade sobre os riscos de saúde da radiação de baixo nível.

## Educar o público sobre a energia nuclear

Muitas pessoas têm medo da energia nuclear. Os políticos e os meios de comunicação usam esse medo para ganhar atenção. Os opositores da energia nuclear fazem afirmações ultrajantes. A imprensa ainda foca em Fukushima, mas dificilmente reportou sobre o endosso de Obama, feito em 26 de março:

"... vamos nunca esquecer os benefícios surpreendentes que a tecnologia nuclear trouxe para as nossas vidas. A tecnologia nuclear ajuda a tornar os alimentos seguros. Ela previne a doença no mundo em desenvolvimento. É a medicina de alta tecnologia que trata o câncer e encontra novas curas. E, é claro, é a energia – a energia limpa - que ajuda a reduzir a poluição de carbono, que contribui para as mudanças climáticas."

O governo e seus líderes devem aprender mais sobre os benefícios e riscos e reduzir os exageros sobre a energia nuclear. Precisamos de um programa dinâmico, preciso e forte de educação para persuadir o público de que a energia nuclear é a forma mais segura de energia que possuímos.

## Os EUA precisam se preparar para competir com as outras nações.

Os maiores concorrentes, no setor de energia, são as nações e não as corporações internacionais, como a Exxon-Mobil, por exemplo. A Exxon-Mobil tem o maior rendimento e capitalização de mercado de qualquer empresa, mas produz apenas 3% do petróleo mundial e tem menos reservas de petróleo do que as companhias nacionais de petróleo da Arábia Saudita, Irã, Iraque, Venezuela, Abu Dhabi e Kuwait. A concorrência é cada vez maior entre as nações, e não entre as corporações.

As restrições à exportação, atualmente, limitam a capacidade das empresas americanas de competir sobre a energia nuclear no mercado internacional. Essas restrições deveriam ser revistas, porque o RTFL representa uma oportunidade de alcançar a superioridade internacional no mercado, pois é uma fonte de energia limpa, segura, e mais barata do que o carvão.

**Exportar os RTFLs**

Simplesmente gerar energia barata e não poluente, exclusivamente dentro dos EUA, não é suficiente para resolver os problemas globais de energia e do meio ambiente. Os EUA devem incentivar a exportação dessas pequenas usinas de energia nuclear, pois elas podem ajudar a erradicar a pobreza energética mundial e reduzir as emissões de $CO_2$ no mundo. Aliás, isso pode gerar uma economia de 70 bilhões de dólares e ajudar a economia americana. A Rússia, a China, A Coreia do Sul e a Índia, entre outros, planejam exportar usinas nucleares.

**Liderança!**

Quem vai liderar?

1 uma organização transnacional como as Nações Unidas?

2 uma nação como os Estados Unidos?

3 múltiplos estados ou governos provinciais?

4 as corporações?

5 A iniciativa privada?

As Nações Unidas não podem resolver a nossa crise energética e climática. Dezenas de reuniões, patrocinadas pelo Painel Intergovernamental sobre Mudança do Clima (IPCC, na sigla em inglês), só terminam em promessas e discórdias entre nações ricas e pobres. Poucas nações se sacrificariam pelo benefício global. Os Estados Unidos possuem o potencial para liderar o desenvolvimento do RTFL. Os EUA possuem laboratórios nacionais bem equipados, entre os melhores programas em engenharia nuclear, e a tradição governamental/acadêmica/negócios de empreendedorismo e comercialização.

Falta liderança política. Os políticos elegidos, nos cargos de executivos e congressistas, e também no nível estadual, fracassam no entendimento das realidades econômicas, energéticas e ambientais. Eles também falham no entendimento dos limites dos recursos naturais globais. Ao invés disso, esses políticos visam explorar as fontes que geram medo de qualquer coisa nuclear. Com isso, eles atraem os eleitores que querem se sentir aliviados desse temor, promovendo a energia eólica e solar como a solução derradeira, escondendo os custos sociais em investimentos, subsídios e preferências fiscais que somente beneficiam um grupo seleto de empresários.

Contudo, ainda existe uma oportunidade política imensa para um líder:

Satisfazer os liberais e ambientalistas no que concerne ao aquecimento global e colocar um fim na pobreza energética do mundo, e também,

Satisfazer os conservadores e empresários com a eliminação do imposto sobre o carbono, na diminuição dos custos de energia, e gerando uma nova indústria de exportação, nos padrões da Boeing.

Os governantes possuem uma oportunidade de incentivar as corporações a empreender no desenvolvimento do RTFL. Uma vez que um RTFL em escala comercial tenha sido demonstrado e, uma vez que os empecilhos legais tenham sido aliviados, as corporações podem iniciar a produção em massa dos RTFLs. Podemos, assim, depender do próprio interesse das corporações para produzir e instalar RTFLs tão rapidamente como a Boeing o faz na sua de produção de aviões. As corporações terão sucesso porque elas podem depender do interesse de bilhões de pessoas, em 250 nações, em escolher a fonte mais barata, limpa e segura. Isso colocaria um fim nas emissões de carbono pelas usinas de carvão e reduziria a dependência do combustível fóssil.

Em última análise, os líderes individuais são a chave. O almirante Rickover liderou o desenvolvimento de energia nuclear. O presidente Eisenhower liderou o movimento "átomos para a paz". O físico Weinberg liderou o desenvolvimento do reator de sal fundido para "todo o futuro da humanidade ". O presidente Kennedy liderou a missão Apollo. O bilionário Bill Gates está liderando os esforços filantrópicos para acabar com a pobreza energética. Jiang Mianheng está liderando o desenvolvimento do reator de sal fundido para a China. O engenheiro e empreendedor, Kirk Sorensen, está comandando o apoio financeiro para a RTFL na Flibe Energy. Um homem de negócios internacionais está calmamente procurando usar o RTFL para abolir a pobreza energética na África e além.

Em um discurso em 1962, Kennedy fez o desenvolvimento do RTFL parecer fácil:

"Mas, se eu tivesse de dizer, meus concidadãos, que vamos enviar para a Lua, 300 pés de altura, o comprimento de um campo de futebol, feito de ligas novas de metal, algumas das quais ainda não foram inventadas, capaz de suportar calor e tensão várias vezes mais do que já foi experimentado, equipado com uma precisão melhor do que o melhor relógio, carregando todo o equipamento necessário para a propulsão, orientação, controle, comunicações, alimento e material de sobrevivência, em uma missão nunca tentada antes, a um corpo celeste desconhecido, e depois retornar com segurança para a Terra, reentrar na atmosfera a uma velocidade de mais de 25.000 milhas por hora, acarretando calor de cerca da metade da temperatura do sol – quase tão quente como ele está aqui hoje – e fazer tudo isso, e fazê-lo bem, e fazê-lo antes do fim desta década – então devemos ser ousados".

**Quem vai liderar?**

## Tório: Energia Mais Barata Que A Energia do Carvão

Podemos resolver as nossas crises energéticas e ambientais através da inovação tecnológica e do mercado livre, usando uma tecnologia disruptiva e barata.

Se oferecermos, para todo o mundo, a capacidade de produzir energia bem mais barata, logo todo o mundo vai parar de queimar carvão para produzir energia. Podemos confiar no auto interesse econômico de 7 bilhões de pessoas em 250 países para escolher a fonte mais barata e não poluente de energia.

Os EUA devem financiar o rápido desenvolvimento dessa tecnologia nuclear inovadora que pode fornecer energia mais barata do que o carvão. A partir daí, as empresas podem atingir uma produção em massa de reatores de tório. Os EUA deveriam permitir às empresas a desenvolver, produzir e operar rápida e seguramente RTFLs.

Este livro, que discute como tório é, potencialmente, uma fonte de energia mais barata do que o carvão, advoga a redução dos custos de energia – a solução ambiental baseada no mercado livre.

| $1 B | $5 B | $70 bilhões por ano da indústria | |
|------|------|------|------|
| Desenvolve | Amplia | Produz | Exporta |
| 2012 | 2017 | 2022 | |

## O que precisa ser feito:

•. Reduzir as emissões atuais total de $CO_2$ de 10 bilhões de toneladas por ano para uma emissão zero em 2060.

•. Evitar os impostos de carbono.

•. Cessar a poluição do ar mortal.

•. Melhorar a prosperidade mundial.

•. Promover um crescimento sustentável da população mundial.

•. Usar uma fonte de combustível inesgotável, o tório, disponível em todas as nações.

# *Referências*

Informações gerais, Apresentação e Introdução:

Aim High!
http://rethinkingnuclearpower.googlepages.com/aimhigh

Ralph Moir: http://ralphmoir.com

Rethinking nuclear power course:
http://rethinkingnuclearpower.googlepages.com

Energy from thorium blog and forum:
http://energyfromthorium.com

American Scientist article:
http://home.comcast.net/~robert.hargraves/public_html/2010Hargraves2.pdf

Kirk Sorensen, fire story; http://www.youtube.com/watch?v=L-T-WSWgBCc

- 15 - Barack Obama March 26, 2012:
http://www.whitehouse.gov/the-press-office/2012/03/26/remarks-president-obama-hankuk-university

Energia e Civilização

Energy share of GDP:
http://www.instituteforenergyresearch.org/2010/02/16/a-primer-on-energy-and-the-economy-energys-large-share-of-the-economy-requires-caution-in-determining-policies-that-affect-it/

Car: http://www.vanseodesign.com/web-design/visual-grammar-lines

Jaguar, Volvo flywheel hybrids:
http://www.economist.com/node/21540386

Hurricane energy: http://www.aoml.noaa.gov/hrd/tcfaq/D7.html

Roller coaster:
http://davidmanlysblog.blogspot.com/2011/05/ups-and-downs-of-physics.html

# Referências

Clock weight escapement:
http://commons.wikimedia.org/wiki/File:PSM_V29_D198_Gravit
y_clock_escapement_mechanism_aided_by_weight.jpg

Water wheel:
http://chestofbooks.com/crafts/mechanics/Engineer-Mechanic-
Encyclopedia-Vol2/Water-Wheel-Part-2.html

Chemical bonds:
http://www2.chemistry.msu.edu/faculty/reusch/VirtTxtJml/intro2
.htm

Alhambra fountain: http://en.wikipedia.org/wiki/Alhambra

Gas molecules:
http://en.wikipedia.org/wiki/File:Translational_motion.gif

Carnot heat engine:
http://en.wikipedia.org/wiki/File:Carnot_heat_engine_2.svg

Pulverized coal: http://web.mit.edu/mitei/docs/reports/beer-
emissions.pdf

Pulverized coal temperature:
http://old.enea.it/attivita_ricerca/energia/sistema_elettrico/Centra
li_carbone_rendimenti/RSE110.pdf

Taming of the Chloroplast:
http://evolutionaryroutes.wordpress.com/2011/08/31/the-taming-
of-the-chloroplast/

Eukaryotic cell:
http://www.m2c3.com/chemistry/VLI/M2_Topic2/M2_Topic2_
print.html

Richard Wrangham:
http://news.harvard.edu/gazette/story/2009/06/invention-of-
cooking-drove-evolution-of-the-human-species-new-book-argues/

Horses: Vaclav Smil, Energies: An Illustrated Guide to the
Biosphere and Civilization, MIT Press.

Quaker Oats; http://www.amazon.com/Quaker-Nutrition-
Calories-Energy-Flakes/dp/B005DGWOK0

# Tório: energia abundante e acessível

Rickover speech on energy and slavery:
http://desc.hinchey.house.gov/DODRickover1957Speech.doc

Brazil green steel: http://www.forestry-invest.com/2010/eucalyptus-charcoal-brazils-choice-for-the-steel-industry/268

Grinding flour:
http://www.touregypt.net/featurestories/bread.htm

Waterwheel: http://www.top-alternative-energy-sources.com/water-wheel-design.html

Windmill: http://en.wikipedia.org/wiki/Windmill

England patent law and industrial revolution:
http://www.amazon.com/The-Most-Powerful-Idea-World/dp/0226726347

Newcomer steam engine:
http://en.wikipedia.org/wiki/Industrial_revolution

World GDP per capita:
http://econ161.berkeley.edu/TCEH/1998_Draft/World_GDP/Estimating_World_GDP.html

World energy consumption:
http://www.eia.gov/forecasts/ieo/index.cfm
http://en.wikipedia.org/wiki/World_energy_consumption

World CO2 emissions:
http://www.eia.gov/forecasts/ieo/index.cfm

Um Mundo Insustentável:

Meadows' Limits to Growth at ASPO:
http://www.aspoitalia.it/images/stories/aspo5presentations/Meadows_ASPO5.pdf

Revisiting Limits to Growth, American Scientist:
http://www.americanscientist.org/issues/pub/2009/3/revisiting-the-limits-to-growth-after-peak-oil

Meadows reviewed in Smithsonian:
http://www.smithsonianmag.com/science-nature/Looking-Back-on-the-Limits-of-Growth.html

# Referências

Murphy interview: http://oilprice.com/Interviews/Tom-Murphy-Interview-Resource-Depletion-is-a-Bigger-Threat-than-Climate-Change.html

Murphy, Do the Math: http://physics.ucsd.edu/do-the-math/p - 61 - CIA World Fact Book data: https://www.cia.gov/library/publications/the-world-factbook/docs/rankorderguide.html

EIA world energy; http://www.eia.doe.gov/oiaf/ieo/world.html

India energy use: http://www.world-nuclear-news.org/NP_Nuclear_the_fuel_for_energetic_Indian_growth_220_2121.html

OECD Environmental Outlook to 2050: %http://www.oecd.org/document/34/0,3746,en_21571361_44315115_49897570_1_1_1_1,00.html

NOAA climate charts: http://www.ncdc.noaa.gov/cmb-faq/anomalies.php

Hansen climate forcings: http://www.columbia.edu/~jeh1/2010/201010_BluePlanet.ppt

IPCC projections: http://www.ipcc.ch/publications_and_data/ar4/syr/en/main.html

Rongbuk glacier: http://www.columbia.edu/~jeh1/2010/201010_BluePlanet.ppt

Coral bleaching: http://news.nationalgeographic.com/news/bigphotos/10063392.html

NY Times ocean acidity: http://www.nytimes.com/2009/01/31/science/earth/31ocean.htmlRising

Ocean acidity tutorial: http://www.skepticalscience.com/Mackie_OA_not_OK_post_1.html

Ocean acidification: http://www.sciencedaily.com/releases/2012/03/120301143735.htm

EPA sulfur dioxide emission:
http://www.epa.gov/airtrends/2007/report/sulfurdioxide.pdf

EPA 2011 air pollution rule:
http://yosemite.epa.gov/opa/admpress.nsf/d0cf6618525a9efb8525
7359003fb69d/cedd944b946fdc5f852578c60055e818!OpenDocum
ent

Guardian ship emissions:
http://www.guardian.co.uk/environment/2009/apr/09/shipping-
pollution

Gizmag ship emissions: http://www.gizmag.com/shipping-
pollution/11526/

EPA ship emissions rule:
http://www.epa.gov/aging/press/epanews/2009/2009_1222_1.ht
m

Conflict over resources: Prof. Michael Klare, Hampshire College,
author of "Resource Wars" and "Blood and Oil: The Dangers and
Consequences of America's Growing Petroleum dependency"

China Daily News Oct 7, 2010:
http://pub1.chinadaily.com.cn/cdpdf/us/download.shtml?c=3207
3

Greenland ice sheet melt:
http://www.nasa.gov/topics/earth/features/greenland-melt.html

OECD Environmental Outlook to 2050:
http://www.oecd.org/dataoecd/32/53/49082173.pdf


Fontes de Energia:

Energy Safari: http://pages.google.com/pages/energysafari.

EIA 2010 sources/uses:
http://www.eia.gov/totalenergy/data/annual/pdf/sec2_3.pdf

EIA 2010 Electric Power Annual:
http://www.eia.gov/electricity/annual/

# Referências

Data center power use:
http://online.wsj.com/article/SB10001424052702303610504577420251668850864.html

EIA 2012 Energy Outlook:
http://www.eia.gov/electricity/annual/http://www.eia.gov/pressroom/presentations/howard_01232012.pdf

EIA 2010 Electric Power Annual:
http://www.eia.gov/electricity/annual/

EIA 2010 capital costs:
http://www.eia.gov/oiaf/beck_plantcosts/pdf/updatedplantcosts.pdf

EIA 2010 Power Generation Costs:
http://www.eia.gov/oiaf/beck_plantcosts/excel/table2.xls

EIA $CO_2$ emissions:
http://205.254.135.7/forecasts/ieo/emissions.cfm

Carvão:

IGCC efficiency: http://web.mit.edu/mitei/docs/reports/beer-emissions.pdf

New coal fired plants:
http://www.netl.doe.gov/coal/refshelf/ncp.pdf

MIT CCS data base: http://sequestration.mit.edu/index.html

CBO CCS report: http://cbo.gov/publication/43357

China GreenGen:
http://sequestration.mit.edu/tools/projects/greengen.html

Zobach Gorelick Earthquake triggering:
http://www.pnas.org/content/early/2012/06/13/1202473109.abstract?sid=f6da10e3-978d-4e86-9101-9079d428ba35

EIA coal costs:
http://205.254.135.7/electricity/annual/pdf/table3.5.pdf

MIT Revised Cost of Nuclear Power:
http://web.mit.edu/nuclearpower/pdf/nuclearpower-update2009.pdf

MIT Future Nuclear Power Fuel Cycle Ch 1-3:
http://web.mit.edu/mitei/research/studies/documents/nuclear/nuclearpower-ch1-3.pdf

MIT Future Nuclear Power Fuel Cycle Ch 4-9:
http://web.mit.edu/mitei/research/studies/documents/nuclear/nuclearpower-ch4-9.pdf

MIT Future of Coal:
http://web.mit.edu/mitei/research/studies/documents/coal/The_Future_of_Coal.pdf

EIA World Energy Outlook:
http://www.eia.gov/forecasts/ieo/pdf/0484(2011).pdf

NY Times fossil fuel costs:
http://www.nytimes.com/2009/10/20/science/earth/20fossil.html

NAS fossil fuel hidden costs;
http://www.nytimes.com/2009/10/20/science/earth/20fossil.html

Harvard Med School coal costs:
http://www.loe.org/images/content/110218/CoalPamphlet_Final_SingPg(2).pdf

Gás:

Natural gas combustion turbine:
http://commons.wikimedia.org/wiki/File:Brayton_cycle.svg

Hydraulic fracturing:
http://www.fraw.org.uk/ideas/fracking/index.html

Fugitive methane emissions:
http://www.sustainablefuture.cornell.edu/news/attachments/Howarth-EtAl-2011.pdf

Matt Ridley Shale Gas Shock:
http://marcellus.psu.edu/resources/PDFs/shalegas_GWPF.pdf

# Referências

EIA Shale Gas:
http://www.eia.gov/analysis/studies/usshalegas/pdf/usshaleplays.pdf

EPA fracking emissions rule:
http://www.nytimes.com/2012/04/19/science/earth/epa-caps-emissions-at-gas-and-oil-wells.html

US nat gas pipelines:
http://www.eia.gov/pub/oil_gas/natural_gas/analysis_publications/ngpipeline/ngpipelines_map.html

Natural gas prices: http://www.ferc.gov/market-oversight/mkt-gas/overview/ngas-ovr-lng-wld-pr-est.pdf

Japan nuclear-free GDP drop 7%:
http://ajw.asahi.com/article/0311disaster/fukushima/AJ201206300053

Natural gas prices, EIA:
http://www.eia.gov/dnav/ng/hist/rngc1d.htm

EIA 2012 Energy Outlook:
http://www.eia.gov/pressroom/presentations/howard_01232012.pdf

EIA Natural gas prices, Howard:
http://www.eia.gov/pressroom/presentations/howard_01232012.pdf

EIA Int'l natural gas outlook:
http://www.eia.gov/forecasts/ieo/nat_gas.cfm

Pittinger shale gas prices: http://www.theoildrum.com/node/8212

Natural gas matches coal:
http://www.reuters.com/article/2012/06/27/utilities-coal-gas-eia-idUSL2E8HRG6820120627

Eólico:

Brazos wind farm:
http://en.wikipedia.org/wiki/Brazos_Wind_Farm

# Tório: energia abundante e acessível

US DOE wind map:
http://www.eere.energy.gov/windandhydro/windpoweringamerica/wind_maps.asp

Cape Wind prices:
http://www.bostonglobe.com/metro/2011/12/28/after-court-ruling-cape-wind-poised-move-forward/cjtMPcMX47lYPDbtbH5fTK/story.html

NStar merger:
http://www.boston.com/Boston/businessupdates/2012/02/nstar-agrees-buy-cape-wind-power-win-state-okay-merger/38TIb9N1uq7B8P3WHxfOOK/index.html

Deepwater Wind: http://www.reuters.com/article/2011/10/13/us-deepwater-wind-idUSTRE79C0YC20111013

 GE FlexEff/Wind combo: http://theenergycollective.com/willem-post/59747/ge-flexefficiency-50-ccgt-facilities-and-wind-turbine-facilities

William Palmer, Ontario Coal/Wind:
http://www.masterresource.org/2012/02/ontario-windpower-case-study-i/

EPA proposed CO2/kWh limit:
http://epa.gov/carbonpollutionstandard/pdfs/20120327factsheet.pdf

Willem Post Wind/CO2: http://theenergycollective.com/willem-post/64492/wind-energy-reduces-co2-emissions-few-percent

Australia wind farm performance:
http://windfarmperformance.info/

Irish grid wind CO2: http://www.clepair.net/IerlandUdo.html

Bentek study CO and TX: http://docs.wind-watch.org/BENTEK-How-Less-Became-More.pdf

Lang CO2 avoided by wind:
http://bravenewclimate.files.wordpress.com/2009/08/peter-lang-wind-power.pdf

Solar:

# Referências

Passive solar:
http://www.energysavers.gov/your_home/designing_remodeling/index.cfm/mytopic=10270

China solar hot water:
http://www.easybizchina.com/freemember/products/3303/snxing_solar_energy_technology_co_ltd-1.html

IEA world solar: http://www.iea-shc.org/publications/downloads/Solar_Heat_Worldwide-2011.pdfp

AllEarth solar production:
http://www.allearthrenewables.com/energy-production-report/detail/316#view=yearly&date=2011-01-01

AllEarth solar VT diocese:
http://www.vermontbiz.com/news/january/largest-solar-installation-burlington-now-operating-rock-point

Albiasa Caceres: http://www.albiasasolar.com/pdfs/projects.pdf

Albiasa abandons Arizona:
http://www.azinews.com/2011/09/01/albiasa-abandons-solar-project/

Abengoa solar cost:
http://www.abengoasolar.com/corp/web/en/acerca_de_nosotros/sala_de_prensa/noticias/2011/solar_20110913.html

Brightsource CA solar cost:
http://www.latimes.com/news/local/la-me-solar-tortoise-20120304,0,6145488.story

Andasol parabolic troughs:
http://www.renewbl.com/2009/07/02/solar-millenium-officially-inaugurated-andasol-1-parabolic-trough-power-plant.html

Andasol solar molten salt:
http://www.nrel.gov/csp/troughnet/pdfs/2007/martin_andasol_pictures_storage.pdf

Solar grand plan:
http://www.scientificamerican.com/article.cfm?id=a-solar-grand-plan&page=1

MIT Intermittent Renewables:
http://web.mit.edu/mitei/research/reports/intermittent-renewables-full.pdf


Biocombustíveis:

Wood composition:
http://marioloureiro.net/ciencia/ignicao_vegt/ragla91a.pdf

Wood moisture:
http://www.epa.gov/burnwise/workshop2011/WoodCombustion-Curkeet.pdf

EPA clean energy stats: http://www.epa.gov/cleanenergy/energy-resources/refs.html

USDA BTUs green wood:
http://www.fpl.fs.fed.us/documnts/techline/fuel-value-calculator.pdf

EPA forest carbon sequestration:
http://www.epa.gov/sequestration/faq.html

NH biomass plant cost:
http://supportnhbiomass.wordpress.com/press-releases/

Burlington McNeil wood chip cost:
https://www.burlingtonelectric.com/page.php?pid=75&name=mcneil

EROI ethanol: http://netenergy.theoildrum.com/node/6760

Biomass per gallon:
http://www1.eere.energy.gov/biomass/ethanol_yield_calculator.html

US Renewable Energy Labs Biomass:
http://www.nrel.gov/biomass/

US cellulosic ethanol plant:
http://www.nytimes.com/2011/07/07/business/energy-environment/us-backs-plant-to-make-fuel-from-corn-waste.html

NREL biofuel brochure:
http://www.nrel.gov/biomass/pdfs/40742.pdf

# Referências

Corn prices:
http://topics.nytimes.com/top/news/business/energy-environment/biofuels/index.html?scp=5&sq=corn%20prices&st=cse

Food fuel competition:
http://www.nytimes.com/2011/04/07/science/earth/07cassava.html

WSJ cellulosic ethanol mandate:
http://online.wsj.com/article/SB10001424052970204012004577072470158115782.html

Armazenamento de Energia:

Economist energy storage:
http://www.economist.com/node/21548495?frsc=dg%7Ca

Sadoway Mg-Sb liquid battery:
http://sadoway.mit.edu/wordpress/wp-content/uploads/2011/10/Sadoway_Resume/141.pdf

MIT liquid flow battery:
http://web.mit.edu/newsoffice/2011/flow-batteries-0606.html

Battery switching car: http://www.betterplace.com/

Utility scale batteries:
http://www.electrochem.org/dl/interface/fal/fal10/fal10_p049-053.pdf

Beacon Power flywheels:
http://www.beaconpower.com/files/EESAT_2011_Final.pdf

EPRI CAES:
http://my.epri.com/portal/server.pt?space=CommunityPage&cached=true&parentname=ObjMgr&parentid=2&control=SetCommunity&CommunityID=405

EPRI utility battery costs: http://gigaom.com/cleantech/5-things-you-need-to-know-about-energy-storage/

EPRI energy storage exec summary:
http://disgen.epri.com/downloads/EPRI%20CAES%20Demo%20Proj.Exec%20Overview.Deep%20Dive%20Slides.by%20R.%20Schainker.Auguat%202010.pdf

Siemens hydrogen storage:
http://www.technologyreview.com/energy/40001/?nlid=nldly&nl
d=2012-03-29

Conservação:

EIA 2012 annual energy outlook:
http://www.eia.gov/forecasts/aeo/er/

enlighten energy saving: http://www.enlighten-
initiative.org/portal/CountrySupport/CLAs/Energysavingbenefits/
tabid/79099/Default.aspx

Energy intensity:
http://www.eia.doe.gov/pub/international/iealf/table1p.xls

Hansen on meat:
http://bravenewclimate.com/2012/03/24/dietary-gc-ignores-cc/

Outros:

Hydro: http://en.wikipedia.org/wiki/Hydroelectricity

Grand Inga Dam:
http://www.internationalrivers.org/campaigns/grand-inga-dam-dr-
congo

Desalination:
http://en.wikipedia.org/wiki/Desalination#Cogeneration

Desalination Grand Cayman: http://www.desalination.com/

Nuclear power: http://www.world-nuclear.org/


Reator de Flúor-Tório líquido:


Periodic table: http://www.ptable.com/

NRC PWR: http://www.nrc.gov/reading-rm/basic-
ref/students/animated-pwr.html

NRC BWR: http://www.nrc.gov/reading-rm/basic-
ref/students/animated-bwr.html

# Referências

Fuel rod cross section: http://jolisfukyu.tokai-sc.jaea.go.jp/fukyu/mirai-en/2008/5_3.html

Molten plutonium reactor:
http://fas.org/sgp/othergov/doe/lanl/pubs/00416628.pdf

Johnson thorium chemistry:
http://www.thoriumenergyalliance.com/downloads/TEAC3%20pr
esentations/TEAC3_Johnson_KimLawrence.pdf

WNA on thorium: http://www.world-nuclear.org/info/inf62.html

Haubenreich, Engel, MSRE experience
http://energyfromthorium.com/pdf/NAT_MSREexperience.pdf

Wikipedia MSRE:
http://en.wikipedia.org/wiki/Molten_Salt_Reactor_Experiment

ORNL molten salt document repository:
http://www.energyfromthorium.com/pdf/

Hoglund's ORNL molten salt doc repository:
http://moltensalt.org/references/static/downloads/pdf/

MacPherson 1985 molten salt reactor adventure:
http://www.moltensalt.org/references/static/home.earthlink.net/b
hoglund/mSR_Adventure.html

Aircraft reactor experiment:
http://moltensalt.org/references/static/downloads/pdf/NSE_AR
E_Operation.pdf

Wikipedia RTFL:
http://en.wikipedia.org/wiki/Liquid_fluoride_thorium_reactor

Forsberg et al advanced MSR high temp reactor:
www.ornl.gov/~webworks/cppr/y2001/pres/119930.pdf

MIT Steam/Brayton/SCO2 power conversion:
http://stuff.mit.edu/afs/athena/course/22/22.33/www/dostal.pdf

Forsberg open cycle Brayton:
https://www.ornl.gov/fhr/presentations/Forsberg.pdf

Haubenreich interview:
http://energyfromthorium.com/msrp/paul-haubenreich/

# Tório: energia abundante e acessível

Weinberg, Alvin; The First Nuclear Era: The life and times of a technological fixer

Martin, Richard; SuperFuel: Thorium, the green energy source for the future: http://www.amazon.com/SuperFuel-Thorium-Energy-Source-Future/dp/0230116477/

World spent fuel stocks: https://iaea.org/NewsCenter/Features/UndergroundLabs/Grimsel/storageoverview.pdf

Liquid chloride fast reactor: http://moltensalt.org/references/static/downloads/pdf/ANL-6792.pdf

Moir fission-fusion hybrid: http://ralphmoir.com/aFusFisHyb.htm

Moir Fusion thorium breeder: http://ralphmoir.com/media/thBreedNProlifICENESdr7.pdf

US thorium reserves: http://minerals.usgs.gov/minerals/pubs/commodity/thorium/myb1-2007-thori.pdf

Lemhi Pass thorium reserves: http://www.thoriumenergy.com/index.php?option=com_content&task=view&id=43&Itemid=68

Thorium reserves: http://www.world-nuclear.org/info/inf62.html

David MSR waste: http://www.europhysicsnews.org/index.php?option=article&access=standard&Itemid=129&url=/articles/epn/pdf/2007/02/epn07204.pdf

LeBrun et al MSBR radiotoxicity: http://hal.archives-ouvertes.fr/docs/00/04/14/97/PDF/document_IAEA.pdf

Reator Desnaturado de Sal Fundido (DMSR)

ORNL DMSR 1971: http://www.energyfromthorium.com/pdf/ORNL-4541.pdf

ORNL 7207 scanned: http://moltensalt.org/references/static/ralphmoir/ORNL-TM-7207.pdf

# Referências

ORNL 7207 OCR Word, DMSR Engel et al 1980:
http://www.energyfromthorium.com/pdf/ORNL-TM-7207.pdf

ORNL MSRE design study:
http://moltensalt.org/references/static/downloads/pdf/ORNL-2796.pdf

ORNL DMSR 1978:
http://www.energyfromthorium.com/pdf/ORNL-5388.pdf

ORNL 1979 development program:
http://moltensalt.org/references/static/downloads/pdf/ORNL-TM-6415.pdf

ORNL 1972 MSR noble metals:
http://moltensalt.org/references/static/downloads/pdf/ORNL-TM-3884.pdf

ORNL 1980 DMSR:
http://www.energyfromthorium.com/pdf/ORNL-TM-7207.pdf

LeBlanc new beginning old idea:
http://www.energyfromthorium.com/forum/download/file.php?id=480&sid=d82b958034ccdcfbe4d859c75840036b

denatured molten salt reactors:

http://www.coal2nuclear.com/MSR%20-%20Denatured%20-%20CNSLeBlanc2010revised.pdf

LeBlanc MSRs:
http://www.torium.se/res/Documents/dleblancnewvisiongenivpdf.pdf

LeBlanc DMSR video: http://www.youtube.com/watch?v=_-BXg18fAIk&feature=player_embedded

Forsberg proliferation resistant fuel cycles:
http://www.ornl.gov/~webworks/cpr/misc/106598.pdf

Forsberg: MSR Options:
http://www.ornl.gov/~webworks/cppr/y2001/misc/120977.pdf

Uranium seawater collection:
http://www.physics.harvard.edu/~wilson/energypmp/2009_Tamada.pdf

Reator de sal fundido resfriado por um leito de esferas (PB-AHTR):

UC Berkeley PB-AHTR project home: http://pb-ahtr.nuc.berkeley.edu/

Peterson, Scarlat 2010 PB-AHTR presentation: http://www.thoriumenergyalliance.com/downloads/TEAC3%20presentations/TEAC3_Scarlat_Raluca.pdf

Forsberg MIT/UCB/UW work: http://web.mit.edu/nse/pdf/researchstaff/forsberg/FHR%20Project%20Presentation%20Nov%202011.pdf

TRISO fuel mfg B&W: https://www.ornl.gov/fhr/presentations/Nagley.pdf

Energia mais barata que a do carvão:

Kasten MOSEL MSR cost: http://www.moltensalt.org/references/static/brucehoglund/msrMOSELConcept_OCR.pdf

SL-1954 capital cost estimate: http://moltensalt.org/references/static/downloads/pdf/SL-1954.pdf

Sargent and Lundy, Capital Investment for 1000 MW(e) Molten Salt Converter Reference Design Power Reactor, report SL 1994 (27 December 1962).

Oak Ridge TM1060 1965 cost estimate: http://moltensalt.org/references/static/downloads/pdf/ORNL-TM-1060.pdf

Moir MSR cost estimate: http://ralphmoir.com/media/coe_10_2_2001.pdf

ORNL RTFL fuel cycle costs: http://moltensalt.org/references/static/downloads/pdf/CF-61-8-86.pdf

Moir 2008 MSR est costs: http://ralphmoir.com/media/moir_icenes_07.pdf

# Referências

University of Chicago economic future nuclear power:
http://www.ne.doe.gov/np2010/reports/NuclIndustryStudy-
Summary.pdf

Boeing 737 assembly line, photo k62904 copyright Boeing Aircraft

Desenvolvimento:

ORNL MSR development uncertainties:
http://www.energyfromthorium.com/doc/ORNL4541_sec16.html

Forsberg MSR technology gaps:
http://www.torium.se/res/Documents/124670.pdf

 http://moltensalt.org/references/static/downloads/pdf/ORNL-
TM-6415.pdf

ORNL MSR dev plan 1974:
http://www.energyfromthorium.com/pdf/ORNL-5018.pdf

ORNL noble metal migration:
http://moltensalt.org/references/static/downloads/pdf/ORNL-
TM-3884.pdf

Madden theoretical chemistry presentation:
http://www.itheo.org/sites/default/files/pdf/Paul_Madden.pdf

Madden flibe conductivity viscosity:
http://www.mendeley.com/research/conductivityviscositystructure
-unpicking-the-relationship-in-an-ionic-liquid/

Messinger MIT off gass:
http://icapp.ans.org/icapp12/program/abstracts/12097.pdf

Heat exchanger diagram:
http://en.wikipedia.org/wiki/File:Spiral_heat_exchanger.png

Heat exchanger EfT forum:
http://energyfromthorium.com/forum/viewtopic.php?f=3&t=101
7&sid=69b28d995589bc6238d49a4fc483bc65

ORNL materials testing plan:
http://nuclear.inl.gov/deliverables/docs/intg-matls-plan.pdf

ORNL materials experience:
http://nuclear.inl.gov/deliverables/docs/gfr_matls_rd_plan_r1.pdf

Newsome, Snead, SiC neutron irradiation:
http://www.osti.gov/bridge/servlets/purl/903202-raGNdX/903202.pdf

ORNL tritium: http://www.energyfromthorium.com/pdf/ORNL-TM-5759.pdf

Sorensen Li-6 separation:
http://energyfromthorium.com/category/materials/lithium/

EfT forum Lithium-7:
http://energyfromthorium.com/forum/viewtopic.php?f=64&t=36
3

Ragheb isotopic separation:
https://netfiles.uiuc.edu/mragheb/www/NPRE%20402%20ME%
20405%20Nuclear%20Power%20Engineering/Isotopic%20Separati
on%20and%20Enrichment.pdf

Brayton cycle reheat:
http://nuclear.inl.gov/deliverables/docs/genivihc_2006_milestone
_report_7_1_2006_final.pdf

U Waterloo Brayton cycle tutorial:
http://www.mhtlab.uwaterloo.ca/courses/me354/lectures/pdffiles
/web7.pdf

MIT supercritical CO2 power conversion:
http://stuff.mit.edu/afs/athena/course/22/22.33/www/dostal.pdf

Wright Sandia SCO2: http://www.barber-nichols.com/sites/default/files/wysiwyg/images/supercritical_co2
_turbines.pdf

Wright, SCO2 interview:
http://djysrv.blogspot.com/2012/05/supercritical-co2-turbine-being.html

Siemens 51% efficient steam turbine:
http://www.pennenergy.com/index/articles/pe-article-tools-template.articles.power-engineering-international.volume-13.issue-10.features.power-plant-control.finely-tuned.html

Bonometti program advice:
http://www.thoriumenergyalliance.com/downloads/TEAC3%20pr
esentations/TEAC3_Bonometti_Joe.pdf

# Referências

DOE plan destroy U-233:
http://www.em.doe.gov/PDFs/ProjectFiles/OakRidge.pdf

Magreb decay heat:
http://www.ewp.rpi.edu/hartford/~ernesto/F2011/EP/Materialsf
orStudents/Petty/Ragheb-Ch8-2011.PDF

Sorensen spent fuel explorer:
http://www.energyfromthorium.com/javaws/SpentFuelExplorer.jn
lp

Siemer, Nuclear Technology, June 2012, improving the integral fast
reactor's proposed salt waste management system


Construtores:

Moir, Restart MSR program:
http://ralphmoir.com/media/moir_icenes_07.pdf

ORNL docs, Energy from Thorium:
http://www.energyfromthorium.com/pdf/

Transatomic Power: http://transatomicpower.com/

Transatomic Power money:
http://www.masshightech.com/stories/2012/05/28/daily28-
Transatomic-secures-763K.html

Thorenco presentation:
http://www.thoriumenergyalliance.com/downloads/TEAC3%20pr
esentations/TEAC3_Holden_Charles.pdf

ORLY Energy Group: http://www.orlygroup.com/RTFL.html

China pebble bed reactor:
http://pebblebedreactor.blogspot.com/2007/03/china-has-built-
pebble-bed-reactor.html

China AP1000 cost: http://www.world-
nuclear.org/info/inf63.html

Chinese Academy of Sciences:
http://energyfromthorium.com/2011/01/

International Thorium Energy Organization: http://itheo.org/

Merle-Lucotte Fast MSR start w plutonium: http://hal.archives-ouvertes.fr/in2p3-00135141_v1/

Merle-Lucotte iTheo 2010 TMSR overview: http://www.itheo.org/sites/default/files/pdf/Elsa_Merle-Lucotte.pdf

Merle-Lucotte min fissile in fast MSR: http://hal.in2p3.fr/docs/00/38/53/78/PDF/ANFM09-MSFR.pdf

Merle-Lucotte transition 2nd 3rd gen to TMSR: http://hal.in2p3.fr/docs/00/13/51/49/PDF/ICAPP07_final.pdf

Sustainable Nuclear Energy Technology MSR article: http://www.snetp.eu/www/snetp/images/stories/Docs-SRA2012/sra_annex-MSRS.pdf

Mouney Pu management in LWR fuel cycle: http://nuclear.tamu.edu/~ragusa/documents/courses/489_09A/lectures/projects/multi/Plutonium_and_minor_actinides_management_in_the_nuclear_fuel_cycle--_assessing_and_controlling_the_inventory.pdf

Czech RTFL joint venture: http://www.praguepost.com/business/10382-czechs-aussies-partner-on-energy.html

Uhlir Rez Czech R&D: http://www.torium.se/res/Documents/uhlirfluorination1.pdf

Thorium Power Canada: http://www.thoriumpowercanada.com/

DBI Century Fuels: http://www.dauvergne.com/technology/technology-overview/

Thorium One Canada: http://www.thorium1.com/

Japan FUJI MSR: http://nextbigfuture.com/2007/12/fuji-molten-salt-reactor.html

Japan FUJI IAEA: http://www-pub.iaea.org/MTCD/publications/PDF/te_1536_web.pdf

Furukawa et al sustainable secure nuclear industry: http://cdn.intechopen.com/pdfs/19683/InTech-

# Referências

New sustainable secure nuclear industry based on thorium mol ten salt nuclear energy synergetics thorims nes .pdf

Competidores:

US DOE NGNP:
https://inlportal.inl.gov/portal/server.pt/gateway/PTARGS_0_2 3310_277_2604_43/http%3B/inlpublisher%3B7087/publishedcont ent/publish/communities/inl_gov/about_inl/gen_iv___technical_ documents/a1_ngnp_fy07_external.pdf

NGNP Alliance docs:
http://www.ngnpalliance.org/index.php/resources

NGNP 2010 status:
http://www.ngnpalliance.org/index.php/resources/download/czo 4NDoiL2ltYWdlcy9nZW5lcmFsX2ZpbGVzL1N1bW1hcnlfZm9y X3RoZV9OZXh0X0dlbmVyYXRpb25fTnVjbGVhcl9QbGFudF99 Qcm9qZWN0XzIwMTAucGRfIjs_

INL NGNP:
www.inl.gov/technicalpublications/Documents/4680340.pdf

NGNP schedule:
https://www.google.com/url?sa=t&rct=j&q=&esrc=s&source=we b&cd=6&ved=0CHIQFjAF&url=https%3A%2F%2Finlportal.inl.g ov%2Fportal%2Fserver.pt%2Fdocument%2F98008%2Fngnp_inte grated_schedule_development_plan_pdf&ei=3QaoT9GyNer86QG 8482fBA&usg=AFQjCNF5WT2T7lzxYHKUByby2m29Uj_LsA

INL NGNP fact sheet: http://www.inl.gov/research/next-generation-nuclear-plant/

Westinghouse AP1000:
http://www.westinghousenuclear.com/docs/AP1000_brochure.pd f

AP1000 in China: http://www.world-nuclear.org/info/inf63.html

Pequenos reatores modulares:

B&W mPower: http://www.generationmpower.com/

NuScale: http://www.nuscale.com/index.php

Holtec presentation:
http://pbadupws.nrc.gov/docs/ML1120/ML112070201.pdf

Westinghouse SMR:
http://www.westinghousenuclear.com/SMR/index.htm

NRC Westinghouse presentation:
http://pbadupws.nrc.gov/docs/ML1119/ML111920208.pdf

Gen4 Energy: http://www.gen4energy.com/

Reatores Reprodutores Rápido de Metal Líquido:

Fast neutron reactors: http://www.world-nuclear.org/info/default.aspx?id=540

EBR-II: http://en.wikipedia.org/wiki/EBR-II

Plutonium from UK magnox:
http://atomicinsights.com/2010/07/proving-a-negative-why-modern-used-nuclear-fuel-cannot-be-used-to-make-a-weapon.html

GE Hitachi advanced recycling center:
http://www.usnuclearenergy.org/PDF_Library/_GE_Hitachi%20_advanced_Recycling_Center_GNEP.pdf

GEH Prism tech brief:
http://cfcc.edu/lrc/documents/PRISMTechnicalbriefR0.pdf

NRC GEH Prism pre application safety report NUREG-1368:
http://www.osti.gov/bridge/servlets/purl/10133164-2ZfTJr/native/10133164.pdf

Russian Alfa submarine:
http://en.wikipedia.org/wiki/Alfa_class_submarine

Russian SVBR-100: http://www.world-nuclear-news.org/NN_Heavy_metal_power_reactor_slated_for_2017_2303122.html

TerraPower, Tyler Ellis et al: http://lumma.org/temp/Ellis_et_al-TWRs_A_Truly_Sustainable_Resource.pdf

TerraPower 500 MW, Charles Ahlfeld et al:
http://www.terrapower.com/Libraries/Article_Reprints/ICAPP_2011_Paper_11199.sflb.ashx

# Referências

MIT Tech Rev of TWR;
http://www.technologyreview.com/energy/38148/

Reator subcrítico utilizando um acelerador:

McIntyre ADS: http://energy2050.se/uploads/files/rubbia2.pdf

WNA, ADS: http://www.world-nuclear.org/info/inf35.html

Subcritical reactors:
http://en.wikipedia.org/wiki/Subcritical_reactor

ORNL spallation neutron source:
http://neutrons.ornl.gov/facilities/SNS/

Thorium Energy Association: http://thorea.hud.ac.uk/

ThorEA 2010 report:
http://www.thorea.org/publications/ThoreaReportFinal.pdf

Rubbia, Aker Solutions, ADSR:
http://energy2050.se/uploads/files/rubbia2.pdf

ADNA ADSR 2010: http://www.phys.vt.edu/~kimballton/gem-star/workshop/presentations/bowman.pdf

Intl ADSR conferences [possible malware]:
http://www.ivsnet.org/ADS/ADS2011/

iTheo 2010 ADSR and MSR presentations:
http://www.itheo.org/thorium-energy-conference-2010

UK Daily Mail: Emma and thorium:
http://www.dailymail.co.uk/home/moslive/article-2001548/Electron-Model-Many-Applications-Technology-save-world.html#ixzz1P2lkjkiG

Segurança:

Madrigal 2010 accidents:
http://www.theatlantic.com/technology/archive/2011/03/25-other-energy-disasters-from-the-last-year/72814/

Paul Scherrer Insitut accidents:
http://gabe.web.psi.ch/pdfs/PSI_Report/ENSAD98.pdf

NRC SORCA: http://www.nrc.gov/about-nrc/regulatory/research/soar.html

Alpha particles etc diagram:
http://en.wikipedia.org/wiki/Ionizing_radiation#Ionizing_radiation_level_examples

Reactive oxygen species:
http://en.wikipedia.org/wiki/Reactive_oxygen_species

Idaho State U radioactivity in nature:
http://www.physics.isu.edu/radinf/natural.htm

Idaho State U radiation information network:
http://www.physics.isu.edu/radinf/

Post, radiation exposure: http://theenergycollective.com/willem-post/53939/radiation-exposure

Health Physics Society: http://www.radiationanswers.org/

IEM radiation tool box: http://www.iem-inc.com/toolset.html

Health physics society: http://www.hps.org/

NAS BEIR VII:
http://www.nap.edu/catalog.php?record_id=11340

Levitt, Freakonomics: http://www.freakonomics.com/

Slovic, Bull Atomic Scientists: http://intl-bos.sagepub.com/content/68/3/67.full

Bulletin Atomic Scientists on LNT: http://intl-bos.sagepub.com/content/current

Furedi, Culture of fear: http://www.amazon.com/Culture-Fear-Revisited-Frank-Furedi/dp/0826493955/ref=sr_1_4?ie=UTF8&qid=1336081132&sr=8-4

Cohen, LNT validity: http://www.world-nuclear.org/sym/1998/cohen.htm

Cohen, LNT: http://www.phyast.pitt.edu/~blc/

Cohen, Nuclear energy option:
http://www.phyast.pitt.edu/~blc/book/BOOK.html

# Referências

Craig, LNT validity URL collection: http://a-place-to-stand.blogspot.com/2010/03/low-level-radiation-evidence-that-it-is.html

Taiwan apartment Co-60 radiation: http://www.jpands.org/vol9no1/chen.pdf

Fukushima radiation: http://safetyfirst.nei.org/public-health/experts-say-health-effects-of-fukushima-accident-should-be-very-minor/

ANS Fukushima report: http://fukushima.ans.org/report/Fukushima_report.pdf

DOE low dose radiation: http://lowdose.energy.gov/

US DOE low dose radiation: http://lowdose.energy.gov/radiobio_slideshow.aspx

Cuttler Fukushima evacuation: http://www.ourenergypolicy.org/wp-content/uploads/2012/03/35766131k01w4103.pdf

Cuttler Fukushima presentation: http://atomicinsights.com/wp-content/uploads/Cuttler-2012_ANS-President-Session_Jun23-copy.pdf

New Mexico low background radiation experiment: http://www.wipp.energy.gov/pr/2011/Low%20Background%20Radiation%20Experiment%20News%20Release.pdf

US DOE low dose research highlights: http://lowdose.energy.gov/science_highlights.aspx

Lawrence Berkeley Lab DNA repair: http://newscenter.lbl.gov/news-releases/2011/12/20/low-dose-radiation/

Lawrence Berkeley Lab DNA repair: http://www.pnas.org/content/early/2011/12/16/1117849108.full.pdf+html

MIT Engelward, Yanch, prolonged rad exposure: http://web.mit.edu/newsoffice/2012/prolonged-radiation-exposure-0515.html

# Tório: energia abundante e acessível

Int'l Dose Response Society: http://www.dose-response.org/

Healthy worker effect:
http://www.ncbi.nlm.nih.gov/pmc/articles/PMC2889508/

Fukushima evacuation deaths:
http://www.yomiuri.co.jp/dy/national/T120204003191.htm

Zbigniew Jaworowski, APS newsletter, radiation ethics:
http://www.riskworld.com/Nreports/1999/jaworowski/NR99aa0
1.htm

Allison Radiation and Reason:
http://www.radiationandreason.com/

Allison 100mSv/month:
http://www.youtube.com/watch?feature=player_embedded&v=Uj
8Pl1AiOuA

ANS special session on LNT (big download):
http://www.new.ans.org/about/officers/docs/special-session-low-
level-radiation-version1.4.pdf

Ragheb Gabon natural reactors:
https://netfiles.uiuc.edu/mragheb/www/NPRE%20402%20ME%
20405%20Nuclear%20Power%20Engineering/Natural%20%20Nu
clear%20Reactors,%20The%20Oklo%20Phenomenon.pdf

Sandia deep borehole disposal:
http://www.mkg.se/uploads/Bil_2_Deep_Borehole_Disposal_Hig
h-Level_Radioactive_Waste_-_Sandia_Report_2009-
4401_August_2009.pdf

Economist, waste disposal:
http://www.economist.com/node/21556100

WIPP: http://en.wikipedia.org/wiki/Waste_Isolation_Pilot_Plant

David MSR waste:
http://www.europhysicsnews.org/index.php?option=article&acces
s=standard&Itemid=129&url=/articles/epn/pdf/2007/02/epn072
04.pdf

Reed, Stillman, Nuclear Express:
http://www.amazon.com/gp/product/076033904X

# Referências

NY Times, the bomb:
http://www.nytimes.com/2008/12/09/science/09bomb.html

LeBrun et al, MSBR radiotoxicity, proliferation resist:
http://hal.archives-ouvertes.fr/docs/00/04/14/97/PDF/document_IAEA.pdf

U-232 decay: http://en.wikipedia.org/wiki/Uranium-233#U-232_impurity

Kang, von Hippel, proliferation resistance U-233:

http://scienceandglobalsecurity.org/archive/sgs09kang.pdf

Gamma ray detecting satellites:
http://imagine.gsfc.nasa.gov/docs/sats_n_data/gamma_missions.html

Hoglund molten salt references:
http://moltensalt.org/references/static/home.earthlink.net/bhoglund/index.html

Hoglund proliferation resistance:
http://www.moltensalt.org/references/static/home.earthlink.net/bhoglund/multiMissionMSR.html

Moir molten salt papers: http://ralphmoir.com/aMlt_slt.htmz

Moir U-232 proliferation resistance:
http://ralphmoir.com/media/lLNLReport2_2010_06_25.pdf

Hoglund Multi mission MSR:
http://www.moltensalt.org/references/static/home.earthlink.net/bhoglund/multiMissionMSR.html

Energy from Thorium proliferation discussion:
http://energyfromthorium.com/2010/10/02/RTFL-discourages-weapons-proliferation

Pakistan nuclear weapons:
http://en.wikipedia.org/wiki/Pakistan_and_weapons_of_mass_destruction

Um Mundo Sustentável:

Carvão:

# Tório: energia abundante e acessível

Holm thorium applications:
http://www.thoriumapplications.com/chapter_10_page_8.htm

1200 world's largest coal plants: http://carma.org/

Petróleo:

Worldwatch sustainable world: http://ww.worldwatch.org/climate-energy

Shell Pearl gas to liquids:
http://www.shell.com/home/content/aboutshell/our_strategy/major_projects_2/pearl/ships_first_products/

Shell, van de Veer:
http://www.shell.com/home/content/media/speeches_and_webcasts/archive/2008/jvdv_two_energy_futures_25012008.html

Walter, alt transportation fuels: http://www.same-satx.org/briefs/090317-walters.pdf

Holm, coal2thorium: http://coal2thorium.com

Forsberg shale oil:
http://web.mit.edu/nse/pdf/faculty/forsberg/ANS%202011%20Transport%20Panel%20Nov%20Ext.pdf

Colorado Geo Survey, retort:
http://geosurvey.state.co.us/energy/Oil%20Shale/Pages/OilShale.aspx

RAND report on shale oil:
http://www.rand.org/pubs/monographs/2005/RAND_MG414.pdf

Shale oil extraction:
http://en.wikipedia.org/wiki/Shale_oil_extraction

Shell electric heating: http://ostseis.anl.gov/guide/oilshale/

Exxon Mobil ElectroFrac: http://208.88.130.69/August-2008-Shale-oil-pilot-projects-proliferate.html

ElectroFrac test results: http://ceri-mines.org/documents/29thsymposium/papers09/Paper_03-4_Symington-Bill.pdf

# Referências

Forsberg shale oil:
http://web.mit.edu/nse/pdf/faculty/forsberg/ANS%202011%20T
ransport%20Panel%20Nov%20Ext.pdf

Oil Drum EROI shale oil tar sands:
http://www.theoildrum.com/node/3839

Alberta Oil Sands: http://www.world-
nuclear.org/info/inf49a_Alberta_Tar_Sands.html

Gasoline: http://en.wikipedia.org/wiki/Gasoline

Uhrig et al hydrogen economy synfuels:
www.tbp.org/pages/publications/Bent/Features/Su07Uhrig.pdf

Bogart et al production liquid synfuels: ICAPP '
http://www.osti.gov/energycitations/product.biblio.jsp?osti_id=21
016358

SRI coal plus natural gas synfuels:
http://www.sri.com/news/releases/122011.html

Green Freedom:
http://www.lanl.gov/news/newsbulletin/pdf/Green_Freedom_Ov
erview.pdf

Green Freedom presentation:
http://www.coal2nuclear.com/Green%20Freedom%20-
%20Martin_AEC_2008_revised.pdf

David Keith air capture:
http://keith.seas.harvard.edu/AirCapture.html

Olah et al Recycling CO2:
https://wiki.ornl.gov/sites/carboncapture/Shared%20Documents/
Background%20Materials/Alternative%20Methods/G.%20Olah.pd
f

Copper chlorine cycle: http://en.wikipedia.org/wiki/Copper-
chlorine_cycle

Biomass to diesel, Seiler, Hohwiller:
http://www.wcce8.org/doc/090803_CH_Technico_economy_of_
ScBtL.pdf

# Tório: energia abundante e acessível

Biomass to diesel: http://www-ist.cea.fr/publicea/exl-doc/200500001687.pdf

DOE biomass study: http://www.eere.energy.gov/biomass/pdfs/final_billionton_vision_report2.pdf

Entrained flow gasifier: http://www.biofuelstp.eu/btl.html

Amônia:

Hargraves, Siemer, Nuclear Ammonia: http://www.itheo.org/sites/default/files/pdf/Nuclear%20Ammonia;%20Thorium's%20Killer%20App%20-%20Robert%20Hargraves%20-%20Dartmouth%20College%20-%20ThEC11.pdf

NH3 Fuel Association: http://www.nh3fuelassociation.org/

Free piston engine: http://pubs.acs.org/doi/pdfplus/10.1021/ef800217k

Sturman hydraulic engine: http://www.stevesturgess.com/2011/08/no-cam-no-crank-no-carbon-engine.html

Hydrofuel Inc NH3 vehicles: http://www.nh3fuel.com/

Apollo Fuel Cells: http://www.electricauto.com/prod_00.html

Solid state ammonia synthesis:

http://www.energy.iastate.edu/Renewable/ammonia/ammonia/2008/Sammes_2008.pdf

Calif. gasoline costs: http://energyalmanac.ca.gov/gasoline/margins/index.php

Ammonia hazard analysis: http://www.energy.iastate.edu/Renewable/ammonia/downloads/NH3_RiskAnalysis_final.pdf

Hargraves Nuclear Ammonia: http://energyfromthorium.com/2011/10/29/nuclear-ammonia/

Cimento Nuclear:

# Referências

Hargraves Nuclear Cement:
http://energyfromthorium.com/2011/11/07/nuclear-cement/

Hidrogênio

Forsberg Nuclear Hydrogen:
http://www.ornl.gov/~webworks/cppr/y2001/pres/124155.pdf

Forsberg Hydrogen markets:
www.ornl.gov/~webworks/cppr/y2001/pres/122902.pdf

Copper chloride cycle:
http://en.wikipedia.org/wiki/Copper%E2%80%93chlorine_cycle

Honda Clarity: http://automobiles.honda.com/fcx-clarity/

How Honda Clarity works: http://automobiles.honda.com/fcx-clarity/how-fcx-works.aspx

Linde US hydrogen: http://www.linde-gas.com/en/innovations/hydrogen_energy/index.html

Linde hydrogen:
http://www.lindegaz.com.tr/international/web/lg/com/likelgcom30.nsf/docbyalias/nav_hydrogen

Hydrogen economy:
http://en.wikipedia.org/wiki/Hydrogen_economy

Hydrogen car fire:
http://evworld.com/library/Swainh2vgasVideo.pdf

Hydrogen powered aircraft:
http://en.wikipedia.org/wiki/Hydrogen_aircraft

Tupolev aircraft:
http://www.tupolev.ru/English/Show.asp?SectionID=82

Água:

UNESCO water report:
http://www.unesco.org/new/fileadmin/MULTIMEDIA/HQ/SC/pdf/WWDR4%20Volume%201-Managing%20Water%20under%20Uncertainty%20and%20Risk.pdf

UN Water Under Pressure:
http://unesdoc.unesco.org/images/0021/002156/215644e.pdf

# Tório: energia abundante e acessível

Wikipedia desalination: http://en.wikipedia.org/wiki/Desalination

Siemens desalination:
http://www.siemens.com/innovation/en/news/2011/desalinating-seawater-with-minimal-energy-use.htm

Peterson, Zhao advanced multi effect distillation: http://pb-ahtr.nuc.berkeley.edu/papers/05-003_HTR_MED_Desalt_E.pdf

Políticas sobre Energia:

CBO 2012 energy subsidies and support:
http://www.cbo.gov/sites/default/files/cbofiles/attachments/03-06-FuelsandEnergy_Brief.pdf

EIA 2010 subsidies:
http://www.eia.gov/analysis/requests/subsidy/

DOE 2012 budget:
http://www.cfo.doe.gov/budget/12budget/Content/FY2012Highlights.pdf

MIS subsidies analysis for NEI:
http://www.nei.org/filefolder/60_Years_of_Energy_Incentives_-_Analysis_of_Federal_Expenditures_for_Energy_Development_-_1950-2010.pdf

Pew Char Trust energy subsidies:
http://subsidyscope.org/energy/summary/

RGGI website: http://www.rggi.org/

Sourcewatch RGGI:
http://www.sourcewatch.org/index.php?title=Regional_Greenhouse_Gas_Initiative

Vermont feed-in tariffs: http://vermontspeed.squarespace.com/

Feed-in tariffs survey: http://en.wikipedia.org/wiki/Feed_in_tariff

Iowa production tax credits:
http://www.state.ia.us/iub/energy/renewable_tax_credits.html

State prod tax credits:
http://eetd.lbl.gov/ea/EMS/reports/51465.pdf

State energy incentives database: http://www.dsireusa.org/

# Referências

EPA renew energy cert:
http://www.epa.gov/greenpower/gpmarket/rec.htm

REC market: http://www.srectrade.com/

Carbon taxes: http://en.wikipedia.org/wiki/Carbon_tax

ORNL CO2 information analysis center: http://cdiac.ornl.gov/

IEA 2011 CO2:
http://www.iea.org/newsroomandevents/news/2012/may/name,27216,en.html

EIA projections: http://www.eia.gov/forecasts/ieo/

Tindale, thorium MSR policy for EU:
http://www.cer.org.uk/sites/default/files/publications/attachments/pdf/2011/pb_thorium_june11-153.pdf

Germany energy policy:
http://www.nytimes.com/2012/05/29/world/europe/29iht-letter29.html?_r=2

Europe energy prices: http://www.energy.eu

# *Apêndice*

## *Geração Elétrica Nuclear no Brasil*

Por Leonam Guimarães dos Santos

No que tange à energia que será utilizada, pela nossa sociedade, sob a forma de eletricidade e as fontes primárias necessárias para a sua produção, verifica-se que, em 2011, no nosso planeta, 68% da eletricidade é gerada por combustíveis fósseis, 19% por fontes renováveis e 13% pelo urânio, fonte nuclear. O Brasil constitui honrosa exceção, com os combustíveis fósseis respondendo por apenas 7,7% da geração elétrica nacional. As renováveis respondem por 89,5%, sendo majoritária a fonte hídrica, limpa, barata e renovável, com 81,8%, com a eólica e biomassa participando com os demais 7,7%. As termelétricas a urânio, ou seja, as usinas nucleares Angra 1 e Angra 2, respondem pelos demais 2,8%.

Nos últimos 60 anos, houve grande transformação na sociedade brasileira. A população urbana, que representava apenas 20% dos brasileiros, passou a representar hoje cerca de 80%, com os decorrentes problemas de saneamento básico e transporte de massa, juntamente com a industrialização crescente do País. Todas essas atividades são intensivas em consumo de eletricidade.

Embora o Brasil esteja em décimo lugar mundial na produção bruta de eletricidade, nosso consumo per capita nos coloca na nonagésima posição. Temos, portanto que, paralelamente aos programas de eficiência energética, como o PROCEL, que visam reduzir o consumo sem perda dos benefícios proporcionados pela eletricidade, aumentar de forma significativa a oferta, disponibilizando grandes blocos de energia para atender o inexorável crescimento econômico e desenvolvimento social.

Embora todas as fontes primárias de energia devam concorrer na composição da matriz de geração de eletricidade, para a produção de grandes blocos de energia elétrica, a prevalência da fonte hídrica permanecerá pelas próximas décadas. A contribuição do carvão e da energia nuclear, entretanto, se tornará crescentemente necessária.

# Apêndice

Entretanto, o uso do carvão mineral tende a sofrer crescentes restrições políticas e econômicas tendo em vista as preocupações ambientais globais com os efeitos das emissões de gás carbônico nas mudanças climáticas. Esse fato faz com que a energia nuclear tenda a ter sua contribuição ampliada.

As grandes reservas brasileiras de urânio, o domínio tecnológico que o País tem sobre o ciclo do combustível nuclear e as preocupações com as mudanças climáticas globais, exacerbadas pelos limitados resultados das Conferências COP, são fortes motivações para uma discussão serena, objetiva e não ideológica da geração elétrica nuclear.

Nos últimos sessenta anos, houve grande transformação na sociedade brasileira: nossa população urbana passou de 20% para 80%, com o decorrente aumento das necessidades centralizadas de saúde, educação, saneamento básico, transporte de massa e industrialização inerentes à melhoria da qualidade de vida, neste contexto de acelerada urbanização. O atendimento a todas essas necessidades requer soluções intensivas em consumo de eletricidade.

Embora o Brasil esteja em décimo lugar mundial na produção bruta de eletricidade, o consumo per capita nos coloca na nonagésima posição. Temos, portanto que, paralelamente aos programas de eficiência energética, como o PROCEL, que visam otimizar o consumo, aumentar substancialmente a oferta, disponibilizando grandes blocos de energia para atender o inexorável crescimento do consumo de energia elétrica.

Embora todas as fontes primárias de energia devam concorrer na composição na matriz de produção de eletricidade no mundo, não há como negar que, para a produção de grandes blocos de energia elétrica, indispensáveis à efetiva inclusão social dos enormes contingentes de excluídos, associada à ascensão das crescentes classes médias nos países pobres e emergentes, cada vez mais urbanizados, haverá por muito tempo a necessidade de implantação de novas grandes hidrelétricas e unidades de geração termelétrica, fósseis e nucleares.

Esta realidade global impacta diretamente o Brasil, exemplo característico de país emergente de grande porte. A continuidade do processo de inclusão e ascensão social que tem se verificado no

# Tório: energia abundante e acessível

Brasil do século XXI, face às dificuldades socioambientais para implantação de grandes hidrelétricas na Amazônia, onde remanescem 90% do potencial hídrico a ser aproveitado no Brasil, e às grandes reservas brasileiras de urânio, num contexto de graves preocupações com as previsões de importantes mudanças climáticas, é a motivação fundamental da presente carta.

Nesses últimos sessenta anos de transformação econômica e social, o Brasil construiu um formidável conjunto de hidroelétricas, elevando a capacidade instalada de cerca de dois mil para mais de noventa mil megawatts. A maior parte desse grande aumento de capacidade foi construída em regiões do País em que a topografia era extremamente favorável à construção de hidroelétricas, dotadas de grandes reservatórios e que já haviam sofrido desmatamento em virtude de algum ciclo agropecuário (café, cana, gado etc.). Essas condições especiais minimizaram o impacto ambiental decorrente da implantação desse sistema renovável de geração de eletricidade, único no mundo.

A avaliação do potencial hidráulico remanescente indica que, de forma otimista, poderemos dobrar a capacidade hidroelétrica instalada, tratando, com muita seriedade e racionalidade, a questão ambiental. Isso significaria, em termos de planejamento, seu virtual esgotamento na segunda metade da década de 2020.

O atendimento às restrições ambientais fez com que o estoque de água nos reservatórios das hidroelétricas tenha se mantido praticamente constante desde o inicio da década de 1990, o que nos obrigou a lançar mão da contribuição térmica para a geração de base e de complementação, de forma a garantir segurança na oferta de eletricidade. Nos últimos anos, essa contribuição essencial tem oscilado entre 6% e 16%. Para gerar energia firme, na base do sistema, as termoelétricas, que produzem eletricidade a menor preço são as nucleares e as que queimam carvão mineral. Gás natural e derivados de petróleo atendem à complementação.

O consumo, per capita, de eletricidade, no Brasil, é de cerca de 2.000 kWh/ano, muito abaixo do patamar de 4.000 kWh/ano que caracteriza o consumo mínimo dos países desenvolvidos, com Índice de Desenvolvimento Humano (IDH) igual ou superior a 0,9. Note-se que o IDH brasileiro é inferior a 0,8.

# Apêndice

Esse indicador nacional de 2.000 kWh/ano encontra-se abaixo da média mundial e é inferior a menos da metade dos indicadores, equivalentes para países que, recentemente, ascenderam ao nível de desenvolvido, como Portugal (4.500) e Espanha (5.600). Isso sem fazer comparações mais desfavoráveis, como Rússia (5.700), Coreia do Sul (6.400), França (7.200) e Japão (7.400).

Por outro lado, quando se compara nosso indicador aos da China (1.300) e da Índia (500), percebe-se a dimensão do desafio colocado a esses países, muito maior que o brasileiro, e a vantagem competitiva que temos em relação a eles.

Aproveitando todo o nosso potencial hidroelétrico, para atingir o patamar de 4.000 kWh/ano, e o correspondente IDH 0,9, precisaríamos adicionar ao sistema elétrico nacional 15 usinas térmicas de 1.000 MW. Se almejarmos níveis comparáveis aos da Espanha, seriam necessárias cerca de 60 usinas do mesmo porte, e se o nível da França for a meta, cerca de 101.

O ciclo de implantação de um empreendimento para gerar grande quantidade de energia elétrica é de seis a dez anos, quando se considera os estudos e levantamentos preliminares necessários, projeto, licenciamento, construção e inicio de operação. Isso nos leva a concluir que, para o planejamento do sistema elétrico, dez anos é um prazo curto, trinta anos é prazo médio e o planejamento ao longo prazo, considerando a possível exaustão de alguma fonte primária de energia e os efeitos das mudanças climáticas, deva ser de, no mínimo, cinquenta anos.

Admitindo-se que, até o ano 2060, a população brasileira se estabilize em torno de 250 milhões de habitantes, para atingir o mesmo padrão de consumo de energia elétrica e IDH da Espanha, hoje, precisaríamos, portanto, construir a mesma capacidade nuclear que a França tem hoje, construída no período 1970-1995. Para atingir os padrões da França atual, a expansão da capacidade nuclear necessária seria equivalente àquela que os Estados Unidos construíram entre as décadas de 1950 e 1990.

As grandes reservas de urânio nacionais, somadas ao domínio tecnológico do ciclo do combustível, permitem que tais desafios possam ser superados pelo Brasil com autossuficiência, sem criar dependência de fontes primárias importadas. Mais ainda, esses dois fatores permitem que o País atenda as suas necessidades simultaneamente, tendo uma participação significativa no mercado internacional desse energético.

As características geológicas do solo nacional fazem crer que somente a Austrália, com suas cerca de 1 milhão de toneladas conhecidas, poderia nos superar em termos de reservas minerais de urânio. Às atuais 310.000 toneladas comprovadas, deverão se somar pelo menos 800.000 toneladas adicionais, hoje ainda especulativas, mas com grande possibilidade de serem confirmadas.

Essas reservas comprovadas equivalem a 238 anos de operação do gasoduto Bolívia-Brasil (25 milhões de metros cúbicos por dia) ou a 46 anos de abastecimento da Europa com gás proveniente da Rússia (130 milhões de metros cúbicos por dia), supondo que todo ele fosse utilizado para a geração de energia elétrica. Se considerarmos adicionalmente as reservas brasileiras especulativas, elas seriam equivalentes a 164 anos de abastecimento da Europa com o gás russo.

Em termos de geração de recursos financeiros, a cotação da tonelada de urânio sob a forma de torta amarela (yellow cake) no mercado à vista (spot), em meados de 2013, era de cerca de US$ 80 mil, valorando as reservas brasileiras comprovadas em mais de US$ 30 bilhões. Considerando as reservas adicionais especulativas, esta valoração chegaria a mais de US$ 100 bilhões.

Em termos de potencial energético, as reservas nacionais de urânio comprovadas equivalem a cerca de 7 bilhões de barris de petróleo. Se considerarmos também as reservas adicionais especulativas, essa equivalência seria de 25 bilhões de barris.

As estimativas das reservas de óleo do pré-sal, divulgadas publicamente, variam de 19 bilhões de barris (campos de Tupi, Iara e Parque das Baleias) até 50 bilhões de barris. Verifica-se, portanto, que as reservas de urânio brasileiras têm dimensões muito significativas.

A dimensão das reservas nacionais de urânio e a provável liderança mundial do Brasil na posse desse valiosíssimo recurso mineral energético, associada ao domínio tecnológico do seu processamento, fazem-nos crer que seria do maior interesse nacional iniciar uma ampla discussão sobre sua exploração, similar àquela que hoje está em curso no País sobre as reservas de petróleo do pré-sal.

# Apêndice

Essa discussão deverá, inicialmente, estabelecer diretrizes para a expansão do parque de geração nuclear brasileiro em longo prazo, incluindo o Plano Decenal de Energia e o Plano Nacional de Energia. Definidas essas necessidades, será possível passar à discussão do uso das reservas de urânio nacionais, estabelecendo-se modalidades adequadas de exploração que permitam garantir a autossuficiência e o retorno social sustentável dessa atividade econômica, também em longo prazo.

# Bibliografia

Allison, Wade; Radiation and Reason: The impact of science on a culture of fear

Allwood, Julian and Cullen, Jonathan; Sustainable Materials: with both eyes open

Blees, Tom; Prescription for the Planet: The painless remedy for our energy and environmental crises

Bryce, Robert: Power Hungry

Cohen, Bernard; The Nuclear Energy Option: An alternative for the 90s

Cravens, Gwyneth; Power to Save the World: The truth about nuclear energy

Domenici, Pete; A Brighter Tomorrow: Fulfilling the promise of nuclear energy

Herbst, Alan and Hopley, George; Nuclear Energy Now: Why the time has come for the world's most misunderstood energy source

Hogerton, John; The Atomic Energy Deskbook

Lomborg, Bjorn; Cool It: The skeptical environmentalist's guide to global warming

Lovelock, James; The Revenge of Gaia: Earth's climate crisis and the fate of humanity

MacKay, David; Sustainable Energy: without the hot air

Martin, Richard; SuperFuel: Thorium, the green energy source for the future

Morris, Robert; The Environmental Case for Nuclear Power: Economic, medical, and political considerations

Muller, Richard; Physics for Future Presidents: The science behind the headlines

Nuttall, W J; Nuclear Renaissance: Technologies and policies for the future of nuclear power

Olah, George et al: Beyond Oil and Gas: The methanol economy

Reed, Thomas and Stillman, Danny; The Nuclear Express: A political history of the bomb and its proliferation

Richter, Burton; Beyond Smoke and Mirrors: Climate change and energy in the 21st century

Romm, Joseph; The Hype about Hydrogen: Fact and fiction in the race to save the climate

Ropeik, David: How Risky Is It, Really?: Why our fears don't always match the facts

Sachs, Jeffrey; Common Wealth: Economics for a crowded planet

Smil, Vaclav: Energies; An illustrated guide to the biosphere and civilization

Till, Charles and Chang, Yoon Il; Plentiful Energy: The story of the integral fast reactor

Tucker, Todd; Atomic America: How a deadly explosion and a feared admiral changed the course of nuclear history

Tucker, William; Terrestrial Energy: How nuclear power will lead the green revolution and end America's energy odyssey

Weinberg, Alvin; The First Nuclear Era: The life and times of a technological fixer

Wilson, Richard and Spengler, John; Particles in Our Air: Concentrations and health effects

Wilson, Richard et al; Health Effects of Fossil Fuel Burning: Assessment and mitigation

Yergin, Daniel; The Quest: Energy, security, and the remaking of the modern world